クレア・ボールディング

Clare Balding

白川部君江＊訳

英雄になった動物たち

胸をゆさぶる100の物語

Heroic Animals

100 AMAZING CREATURES GREAT AND SMALL

草思社

Heroic Animals

100 Amazing Creatures Great and Small

by CLARE BALDING

First published in the English language by John Murray (Publishers)
Japanese translation rights arranged with Hodder & Stoughton Limited,London,
through Tuttle-Mori Agency Inc.,Tokyo

◀ヨウムのアレックス(Alex)とアイリーン・ペパーバーグ博士。このペアによる30年におよぶ研究は、オウムやインコは知能ではなく本能で行動しているに過ぎない、とする一般的な認識を覆した。(cf.本文p.46)

Heroic Animals

▶訓練中のイヌワシ。敵のドローンを攻撃し破壊する本能は、生まれつき備わっているようだ。(cf.本文p.61)

▲ショーン・レイドローと子犬のバリー(Barrie)。バリーは内戦が続くシリアでショーンに助け出され、のちにショーン自身の救い主になった。(cf.本文p.72)

▶ジェームズ・ボーエンと彼を窮地から救った相棒のボブ(Bob)。一連のベストセラー本や彼の半生を描いた映画の成功で、街ネコだったボブは世界的な人気者になった。(cf.本文p.84)

◀ポニーとさほど変わらない小柄なカリズマ(Charisma)と身長190センチの騎手マーク・トッドは奇跡のコンビを組み、1984年のロサンゼルスオリンピックで金メダルを獲得した。(cf.本文p.108)

Heroic Animals

▶クレア・ゲスト博士と飼い犬のデイジー(Daisy)。嗅覚に優れたデイジーはクレアのがんを探知し、彼女の命を救った。2人の取り組みは医療探知犬を使ったがんの早期発見への道を切り開いた。(cf.本文p.148)

◀フランス国家警察特別介入部隊に所属していた警察犬ディーゼル(Diesel)。2015年のパリ同時多発テロの容疑者捜索中に銃撃戦に巻き込まれ、命を落とした。彼女は同部隊で殉職した最初のイヌだった。のちにその勇敢さを称え、ディッキン・メダルが(死後)授与された。(cf.本文p.152)

Heroic Animals

▼世界初のクローンヒツジのドリー(Dolly)。ドリーの誕生が発表されたのは誕生から数カ月後の1997年2月のことだった。(cf.本文p.155)

◀デイブ・ウォーデル巡査と警察犬のフィン(Finn)。「凶悪犯罪者の逃走を阻止する際に重傷を負いながら、命をかけて職務に忠実に取り組んだ」としてPDSAゴールドメダルが授与された。(cf.本文p.165)

▼古代ローマの共和政期、ユーノー神殿を守る神聖なガチョウたち。大きな鳴き声をあげ、羽をばたつかせて、ローマ軍にガリア人の襲来を知らせた。(cf.本文p.183)

◀メアリー・フラッドと捜索救助犬のジェイク(Jake)。ジェイクは、ニューヨークで起きたアメリカ同時多発テロ(9・11テロ)で、がれきのなかから生存者を探し出し、ハリケーン・カトリーナの被災地でも人命救助にあたった。(cf.本文p.230)

Heroic Animals

▶イギリスの慈善団体「Hearing Dogs for Deaf People(聴覚障がい者のための聴導犬協会)」から派遣されたジョヴィ(Jovi)は、聴覚障がいを抱えていたグレアム・セージの人生を変えた。グレアムはジョヴィのおかげで、教師になる夢をかなえ、好きなスポーツも楽しめるようになった。(cf.本文p.242)

▲1957年11月、ソビエト連邦の「スプートニク2号」に搭乗し、動物として初めて地球周回軌道に乗った雑種犬ライカ(Laika)を記念した郵便切手。(cf.本文p.264)
▼ガラパゴス諸島に生息していたピンタゾウガメの「ロンサム・ジョージ(Lonesome George)」(ひとりぼっちのジョージ)。地球上で最後のピンタゾウガメとして知られ、自然保護の象徴的存在であり続けた。ジョージは2012年に亡くなり、ピンタゾウガメは絶滅した。(cf.本文p.279)

▶アメリカ・テネシー州チャタヌーガの小児病院を訪れたセラピーホースのマジック（Magic）。マジックは「ミニチュアホース」と呼ばれる小型のウマで、体高は69センチほどだ。（cf.本文p.283）

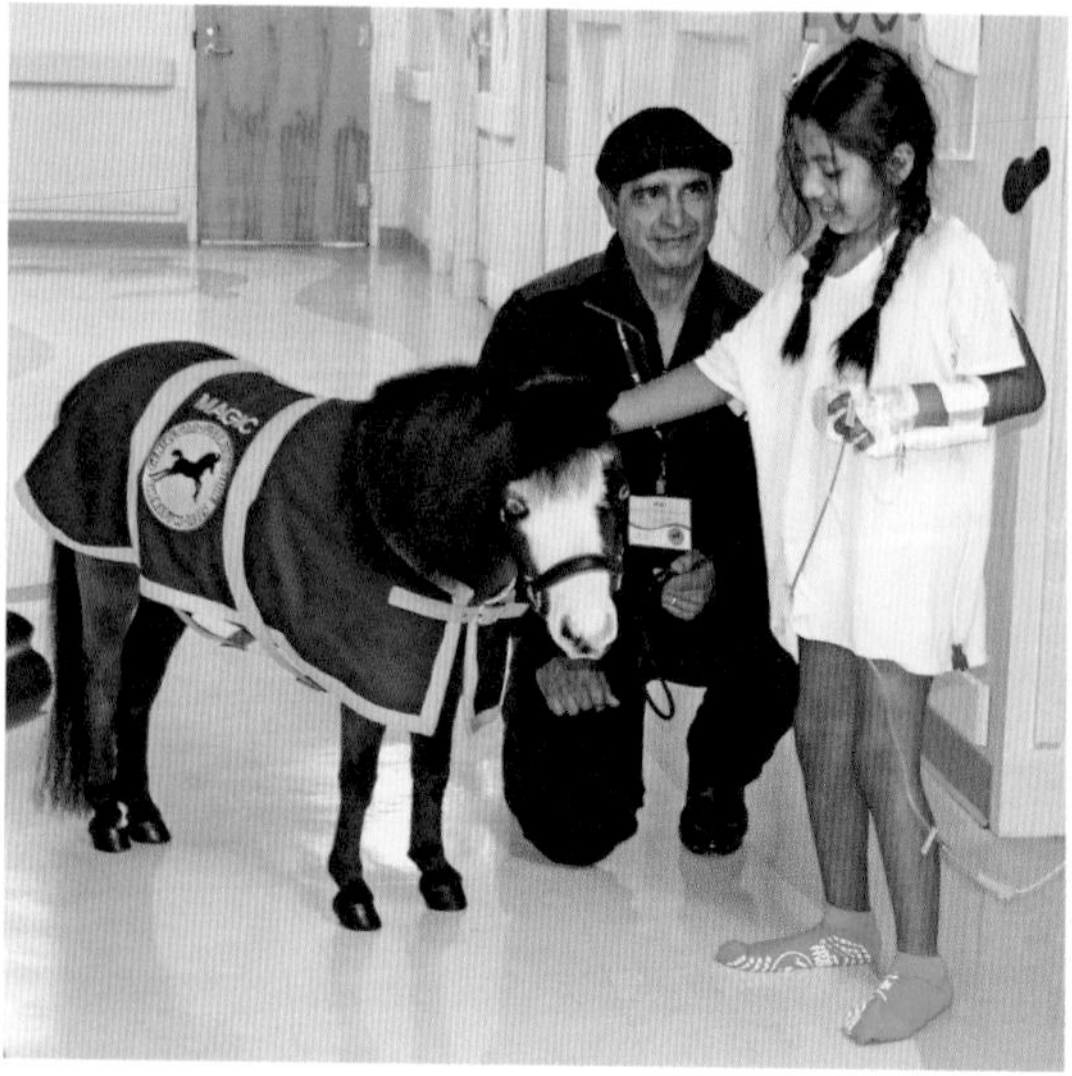

▼ジョン・ウィテカーとミルトン（Milton）は障害飛越競技で世界の頂点に立った。
写真は1991年にアーヘン（ドイツ）の国際馬術大会で飛越に挑むコンビ。（cf.本文p.296）

▲ニュージーランド北島マヒア・ビーチで海水浴客と戯れるハンドウイルカのモコ(Moko)。砂州と浜辺の間で動けなくなっていた2頭のピグミー・マッコウクジラを誘導し、沖へと送り出すという、人間たちが苦労してもできなかったことをすんなりやってのけた。(cf.本文p.312)

Heroic Animals

◀失踪ネコの捜索で活躍するイギリス初の探偵犬モリー(Molly)。ネコを(獲物と認識して)追いかけるのではなく、迷いネコを探すために特別に訓練されている。(cf.本文p.315)

▲パッズィー(Pudsey)と飼い主のアシュリー・バトラー(右)は、2012年の『ブリテンズ・ゴット・タレント』の優勝者。写真は「ロイヤル・バラエティ・パフォーマンス」での演技後、女王エリザベス2世と言葉を交わすアシュリー&パッズィー。(cf.本文p.341)
▼地雷探知訓練を受けるアフリカオニネズミ。地面のにおいを嗅いで爆発物を探知する。体重が軽いため、万が一地雷を踏んでも起爆させることはない。(cf.本文p.348)

◀イエロー・ラブラドールのソルティ（Salty, 中央）とロゼール（Roselle, 左）は、9・11テロで崩壊寸前の世界貿易センタービルから飼い主を安全な場所まで誘導した功績が認められ、ディッキン・メダルを共同受賞した。（cf.本文p.381）

Heroic Animals

▶防火ベストと安全靴を身に着けたシャーロック（Sherlock）は「放火探知スペシャリスト犬（Specialist Fire Investigation Dog）」だ。その鋭い嗅覚を使って、ハイテク機器をも上回る精度と速さで引火性液体のにおいを嗅ぎ分けることができ、放火事件の解決に貢献している。（cf.本文p.408）

▶ニュージーランドの放牧場から脱走したヒツジのシュレック(Shrek)は、6年間におよぶ厳しい放浪生活を生き延び、その毛刈りの様子は全国放送のテレビで生中継された。刈り取られた毛は約27キログラム(スーツ20着分)もあった。(cf.本文p.414)

Heroic Animals

▼夕暮れ時のスコットランドで、巨大な鳥のような形をつくりながら大空を舞うムクドリの大群。(cf.本文p.510)

▲素行の悪い問題児だったラーテル(和名ミツアナグマ)のストッフェル(Stoffel)。その奇術師フーディーニばりの脱出が話題になり、世界中から見物客を集め、保護動物を野生に戻すための資金集めに貢献している。(cf.本文p.435)
▼タムワース種のきょうだいブタ、サンダンス(Sundance, 右)とブッチ(Butch, 左)。食肉処理場から逃走した2匹は8日後までにそれぞれ捕獲され、イギリス・ケント州の動物保護施設に預けられた。(cf.本文p.456)

▲サイの「タンディ(Thandi)」(右)は密猟者によって無残に角を切り取られたあとも生き残り、メスの赤ちゃん「テンビ(Thembi)」(左)を産んだ。南アフリカのカリエガ動物保護区で。(cf.本文p.459)
▼キッチンでお絵描きをする自閉症の少女アイリス・グレースと飼いネコのスーラ(Thula)。(cf.本文p.464)

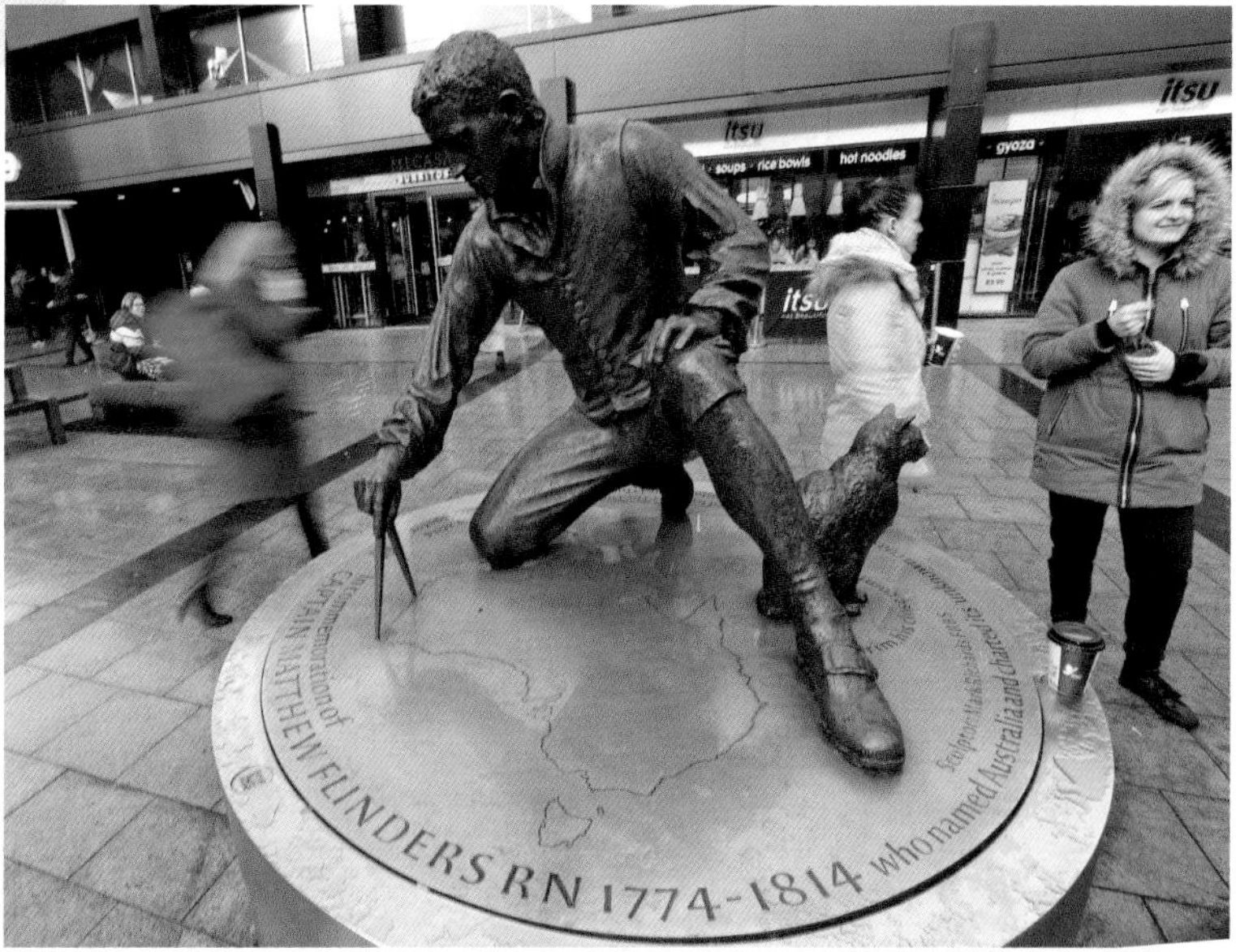

▲イギリス人航海者(船乗り)マシュー・フリンダースと愛猫トリム(Trim)の像。ロンドンのユーストン駅で。(cf.本文p.484)

Heroic Animals

◀後脚が不自由なチワワの「ウィーリィ・ウィリー(Wheely Willy)」(車いすのウィリー)は、ペット用の車いすのおかげで自由に移動できるようになった。写真は2004年に初来日したときのウィリー。(cf.本文p.521)

Heroic Animals

▲▶1827年、パリ植物園(ジャルダン・デ・プラント)内にある動物園に到着したキリンの「ザラファ(Zarafa)」(写真上)。当時の女性はザラファの2本の角に見立てて髪を高々と結い上げ、ザラファの独特の斑紋を取り入れたデザインは「キリン風モード(la mode à la girafe)」としてフランス中に広まった(写真右)。(cf.本文p.532)

英雄になった動物たち

胸をゆさぶる100の物語

私たちがいちばん必要としているときにそばにいてくれた、
すべての動物たちの勇気ある行動を称える

アーチー（2005〜2020年）をしのんで

英雄になった動物たち
胸をゆさぶる100の物語

目次

＊本文中の〔　〕は訳注です。
＊英ポンド等の円換算について……2017年以降は1ポンド＝160円で算出。それ以前のものは英国ナショナルアーカイブHP内の換算サイトで現在の価値を調べ、円換算。その他通貨も極力現在の価値を調べ、円換算しました。

はじめに

◆動物たちのおかげで、今がある

私は常々、自分が人間より動物たちの影響を強く受けてきたと思っている。動物たちは愛情とやさしさにあふれ、彼らと心を通わせようとする私を励ましてくれた。そんな彼らのひたむきな行動が「私」という人間をつくり上げたのだ。

生まれてまもない私を守り、面倒を見てくれたボクサー犬の「キャンディ（Candy）」。私にマナーを覚えさせようと熱心だったシェトランド・ポニー〔スコットランド北東部シェトランド諸島原産の小馬〕の「ヴァルキリー（Valkyrie）」。そして我慢強さを教えてくれたウェルシュ・マウンテン・ポニーの「ボルケーノ（Volcano）」。雑種のポニー、フランク（Frank）は私の初恋の「ウマ」だった。「ヘンリー・ザ・ランナウェイ（Henry the runaway）」（放れ馬のヘンリー）〔放れ馬とは、つないであるひもがほどけるなどして、気ままに走り回るウマのこと〕は勇気を教えてくれた。彼らがどんな動物だろうと、今の私があるのは彼らのおかげなのだ。

私は馬小屋で生まれたわけでも、犬小屋で教育を受けたわけでもないが、それに近い環境で育った。物心つく前から私のまわりにはイヌやポニー、そしてウマたちがいた。我が家では私や弟よりも動物たちの方がはるかに序列が上だったが、そのことを受け入れるのは私にとってこの上ない喜びだった。家族で写真を撮るときには少なくとも1頭は動物が写っていて、その位置も家族の真ん中だった。お金に余裕があるときはウマのために毛布や無口〔ウマの頭部に付ける装具で、ウマが口にくわえる「ハミ」と呼ばれる金属製の棒がないもの。馬房からウマを連れ出す際などに用いる〕を買ってあげたり、イヌのためにベッドを新調したりと、人間の贅沢のためではなく、動物のために使っていた。

幼かった私は、どこの家もそれが当たり前だと思っていた。現実はそうではないと知ったのは、学校に通うようになってからだ。自分を擁護するために言っておくが、本の世界では人間より動物の活躍をテーマにした作品は珍しくないし、それらを読んで感化された人も多いのではないだろうか。『ジャングル・ブック』や『ドリトル先生』シリーズ、『くまのプーさん』といった私の読んだ児童書もそうだった。しかし現実の世界では、日常的に動物とふれあうことのない人たちもいると知り、ショックだったのを覚えている。

動物に夢中になりすぎて自分はイヌの仲間だと思っていたこともある。これはよく小学生に向けて話していることだが、イヌは生きるための優先事項をよく知っている。食事、運動、睡眠、そして愛情。これだけだ。私たち人間もこの4つに心を砕くようにすれば、幸せへのカギはもっ

赤ちゃんの頃の私とボクサー犬の「キャンディ」

と簡単に見つかるかもしれない。つまるところ、それ以外は全部人生のおまけみたいなものだと、イヌたちは教えてくれるのだ。

動物は私たち人間の良い面を引き出してくれる。動物たちを見れば、人間らしさとは何なのか、文明人らしいふるまいとは何なのかがよくわかる。

大昔、動物の一種に過ぎなかった人間は、やがて他の動物に依存する存在へと変わっていった。そして動物を食物や輸送手段として利用する段階から、生活の一部あるいは家族の一員として扱うようになった。動物は人間の良い面も悪い面も映し出す。もし私たちが動物に対して思いやりをもち、一貫性があり、忍耐強く、明確な姿勢を示せば、動物もできるだけ人間に応えようとする。反対に、人間が動物に対して虐待のようなひどい扱いをすれば、動物は人間に対して咬みついたり蹴ったりなどして抵抗するだろう。

◆生活や神話、宗教のなかの動物たち

イギリスではペットのいる世帯が1200万世帯〔イギリスの全国統計局によれば、2013年の総世帯数は2641万4000世帯〕にのぼる。なかでも多いのはイヌやネコ、ウサギで、そのほかにスナネズミ〔中国やモンゴルの砂漠地帯に生息。ペットとして飼われている個体は野生種が品種改良されたもの〕、ハムスター、モルモットが計数百万匹、ウマとポニーが計80万頭以上飼われている。イギリスはどこに行っても動物好きが多いのだ。

動物とのつながりは私たちの生活に組み込まれている。その起源は多くの人が想像するよりもはるか昔にさかのぼる。メソポタミアやエジプト、ギリシャ、ローマ、アメリカ先住民、マヤ、インカ――どの古代文明もその発展の過程で人は動物を必要とし、どのように飼いならせばよいかを学んできた。私には、動物の優れたところを認め敬意を払うことは、文明が健全な進化を遂げた証に思える。

中国ではその昔、黄道帯《こうどうたい》〔地球から見た太陽の通り道〕を12分割し、それぞれに異なる動物の名前を割り当て、年や月、日、時刻、方位を表した。これらの動物は「十二支」と呼ばれ、ネズミ

（子）、ウシ（丑）、トラ（寅）、ウサギ（卯）、タツ（辰）、ヘビ（巳）、ウマ（午）、ヒツジ（未）、サル（申）、トリ（酉）、イヌ（戌）、イノシシ（亥）の順にその年のリーダーになる動物が決まっている。つまり、自分の生まれ年は12種類の動物のうちのどれかに関連づけられており、その人の性格にまで影響を及ぼすとされている。

たとえば私が生まれた1971年の干支は「亥」（「い」または「がい」と読む）、すなわちイノシシだ。イノシシ年生まれの人は寛大な心の持ち主で、友好的で勇敢、そして心優しいのだそうだ。その反面、ちょっと怠け者でポジティブさに欠けるらしい。これからは、自分の生活態度がたるんでいるときや、気持ちが後ろ向きになっているときは、もっと自分に厳しくなろうと思う。

古代の人々は、動物を神として崇めていた。古代エジプトの神ソベクは、この国にとって必要不可欠な「ナイル川」をつかさどる神であり、ワニの頭をもつ人間、もしくはワニそのものの姿として描かれた。エジプトの神話の神々は、その多くが動物と人間が合体したような姿をしていた。たとえば天空の神ホルスはタカの頭をもち、戦争の女神セクメットは雌ライオンの頭をもっていた。一方、夜空にまたたくクマやサソリ、雄ヒツジ、ワシ、カニ、イヌ、ハクチョウ、ライオンなど、さまざまな動物の姿に見立てた星座を見るにつけ、私たちの信仰のなかで動物たちがいかに高い地位を占めてきたかに気づかされる。

昔の神話や物語、詩歌には動物を称賛し、彼らがどこでどのように生まれ、なぜそのような姿をしているのかを伝えるものが数多くある。古代ローマのある伝説によれば、生まれたばかりのクマの赤ん坊は形のない塊で、母グマが舐めていくうちにクマらしい形になったという。英語の慣用句「lick into shape」〔「目鼻をつける、一人前に育てる」の意〕はここから生まれた。

世界の主な宗教は動物に敬意を払うべきだと教えている。たとえば、仏教では動物も人間と対等の立場が与えられている。きわめて象徴的なところでは、キリスト教では神の子イエスは馬小屋でウシやロバに見守られながら生まれて飼い葉《かいば》おけで育てられ、また、子ロバにまたがりエルサレムに入城した〔キリスト教では、イエス・キリストが十字架に掛けられ、3日後に復活した日から1週間前のエルサレムに入城した日を記念日としている〕。

また、キリスト教の擁護者であり、動物と自然環境の守護聖人、アッシジの聖フランチェスコ(1182~1226年)〔アッシジはイタリア中部の中世の町で、聖フランチェスコ大聖堂がある〕も動物をこよなく愛したことで知られている。言い伝えによると、聖フランチェスコは、小鳥に福音を説き、ライオンに人間や家畜を襲わないよう言い聞かせ、囚われた動物や困っている動物がいれば世話をしたという。

◆勇敢に生きたあまたの動物たちへのオマージュ

私がこの本を執筆したのは、キリンやサイにイヌやネコ、ネズミにチンパンジー、ウマ、ヒツジ、ブタといった、ありとあらゆる動物たちをほめ称える方法を見つけたいと思ったからだ。それはある種の歴史をたどる旅であり、文化、芸術、スポーツ、戦争、そして現代のライフスタイルの検証でもある。

この本は、驚くべき偉業を成し遂げ、私たちの生活を何らかの形で豊かにしてくれた動物たちの物語を、ただ寄せ集めたものではない。彼らの知性や忠誠心、勇敢さ、愛情、美しさを称え、彼らすべてに捧げるオマージュである。

この本には、喜び、悲しみ、感動、笑い、すべての物語がある。ここに登場する動物たちは私にとってのヒーロー（主人公）だ。アメリカ同時多発テロ（9・11テロ）でビルが崩壊する直前に命がけで飼い主を外に連れ出したイヌ、レース前は人気が低かったにもかかわらず劇的な勝利を遂げた競走馬、オリンピックの馬場馬術競技でイギリス国民を熱狂させ金メダルに輝いた馬術馬、アフリカの野生動物の保護施設で資金集めに貢献した素行の悪いラーテル〔別名ミツアナグマ〕（ストッフェル、あなたのことよ！）。

船で飼われていたネコやブタもいる。戦地のジャングルで発見され、その後、大隊の兵士たちを救ったヨークシャー・テリア。南アフリカをひとりぼっちで縦断したカバに、北アフリカのスーダンからフランス・パリを目指して旅したキリン。ロンドンの老舗高級百貨店「ハロッズ（Harrods）」のペット売り場から故郷のアフリカに帰っていったライオンのクリスチャン。一方で、クマのヴォイテクはポーランド軍のヒーローになった。ほかにも、飼い主そっくりの完璧なアメリカ・ニューイングランド訛りでおしゃべりするアザラシ、炭鉱で人の命を救うカナリア、共和政ローマを救ったガチョウ、優れた嗅覚を活かして人間の病気を探知するイヌも登場する。

私の個人的な経験に基づいた物語も紹介する。ドキュメンタリー番組の撮影のため、南アフリカの動物保護区で出会ったサイのタンディ。密猟者に角を切り取られ、皮膚の一部をはぎ取られて瀕死の重傷を負った彼女を救った獣医とも会って話を聞いた。事件のあと、皮膚の移植手術を受けたタンディは、アフリカにおけるサイの保護活動のシンボルになっている。

私の子ども時代に活躍したウマ科のヒーローたちも登場する。1981年のグランドナショナル〔イギリス・リヴァプール郊外にあるエイントリー競馬場で毎年4月に開催される世界的に有名な競馬の障害レース〕で優勝した「アルダニティ」。私が大好きな障害飛越《ひえつ》競技馬の「ミルトン」。「カリズマ」は史上最強の総合馬術馬だと思っている。もっと最近では、馬場馬術で演技の美しさと優雅さを極めた「ヴァレグロ」がいる。どのウマもその抜群の才能と個性で人々を魅了し、競馬や馬術競技への関心を高めた〔ウマのスポーツは競馬と馬術競技に大別され、競馬には平地競走と障害競走、馬術競技には馬場馬術、クロスカントリー、障害飛越がある。また、同一人馬が馬場馬術、クロスカントリー、障害飛越の3種目を競う総合馬術もある〕。

なかでも、動物たちの見せる勇敢さには強く心を打たれるものがある。たとえば盲導犬の「ロゼール」は、2001年9月11日に起きたテロ攻撃で崩壊寸前の世界貿易センタービル北棟（ノースタワー）の78階から、視覚障がいをもつ飼い主を地上の安全な場所まで誘導した。人々が泣き叫び、降り注ぐがれきから逃げ惑うなかを、ロゼールの冷静沈着で献身的な行動によって飼い主は命を救われたのだった。

そして、第一次世界大戦中、トルコのガリポリ半島の戦場で、負傷兵を乗せて救護所まで運んだロバのマーフィー。同じく、第一次大戦中、味方に重要な文書を届けるため、敵の銃弾が降り注ぐなかを決死の覚悟で飛び立ち、孤立した大隊を救った伝書鳩の「シェール・アミ」。1980年代、王室騎兵乗馬連隊所属のウマ「セフトン」は、ハイドパークで起きたIRA（アイルランド共和軍）暫定派による爆破事件で生き残り、「北アイルランド紛争（the Troubles）」（p.393「セフトン」の項参照）の終結を願うイギリス国民の平和のシンボルになった。

イヌ、ウマ、ハト、ゾウ、イルカなど多くの動物たちが危機に直面しながらも驚くべき勇敢な行動をとってきた。だが、その過程でけがを負った動物や、命を落とした動物も少なくない。彼らの英雄的な行動は、生まれもった本能、そして、人間よりはるかに優れた嗅覚や視力、あるいは聴力といった生物学的特性から生じる部分もあれば、私たちが高く買っている彼らの忠誠心の強さから生じる部分もある。一方で、動物たちは英雄ではなく、人間のエゴの犠牲者だと主張する人もいるだろう。たとえそれが本能的な行動であったとしても、私は彼らが多くの人間の命を救ってくれたことを正しく評価し、称賛し、表彰し、きちんと感謝したいと思う。

ここに紹介する物語の多くは、今読み返しても涙が出る。なぜなら、私たち人間なら「もうだめだ」とあきらめてしまうような状況でも、決して揺るがない彼らの忠誠心に心動かされるからだ。たとえば、ほとんどのイヌは飼い主に対して、自分のパートナーや親や子どもたちに対する愛情以上に強い忠誠心を示す。まさに全身全霊で愛情を注いでくれるのだ。

日本の忠犬ハチ公の話は涙なくして語れない。ご主人の亡きあとも毎日のように渋谷駅に通い、二度と戻ってはこないご主人を待ち続けた。それも9年間欠かさず、ほぼ同じ時間に現れたというのだから。ハチ公は日本人にとって永遠の忠誠心を表す象徴的存在になった。同じように、スカイ・テリア〔スコットランド原産のテリア〕の「グレーフライアーズ・ボビー」の物語も感動的だ。ボビーはご主人の亡きあと、その墓を14年も守り続けた。

◆愛犬アーチーとの思い出

チベタン・テリア〔チベット原産の牧羊犬種。「テリア」の名がついているが、テリア犬ではない〕の「アーチー（Archie）」が我が家に来たとき、チベタン・テリアの祖先は仏教寺院を守ってきたわけだし、この子もきっと、篤《あつ》い信仰心と禅の心をもったイヌになるだろうと思い込んでいた。いつも物静かで、それでいて好奇心が強く、思慮深く、においを嗅いだだけで人の性格を見極められるようなイヌを思い描いていたのだ。

ところが現実は、アーチーよりもその辺にある石の方が、何事にも執着せず穏やかで平静な心をもっている禅僧のような趣があった。アーチーは自分の縄張りが侵されたり、自分がやりたくないことを命じられたりすると咬みついた。自分より大きなイヌはあまり好きではなく、子どもには決してアーチーを任せられなかった。アーチーの興味はもっぱら食べ物だった。たとえばもし、パンが持ち込み禁止物だとしたら、彼は最高の検疫探知犬になっていただろう。

決して完璧なイヌではなかったけれど、私たち〔著者クレア・ボールディングは同性のパートナーであり、BBCのニュースキャスターでアナウンサーのアリス・アーノルドと2015年に結婚している〕はアーチーを心から愛していた。15年以上も家族の一員として過ごし、ソファやベッドのど真ん中を陣取っていたアーチー。彼は、私たちが絶対に行かないようなところに連れていってくれたり、私たちに一生の友達を連れてきてくれたり、毎日私たちを笑顔にしてくれたりした。彼が亡くなってから、私たちの生活にはぽっかりとイヌの形をした穴が開いている。あるのはアーチーの写真（アーチーはずいぶん写真映えするイヌだった）と思い出だけだ。

イヌたちのなかには人間のてんかんの発作やがんをにおいで感知したり、行方不明のペットを見つけたり、爆発物を探知したりと特殊な能力を発揮するものがいる。

アーチーは50フィート（約15メートル）離れたところに落ちているカリカリ（イヌ用ドライフード）のにおいを感知できた。アーチーの場合、仮にどこかに置き去りにされたとしてもある程度の距離だったら、我が家の玄関までたどり着けたと思う。

ただし、その途中で誰かから食事を与えられたりしたら、そうはいかなかっただろう。2500マイル（約4023キロ）も離れた飼い主の家まで半年も旅をした奇跡の犬ボビーのようにはなれなかったに違いない。

この本の執筆を通じて、私自身さまざまな動物の生理や生態について実にたくさんのことを学んだ。みなさんにもぜひ動物たちの優れた能力を知っていただければと思う。たとえば、イヌの鼻には嗅細胞《きゅう》が約3億個もあるが、人間の場合は600万個ほどだ。だからこそイヌの方がはるかに多くのにおいを嗅ぎ分けられるのだ。

伝書鳩や渡り鳥はどうやって巣に戻るのか、ムクドリはなぜ何千~何万羽もの群れをつくって大空を飛ぶのかなど、科学的に解明されていない行動についても紹介する。動物たちの驚異の世界に迷い込むのは私にとってとても楽しみなひとときだ。

アーチーが気づかせてくれたように、動物を愛するには覚悟がいる。というのも、特にペットとなる動物は私たちより先に亡くなってしまうものだし、そのとき私たちは大きな心の痛みを経験することになるからだ。現にアーチーがこの世を去ったとき、私とパートナーのアリスは悲しみに打ちひしがれて、何日も泣いていた。今でも、寝床につくときには特に、アーチーのことを思い出してつらくなる。それでも私は、アーチーと過ごした喜びをまったく知らない人生を送るより、アーチーがいない悲しみでつらい思いをする人生を選ぶ。

動物は私たちの生活に喜びをもたらすだけでなく、一人ひとりの人生にまったく新しい意味や目的を与えてくれる。街ネコのボブはジェームズ・ボーエン〔『ボブという名のストリート・キャット』［服部京子訳、辰巳出版、2013年］の著者〕の人生を変え、ジェームズに安らぎとともに、ベストセラー小説を書くきっかけをもたらした。車いすのウィリー〔後ろ脚が不自由なため、イヌ用の車いすを付けたチワワ〕は元の飼い主から虐待を受け、後ろ脚が不自由になってしまった。それにもかかわらず、生きることが楽しくて仕方がないとでもいうように元気に走り回るウィリーの姿は、多くの子どもたちに希望を与えた。ミニチュアホース〔交配して人工的につくった品種で、体高が90センチ前後までの小型のウマ〕の「マジック」は、心の傷から立ち直ろうとする子どもや大人たちに癒しを与えている。

◆父と母にとってのヒロイック・アニマル

ところで、もし私の父に「ヒーローにふさわしい動物の名前を教えて」と頼んだら、父は迷わず「ミルリーフ（Mill Reef）」と答えるだろう。父が自ら調教した競走馬のミルリーフは、1971年のダービー〔1780年に創設され、イギリスのエプソム競馬場で行われる3歳馬のレース〕で勝利し、父の人生を変えたのだから。ミルリーフは2歳でチャンピオンになり、3歳でダービー、エクリプスステークス〔イギリスのサンダウン競馬場で開催される競馬のG1［グレード1］レース〕、キングジョージ6世&クイーンエリザベスステークス、凱旋門賞とヨーロッパ最高峰のG1レースを制覇した超一流の名馬だった。勇敢で才能があり、地面の上を浮かぶように走る姿はバレエダンサーのようだった。しかし、スーパースターの名声を確実にしたその翌年、自宅の牧場でギャロップ中に脚を骨折してしまった〔ギャロップはウマの歩法の1つで、襲歩《しゅうほ》と呼ばれる最速の歩法〕。

骨折したウマの手術には危険が伴うため、父は不安で仕方がなかった。麻酔の量が多すぎると命取りになるし、逆に少なすぎると手術中にウマの意識が戻ってしまい、パニックになって暴れるため危険である。また、骨折した脚に体重がかからないように体を横に寝かせるとウマは身動きできなくなってしまい、それが原因となって別の問題を引き起こす恐れがあった。幸い、ミルリーフには獣医の治療を嫌がらず、素直に回復に努める気質と大けがを克服する体力があった。だからこそ、父にとってのヒーローなのだ。ミルリーフは再びレースに出ることはなかったが、種牡馬《しゅぼば》〔繁殖用の牡馬。現役時代に優れた成績を残したウマが選ばれる〕として大成功した。今日でも、ミルリーフの子孫たちがレースで活躍している。

次に、私が父にしたのと同じ質問を母にしたとしたら、母はたぶんキャンディを挙げるだろう。キャンディは母が初めて飼ったボクサー犬で、小さかった私と弟にとても懐いていた。ある日、キャンディは、私たちが知らない大人に誘拐されると思い込み、2階の窓から飛び出してきたことがあった。そのとき母は新しいコートを着ていて、背中側しか見えないキャンディにはそれが母だと認識できなかったのだ。とはいえ、キャンディの捨て身の行動に家族はみな、驚かされた。

◆私が愛したポニーとウマたち

すでに述べたように、子どもの頃の私に正しいふるまい方を教えてくれたのはポニーたちだった。ぬいぐるみのような姿のヴァルキリーは、シェトランド・ポニーとして上流社会の頂点で生きてきた。もとは女王エリザベス2世に飼われていたポニーで、私が生まれたとき、両親に贈られた子馬だった〔イングランド・ハンプシャー州の村キングズクリアにある、著者クレア・ボールディングの実家が営む厩舎では、女王エリザベス2世が所有する競走馬を飼育していたことがあり、その縁で女王は何度かこの厩舎《きゅうしゃ》を訪れ、ボールディング家とも交流をもっていたという〕。

ヴァルキリーは人間に対してある一定の基準を求めてきた。かんしゃくを起こしたり、怒ってウマ用のブラシを叩きつけたりするようなふるまいは、たとえそれが幼い子どもだろうと許さなかった。ヴァルキリーは、私がいけないことをすると、たしなめるような目で見た。ときには私を静かに馬房のすみに押しやり、小さなかんしゃくが収まるまで頑として外に出してくれなかったこともある。

私が落馬の仕方を覚えたのは、ヴァルキリーの背中にまたがるようになってからだ。自分が予想も

シェトランド・ポニーのヴァルキリーの背中に乗ってロックスター気取りの私と、芝生に座る弟のアンドリュー

していないときにポニーの背中から転げ落ちるあの感覚を味わうのは面白かった。私はいつ落ちても体をリラックスさせ、自然に地面の上を転がることを覚えた。落馬した瞬間に腕をつくと骨折してしまうからだ。子どもが乗馬を始めるときは、落馬しない乗り方から学ぶものだが、最初に落馬の仕方を覚えるというのはちょっと変わっていたかもしれない。でも、私には効果があった。

年齢が上がり、身長が伸びるにつれ、私は徐々に大きなポニーに乗り換えていった。ボルケーノはとてもかわいいウェルシュ・マウンテン種のポニーだったけれど、ちょっと意地悪な一面もあった。たとえば、ボルケーノは私が集中しているかどうかを確かめるように、障害を跳び越える前にわざと立ち止まったり、障害を跳ばずに走りすぎたりした。私が少々自信過剰になっていたり、注意が散漫になっていたりすると、ボルケーノは決まって急ブレーキをかけた。そのたびに私は腹が立ったけれど、よい学びになった。今思えば、集中力と忍耐力を身につけ、うまくいかなくてもあきらめず、そして何より調子がいいからといって「図に乗らない」ことをボルケーノは教えてくれていたのだ。

こうしていろいろなポニーに乗っている間、私はずっと動物たちと心を通わせる方法を探していた。真面目な話、ドリトル先生のように、動物たちが何を言い、何を考えているのか理解できるようになりたいと思っていた。そして、これは私の思い過ごしかもしれないけれど、大好きだったポニーのフランクは、私のことをよく理解してくれていた。

私の目にはフランクが美しく見えた。それは彼がとても個性的だったからだ。毛色は灰色で、茶色と黒のまだら模様が入っていた。耳は茶色く、目と鼻のまわりの皮膚はピンク色で日焼けしやすく、たてがみはいつも無造作に逆立っていた。馬房から飛び出す癖があり、その勢いで私の足を踏んで骨折させたこともある。決して乗りやすいウマではなく、口が硬く手綱さばきに苦労したが〔乗馬用語で「口が硬い」は、ハミに対してウマの反応が鈍く、騎乗者がコントロールしづらい状態を指す〕、私はフランクが大好きだった。

フランクも私を理解しようとしてくれた。私はフランクに乗りながら自分が抱えている悩みを何時間も聞いてもらい、ときには学校に溶け込めない、などと訴えながら現実と向き合っていた。

フランクは本当に話を聞いてくれていた。なぜなら、私が話している間、彼の茶色い耳が前後にぴくぴく動いていたからだ。だから私も大きな声で気持ちよくしゃべり続けることができた。フランクを見ていると、彼が自分に自信をもっていることや、ポニーはこうあるべきという既成概念にとらわれず、人生を楽しみ、まわりと違っていても大丈夫だと考えているのがわかり、とても感心したのを覚えている。フランクはほかのポニーとは見た目も行動も違うことを楽しんでいた。実際、彼はいつも目立っていて、私はそんな彼が余計好きになった。

ウマのヘンリーもまた変わっていた。彼はとてもハンサムで、俊足だった。ヘンリーは、ゆっくり構えて何かをするということはまずなかった。ものすごいスピードで走り出すと、何があろうとペースを落とさなかった。障害飛越競技のときはなんとか駈歩《かけあし》〔ウマの4つの歩法のうち、疾走し

初恋の相手、フランクに乗っている私

ている状態を指す襲歩の次にスピードが出る歩法）を保っていられたが、馬場から広いコースに移ったとたん、暴走列車のようになった。

ヘンリーに乗ってクロスカントリーを走るのは、私がこれまでに経験したなかで最高にスリリングな経験の1つだった。クロスカントリーのコースを下見するときは、人一倍入念にチェックしなければならなかった。レース本番で次の障害の場所がしっかり頭のなかに入っていないと、跳ばずに通り過ぎてしまうかもしれないからだ。それにしても、あんな猛スピードで障害を跳んだことは、競走馬に乗ったときでさえ一度もなかった。ヘンリーのおかげで、怖くても「勇気を出してやってみる」ことを学んだというわけだ。

この経験は、競馬の平地競走で役に立った。私は短い間だったけれど、アマチュア騎手として活動したことがあり、レースのときだけ時間が経つのが遅く感じたものだ。レース前は緊張していたのに、足をあぶみにかけて鞍にまたがったとたん、まるで催眠状態になったような感覚になった。レース中は緊張することもなく、次に起こることが予想できるようになり、前もってなんとか対応できるようになった。いわゆる「ゾーンに入る」という、この上ない幸福を感じる状態になっていたのだと思う。この経験は、その瞬間に完全に集中し、隙がなく、なおかつ冷静でいられるとはどういうことなのかを教えてくれた。

◆騎手になってわかったウマの気持ち

アマチュア騎手になる前の私は、競馬の騎手（ジョッキー）が競走馬と心を通わせるのは難しいのではないかと思っていた。騎手はウマの首にとまっているような姿勢になり〔腰を浮かせて前傾姿勢になること〕、また、脚を使ったウマとのコンタクトも少なく、極端に言えば、手綱を引いてウマを減速させるか、手綱を緩めて思いきり走らせるかのどちらかだ。その中間にあたるものはあまりない。総合馬術（eventing）、障害飛越（show jumping）や馬場馬術（dressage）と違って、競馬の騎手は何年もかけて競走馬とじっくり付き合うわけではない。ときにはレースの直前に初めてそのウマに騎乗する、ということもあり得る。車ならメーカーが違っても運転の基本は変わらないが、私は競走馬の場合もそれと同じだと思っていた。

競走馬はどれも同じではないということに気づいたのは、私が「ノック・ノック（Knock Knock）」という名前のウマに乗り始めてからだ。彼には才能があった。私の実家の牧場で走っているときは、ほかのどのウマにも負けないのに、競馬場に入ると、まるで別馬のようにおとなしかった。ノック・ノックは私が乗る以前に出場したレースで何度も入賞を逃し、競走成績を見ると「0000……」と、まるでアヒルの卵を並べたようだった（直近のレースで入賞圏外だったウマは、競走成績が「0」として登録されることから使われるようになった表現）。私は実家の牧場でノック・ノックに乗ってギャロップをさせてみたのだが、そのときにこのウマがほかのウマを本当に嫌っているのがわかった。ほかのウマが近づきすぎるとノック・ノックは耳を後ろに倒して咬みつこうとするのだ。そのたびに、私はノック・ノックを引き離し、彼が安心できる距離をとってやらなければならなかった。

ノック・ノックは愛情に敏感で、撫でてもらいたがっていた。私を乗せて歩いているときは、彼の首をやさしく叩いてあげると、耳をピンと立てていた。一方、彼が厩舎にいるときはたくさん抱きしめたり、「ポロ・ミント（Polo Mint）」（ペパーミント味のキャンディ）をあげたりした。ノック・ノックに乗るのは本当に楽しかった。私が現役最後のレースに勝利したウマにレースのあと少しだけ乗せてもらったとき、ノック・ノックは「僕のことも忘れないで」とでも言いたげにそのウマのそばをゆっくりと通り過ぎた。

私の父は、何か違うことをやってみようと、ノック・ノックをアマチュアのレースに出走させることにした。父は私に、「ノック・ノックに乗ってレースに出てみたいか」と尋ねた。私が「出たい」と返事をするまでに少々、時間がかかった。なぜなら、それは条件戦〔出走馬の性別、年齢、成績によって斤量《きんりょう》〔競走馬が出走時に背負うおもり〕が定められているレース〕で、ノック・ノックには明らかに不利な条件だったからだ。ハンデ戦〔すべての出走馬に勝利のチャンスを与えるため、実績上位のウマと下位のウマで斤量差をつけるレース〕と比べて、ほかのウマより重い斤量を背負うことになり、当然のことながらオッズも26・0（26倍）と人気の低さは歴然としていた。それでもノック・ノックと私は発馬機《はつばき》〔各出走馬を一斉にスタートさせるための前扉付きのゲート〕に入った。ノック・ノックはまるで馬術馬のように美しく首を丸めて頭を下げている。これから何が起ころうと、少なくとも私たちはいい顔をしていようと思った。

　発馬機の扉が開くと、ほかのウマたちはものすごいスピードで走り出した。私たちはあわてずに集団から離れ、少しスペースを空けて、ノック・ノックが自分の歩幅（ストライド）を見つけられるようにした。直線コースで先頭集団に追いついたが、ノック・ノックはマイペースで走り続けた。私たちにはプレッシャーもなく、私はただ、ノック・ノックにレースを楽しんでほしかったので、首を撫でて「いい子ね」と声をかけた。するとノック・ノックは突然加速をつけてコースを回り始め、2番人気を追い越し、1番人気を追い越し、残り1ハロン（約200メートル）で先頭に立ったのだ。私は「いい子ね、いい子ね」と言い続け、あまりの滑稽さに笑いが止まらなかった。最後は鞍の上に乗っているだけで何もせず、鞭《むち》すら振り上げなかった。ノック・ノックがウイニングポスト〔決勝点にある標柱。決勝標〕を通過するまで、私はにやけっぱなしだった。

それから私はノック・ノックに12回騎乗し、3回の優勝と8回の入賞を果たした。私のアマチュア騎手時代、ノック・ノックは間違いなくいちばん安定した成績を残したパートナーだった。私は難問を解く方法が見つかったみたいで楽しかったし、ノック・ノックが「私のために勝ちたい」と思ってくれるほどの関係性を築くことができて、本当にうれしかった。

ウマに備わった気高さは、何世紀もの間、芸術家たちの創作意欲をかき立て、ウマの威厳と美しさを表現した作品が数多く生み出されてきた。アルフレッド・マニングス卿（1878～1959年）の描いたウォリアーの肖像画を見てほしい〔インターネットで「Alfred Munnings Warrior」などのキーワードで検索するとその画像が見つかるので、興味のある方はご覧いただきたい〕。ウォリアーは第一次世界大戦の惨禍を生き延びた騎兵隊のウマである。マニングス卿の描いたウォリアーは、画家に視線を向けることもなく、自分が注目されることより、迫りくる危機を警戒している。そして、誇り高く謙虚で、警戒心が強く、しかも力強い。マニングス卿はウマの肖像画ではイギリスを代表する世界的な画家の1人であり、その作品にはウマの肉体的存在感はもちろん、気質までもが描き出されている。

ウマはその力強さ、スピード、俊敏さから世界中で高く評価されてきた。私たちの祖先にとってウマは移動の手段として、狩猟のパートナーとして、戦場の仲間として、画期的な存在だった。世界各地にたくさんのウマの像がつくられ、人間がウマに与えてきた地位とその意義を伝えている。古代の権力者の墓には、財宝などのほかにウマが埋葬されていたこともわかっている。

◆癒し、希望としての動物たち

チャーリー・マッケジーの名著『ぼく モグラ キツネ 馬』（チャーリー・マッケジー著、川村元気訳、飛鳥新社、2021年）のなかで、ウマは主人公の少年に知恵と安らぎを与える存在として登場する。このウマは教訓めいたことは口にせず、陳腐な言葉も使わずに、その状況に応じて何を伝えるべきかを心得ている。たとえば、少年が「勇気とは何？」と尋ねると、ウマはこう答える。「心を込めて本当の自分を伝えること」。ウマは少年に、みんなが愛し愛されるために存在すること、目の前にある大切なものを見つめること、助けを求めること、自分の価値は自分で決めることを教える。このウマはまっすぐで、誠実で、どんなときもやさしい。彼は私たちがこうありたいと思う姿をすべて体現しているのに、傲慢さのかけらもないのだ。そして、「いちばんの思い違いは、完璧じゃないといけないと思うこと」と、自分は有能ではないと過小評価してしまいがちな私たちに力強いメッセージを送っている。

さまざまな病気やけがの治療にホースセラピー〔ウマとの交流を通じて、病気への不安やつらさの軽減を図る動物介在療法の一種〕が高い効果を発揮しているのも驚くにあたらない。想像を絶するつらい体験から心的外傷を負った人、アルコールやドラッグの依存症から抜け出そうとしている人、身体の障がいや自閉症やADHD（注意欠陥・多動性障害）などの発達障がいを抱える人、学校生活や新しい環境に適応できず苦しんでいる人のために、ウマを使ったセラピーが導入され、効果的な治療法として高く評価されている。ウマは私たちの魂に語りかけ、私たちが気づけずにいる自分の存在価値を見いだしてくれるのだ。

セラピーの分野ではイヌはもちろん、ネコも大きな成功を収めている。自閉症の少女に寄り添うネコの「スーラ」が証明しているように、あの「自由気まま」とされるネコが、家族ともコミュニケーションをとろうとしなかった少女と心を通わせ、彼女の可能性を引き出している。

私たちにはみな、動物の姿をしたヒーローがいる。特に2020年以降、新型コロナウイルス感染症の拡大による世界的なロックダウンの影響を受けるなど、不確実な時代に生きる私たちにとって、ペットの存在がこれまで以上に心の支えになったという人も多いのではないかと思う。

私たちがペットを大切にするように、ペットもまた、私たちを大切にし、気にかけてくれる。ひとり暮らしの人にとって、ペットは仲間であり、安らぎであり、毎日散歩に出かける理由になる。家族とともに暮らす人にとっては、ペットの存在が家族を1つにする求心力となる。また、紛争地域などで活動する人にとっては、使役犬の存在が救いであり、希望となる。ハーマン・メルヴィル〔19世紀のアメリカの作家。代表作に『白鯨《はくげい》』など〕が書いているように、「イヌやウマほど、私たち人間を知りつくしている哲学者はいない」のだ。

愛するペットについて語ることで彼らは永遠に生き続ける。私の愛犬だったアーチーと100

匹の傑出した能力をもち、注目に値する活躍を見せた（見せている）、素晴らしい動物たちもこの本が書かれることによって、永遠に生き続けてほしいと願っている。そして、私が執筆を楽しんだように、この本を手に取っていただいたみなさんにも、さまざまな動物たちの物語を楽しんでいただければと思う。

1

余命宣告を受けた騎手と負傷の愛馬との復活物語

アルダニティ

「グランドナショナル」は世界で最も有名な競馬の障害レースだ。「グランド（Grand）」は障害物の大きさ、「ナショナル（National）」はイギリス中の注目を集める国民的なイベントであることに由来し、テレビ視聴者は世界中で5億人以上にのぼる。このレースを制することができるのはスタミナと勇気、そして並外れたジャンプ力を併せもつウマだけである。

1839年の第1回大会〔第1回の開催年を1836年とする説もある〕は「ロッタリー（Lottery）」〔lotteryは宝くじの意〕という、賭けごとにぴったりな名前のウマが優勝した。それ以来、競馬史に残る数々の物語がこのレースから生まれてきた。なかでもアルダニティとその騎手、ボブ・チャンピオンの物語ほど勇気を与えてくれるものはない。

1981年、私はまだ10歳だったが、グランドナショナルを迎えるまでの出来事は今でもはっきりと覚えている。チャンピオンは精巣がんの手術と6カ月にわたる治療を終えて復帰したばかりで、シーズン中最も長距離のレース〔グランドナショナルのレース距離は約6907メートル〕で騎乗するのは体力的に厳しいと多くの人が思っていた。一方、アルダニティも健康上の問題を抱えていた。か細い脚のせいで故障が絶えず、一時はある獣医から「二度とレースには出られない」と宣告されたほどだった。

それより前の1979年11月、化学療法を続けていたチャンピオンは、サンダウン〔イギリス南東部サリー州にある競馬場。19世紀末、初めて周囲を完全な柵で覆った競馬専用施設として誕生〕のレースに出走するアルダニティを見に出かけた。翌年（1980年）のグランドナショナルでコンビを組めるかもしれないと考えたのだ。しかし、その願いはアルダニティのけがで断たれてしまう。静養のため、アルダニティは馬主のニック・エンビリコスとヴァルダ・エンビリコス夫妻のもとに預けられた。一方のチャンピオンも再び入院生活に戻り、騎手もウマも窮地に立たされた。

それから1年後、調教師のジョシュ・ギフォードは、グランドナショナルを目指してアルダニティのトレーニングを再開した。ギフォードもエンビリコス家も、チャンピオンがこのウマに乗るのを楽しみにしていることに気づいていた。本人をがっかりさせたくはなかったが、本当にその夢がかなうかどうかは誰にもわからない。だからこそ、彼らは少なくともアルダニティには復活の夢を果たさせようとしたのだった。「（医師からは）余命は6カ月から8カ月と言われていました」。チャンピオンはそう明かしている。

あるいは、治療〔抗がん剤を用いた化学療法〕を受けても助かる見込みは35～40％だと。（中略）

ジョシュはいつも、『きみの仕事はここにある』と言っていました。私が生き延びるとは思っていなかったでしょうが、彼はいつも自信をもたせてくれました。それは私自身になくてはならないものだったのです。

1981年2月、チャンピオンとアルダニティは再びコンビを組み、アスコット競馬場の障害物レースで復活を果たす。両者にとってそれはグランドナショナルの前哨戦《ぜんしょう》でもあった。アルダニティは故障上がりということもあってレース前の期待はあまり高くなかったが、それで終わるウマではなかった。脚の弱さはさておき、このウマの本当の強さはその精神力にあった。結果は2位に4馬身差をつけての優勝。このときのアルダニティについて、チャンピオンはこう語っている。「圧巻の走りでした。最後まで失速しなかった。この調子で力を出し切ればグランドナショナルでも十分いけると思いました」

こうして無事に調整を終えたチャンピオンとアルダニティは4月4日の本番を迎える。アルダニティのオッズは11・0（11倍）〔この場合は、最初の賭け金の11倍が支払われるという意味〕。スパルタンミサイルに次ぐ2番人気での出走だった。

スタート直後、アルダニティはペースがうまくつかめず1号障害で危うく体勢を崩しかけた。踏み切りのタイミングが早すぎて着地が前のめりになり、鼻先を芝に擦ってしまったのだ。2号障害でも着地が乱れたが、チャンピオンはよくこらえた。3号障害になると互いにリズムがつか

1981年のグランドナショナルで勝利目前のアルダニティとボブ・チャンピオン（エイントリー競馬場）

めるようになり、次々にジャンプを決めていった。30ある障害の最後に差しかかる頃には、ジョン・ソーンの騎乗する1番人気のスパルタンミサイルも、先頭を走るアルダニティに追いつこうとしていた。

テレビの前でこのレースを観戦していた人たちは、ピーター・オサリバン卿〔イギリスの競馬中継解説者。1948年から50年間グランドナショナルの実況を担当〕の実況アナウンスをよく覚えていることだろう。先頭の2頭が最後の2ハロン（約400メートル）の直線に入ったとたん、独特のしゃがれ声が一気にトーンを上げていった。

アルダニティがリード。後ろにスパルタンミサイルが迫っている。先頭はアルダニティ。スパルタンミサイルが追い上げる。さあ54歳のジョン・ソーン、ジョン・ソーンが怒《ど》濤《とう》のフィニッシュに入った。アルダニティが逃げ切るか。優勝はアルダニティ、アルダニティがナショナルを制しました！

ベテラン騎手のジョン・ソーンは孫のいる年齢であり、スパルタンミサイルの馬主であり調教師でもあった。それ自体、立派な物語になったはずだ。しかし、チャンピオンとアルダニティは特別だった。どちらも一度は死と隣り合わせの経験をし（アルダニティは1979年の障害レースで獣医に安楽死を勧められるほどの重傷を負った）、数々の苦難を乗り越えてきた。そしてオッズに反してグランドナショナルを制覇したその姿に、何百万という人々が感銘を受けた。それは夢のような結末だった。

私は両親と弟と一緒に自宅でこのレースを見ていて涙が出た。母はボブ・チャンピオンのことをよく知っていたし、父はジョシュ・ギフォードの友人だった。それだけに、私たち家族の喜びもひとしおだった。チャンピオンとアルダニティの活躍は競馬界とは無縁の人々にまで感動と勇気を与えた。のちにチャンピオンはこう振り返っている。「前方に見えてきたウイニングポストを通過したとき、これで入院中の多くの人たちに希望を与えられると思いました」

アルダニティ（Aldaniti）は、生産者（ブリーダー）であるトミー・バロンの4人の孫、アラステア（Alastair）、デイヴィッド（David）、ニコラ（Nicola）、ティモシー（Timothy）の名前から頭2文字ずつをとって名付けられた。グランドナショナルを勝利したアルダニティがサセックスの厩舎に戻ると、3000人を超える人々がヒーローを出迎えた。

チャンピオンとアルダニティは翌1982年のグランドナショナルに戻ってきた。しかし、1号障害で落馬。同じ年にアルダニティはレースから引退した。チャンピオンとアルダニティの物語は『チャンピオンズ』（B・チャンピオン&J・パウエル著、常盤新平訳、集英社、1984年）という本になり、のちに同名のタイトルで映画化された。映画では俳優のジョン・ハートが主人公のボブ・チャンピオンを演じ、アルダニティ自身が出演している。競馬を題材にした映画は少ないが、この作品は多くの人々の心をつかみ大成功を収めた。

チャンピオンは1983年に「ボブ・チャンピオンがん基金」を設立。アルダニティは引退後の多くの時間を、騎手の生命を奪いかけた病気の研究のための募金活動に費やした。その総額は数百万ポンド（数億円）にのぼった。

私はチャンピオンとアルダニティが一緒にいるところを何度か見たことがあるが、そのたびに彼らの強いきずなを感じたものだ。アルダニティはサービス精神が旺盛で、大きなイベントが大好きだった。1987年には、バッキンガム宮殿からエイントリー競馬場までの道のりを行進し、のべ250人が乗り手を務めた。そのなかには、イギリス王室のアン王女もいた。これは、グランドナショナルデー〔3日間のグランドナショナルフェスティバルの最終日のこと。3日間、さまざまなレースが行われ、グランドナショナルレースは最終日の夕方に行われる）に向けたイベントとして行われたもので、グランドナショナルデー当日には競馬場までの最後の1マイル（約1・6キロ）をボブ・チャンピオンが騎乗した。アルダニティはヒーローとして迎えられ、このウォークイベントだけで82万ポンド（現在の価値で約3億6100万円）が集まった。

アルダニティが生涯で集めた金額は600万ポンド（現在の価値で約16億8000万円）を超えた。

「私は彼（アルダニティ）と定期的に会っていました。彼はがん基金のために大いに貢献してくれました」とボブ・チャンピオンは話す。「（チャリティ会場のある）大型店舗に行ったときはよくエレベーターに乗って会場まで上がっていましたよ。とにかく性格が素晴らしくて、人前でも落ち着いていました。やさしくて気立てがよくて、みんなから注目を浴びるのが大好きなウマだったのです」

活動的で幸せな余生を送っていたアルダニティだったが、1997年3月、その一生に幕を下ろした。死因は心臓発作で27歳の大往生だった（競走馬の平均寿命は一般に24～25歳）。その報を知って、イギリス中が悲しみに包まれた。のちにアルダニティの栄誉を称え、最高速度時速100マイル（時速約161キロ）で走行するイギリス国鉄86形電気機関車の列車名の1つとなった。チャンピオンもまた、がんとの闘いに勝つために自分を支えてくれたウマのことを記憶にとどめる方法を見つけた。

私の人生でいちばん高価な買い物はアルダニティのブロンズ像です。3000ポンド（現在の価値で約132万円）しました。気に入っていますよ。あの日のことを思い出せますしね。私はアルダニティが大好きでした。思うに、レースに勝てるかどうかは98％がウマ次第。私はずっと、このウマならグランドナショナルで勝てると思っていました。

2

博士と「高度に知的な鳥」との研究生活30年

アレックス

オウムやインコは地球上の動物のなかでも極めて高い知性を持つことで知られている。言葉を習得し、数をかぞえ、論理性を発揮し、人間のアクセントを真似るだけでなく、お笑いの決めゼリフまで覚えてしまう。新型コロナウイルス感染症が猛威を振るう前に彼らの知恵を借りていたら、とっくに解決策が見つかっていたかもしれない。世界史をひもとけば、おしゃべりするオウムと人間の強いきずなにまつわる物語があふれている。ヨーロッパでオウムがペットとして飼われるようになったのは、紀元前３２７年にさかのぼる。インドを征服したアレキサンダー大王の軍隊がギリシャに連れ帰ったのが最初だと言われている。

おしゃべりするオウムは古代ローマの上流階級の間で珍重され、彼らにラテン語を教えるために奴隷が雇われたほどだった。今から１５００年以上前に書かれた古代インドの愛の経典『カーマ・スートラ』には、男性に必要な64の技芸のなかに、「オウムに言葉を教えられること」という項目がある。

そんなオウムのなかでも特に頭がよくて有名なのがヨウム（African Grey）だ〔ヨウムはオウムにある冠羽《かんう》〔冠毛〕がなく、オウム目インコ科に属していることから、分類学上はインコの仲間である〕。そう、あの『ドリトル先生』シリーズに登場して、ドリトル先生に動物の言葉を教える「オウムのポリネシア（通称ポリー）」も実はヨウムである。ヘンリー8世〔テューダー朝第2代イングランド王。在位1509〜47年〕もヨウムを飼っていたことでよく知られている。このヨウムは気晴らしに国王そっくりの口真似をしては、テムズ川の向こう岸から渡し船の船頭たちをハンプトン・コート宮殿〔ヘンリー8世が所有した宮殿の1つ。テムズ川の上流域にあり、現在はクルーズ船が出ている〕まで呼び寄せたという言い伝えがある。国王の命令と勘違いして急いで漕いできた船頭たちは、実はヨウムのいたずらだとわかり悔しがったという。また、気難しい性格と言われたビクトリア女王〔イギリス・ハノーヴァー朝第6代女王。在位1837〜1901年〕はヨウムの「ココ（Coco）」がイギリス国歌「ゴッド・セイブ・ザ・クイーン」を歌えるようになると、ようやく表情をやわらげたと言われている。

民衆の支持を集めたアメリカ合衆国第7代大統領、アンドリュー・ジャクソンは夫人のレイチェルにヨウムを買い与えた。ヨウムはポル（Poll）と名付けられたが、夫人に先立たれ、ジャクソン自ら世話をすることになった。ポルには有名な逸話がある。ご主人であるジャクソンの葬儀の日、参列者の席からつまみ出されたのだ。サミュエル・G・ハイスケルの著書『Andrew Jackson and Early Tennessee History（アンドリュー・ジャクソンとテネシー州の歴史：未邦訳）』の第3巻にそのときの様子が記されている。

葬儀の礼拝のために大勢の参列者が集まるなか、不敬なオウムが興奮し、大声で悪態をつき始めたかと思うと、そのまま騒ぎ続けた。仕方なく、参列者の邪魔にならないようにそのオウムを邸宅の外に連れ出さなければならなかった（中略）（ポルは）ありとあらゆる罵り言葉を駆使していた。

ひと口に「悲しみ」といっても、その対処の仕方はそれぞれで異なるのだ。兵士たちが使うような罵り言葉をポルに教えたのは、元軍人のジャクソン自身だった可能性がある。彼らはそれだけ強いきずなで結ばれていたに違いない。ポルはジャクソンが選んだコンパニオン・アニマル〔所有物としての愛玩動物に対し、人間と密接な関係をもつ伴侶動物のこと〕だった。

科学者たちは長い間、オウムのおしゃべりの能力に魅了されてきた。アリストテレスはオウムを「（ワインを飲ませるとよくしゃべる）人間のような舌をもつ鳥」と表現した。一方、古代ローマの博物学者プリニウス（西暦23〜79年）は、「オウムに言葉を教えるには、鉄の棒で頭を叩くといい。そうやって痛みを感じさせないとオウムは言葉を覚えない」と書き記した（私なら、「彼〔プリニウス〕の方こそワインの飲みすぎだったのでは？」と言いたくなる）。

オウムの脳の習得回路が人の言葉を繰り返せるようにできているというのは、科学的に解明されている。ただし、その言語能力は模倣レベルに過ぎないと考えられていた。確かに、英語の動詞「parrot」は「口真似する」という意味だし、「parrot fashion」は「オウム返し」、つまり言葉を記憶し、一字一句たがわず繰り返すという意味だ。オウムに「ハロー」と言わせたり、歌を歌わせたり、悪態をつかせたりすることはできる。しかしそれは、オウムが「意味もわからず、ただそうしているだけ」だと思われてきた。

この仮説の誤りを証明するには、科学者とある特別な鳥との出会いを待たねばならなかった。1977年、心理学者のアイリーン・ペパーバーグ博士はペットショップで1歳のヨウムを購入した。オウムが言語を習得し、どこまで言葉を使いこなせるかを科学的に究明するためだった。当時、動物の言語能力に関する研究は、霊長類やイルカなど、オウムよりもずっと大きな脳をもつ哺乳動物を対象としたものが一般的だった。ペパーバーグ博士は、グラント（研究費）を獲るために最初に提案書を提出したときの学会の反応を、次のように振り返っている。

落胆した……結局、（正気の沙汰ではないと言うように）「きみは何か［クスリでも］吸っているのかね？」と聞かれているようなものだった。私がクルミほどのちっぽけな脳をもつ生き物［人間の脳だってメロンほどの大きさしかなく、重さは3ポンド（約1・36キログラム）程度だ］、しかも普通はペットとして飼われている生き物を相手に、彼らと同じ研究をやろうとしていると知って驚愕していた。この研究で科学的な客観性を保つにはどうしたらよいのだろう？

最終的に、博士は研究費を獲得し、本格的に研究を開始した。博士はヨウムをアレックス(Alex.「鳥類学習実験」を意味する"Avian Learning Experiment"の頭文字からとった名前。よくあるAlexanderを略した愛称ではない。巻頭口絵p.01上参照)と名付けた。博士はアレックス自身にごほうびを決めさせ、常に特定の単語を同じごほうびに結びつけることで言葉を教えるようにした。そして、言葉を覚えることによって、アレックスは周囲の人間をより細かくコントロールできるようになった。たとえば、ごほうびに自分が欲しいおやつの名前を口にし、休憩したいときや研究室の外に行きたいときも、言葉で意思表示ができた。

こうして、アレックスが習得した語彙の数は150語、識別できる物体は50種類にのぼった。物体に関する質問を理解し、答えることもできた。色や形、材質や機能も覚えた。たとえば、キー(カギ)は何のためにあるのかを理解できた。新しいカギを見せたとき、たとえ形が違っても、それが「キー」だとすぐにわかった。2つの物体を比べて「同じ」ものか、「違う」ものか、どちらが「大きい」あるいは「小さい」のか、「イエス」か「ノー」か、そこに「ある」のか「ない」のか、といった概念も理解できた。数字を記憶し、8まで数えられた。文章の構造を理解し、単語を組み合わせることもできた。ペパーバーグ博士と助手が言い間違えると、アレックスが正しく言い直した。ひとりでいるときは、よく単語の練習もしていた。ペパーバーグ博士に自分は何色なのか聞いたこともある。オウムが自分の存在を問う哲学的な質問を人間に投げかけたのだ。

ペパーバーグ博士とアレックスは30年もの間、一緒に研究生活を送った。博士が離婚したときは、夫妻が飼っていたイヌは、養育権を主張した夫が引き取った。しかし、博士はアレックスのことを「自分の共同研究者であり、ペットではない」と説明して手放さなかった。博士によれば、アレックスは人間で言えば2歳児くらいの感情をもっていたという。質問に退屈すると、正解がわかっているのにわざと間違えたり、いい加減に答えたりすることもあった。

2人は何度かドキュメンタリー番組などに出演したことがある。あるとき、BBCのラジオ番組の収録に出演を依頼された。アレックスが色や形を正しく識別する様子をラジオの音声だけでどうやって伝えればよいだろう？　はじめは困惑したものの、博士はいつもどおりやってみようと決意した。

アレックスはどのボタンを押すべきかわかっていました。最初に、オレンジ色のおもちゃから始めました。私がそのおもちゃを手に取り、「何色？」と聞くと、彼は「チガウ、ナンノカタチ？」と言うのです。私は「そうね、アレックス。これは角が4つあるわ。では、何色かわかる？」と聞き返しました。今度は「チガウ、ナンノソザイ？」と聞いてきました。仕方なく、私はこんなふうに聞き直しました。「これはウッド（木）よ。アレックス、じゃあ何色か教えて」。これには「イクツ？」と返ってきました。私はあきれて部屋から出ていきました。すると小さな哀れな声で「ゴメンナサイ。コッチキテ。（答えは）オレンジ」と言っているのが聞こえてきたのです。

アレックスは、人間と動物とのコミュニケーションの分野で、オウムの知能に関する従来の常識を覆す画期的な研究成果をもたらした。オウムは本能だけで行動するという認識を根本から覆したのだ。アレックスが習得した語彙は限られていたとはいえ、単語や概念の使い方に深い理解と知性が表れていた。

アレックスは2007年9月6日、突然亡くなった。ペパーバーグ博士は悲しみに打ちのめされた。「この30年間、私の人生でいちばん大切な存在を失ったのだと思い知らされました」。アレックスの最期の言葉は、博士が研究を終えて帰宅するときにいつもかけていた次の言葉だった。

「イイコデネ。アイ・ラブ・ユー。アシタ　クル？」

3

敵機を探知し、船で逃げ延び、飛行隊にも参加した子イヌ

アンティス

これは、戦争で無人地帯〔敵味方の塹壕《ざんごう》の間にある、どの勢力にも占有されていない土地〕に取り残された子イヌが成長して翼を広げ、航空史にその名を刻まれるまでの物語だ。

1940年1月。凍てつくような寒い朝、敵の前線上空を飛行していた連合国軍の2人乗り偵察機がドイツ軍の銃撃を受け被弾し、無人地帯に不時着した。チェコ人の空軍兵〔ナチス占領下のチェコスロバキア〔現在のチェコ共和国とスロバキア共和国〕から亡命して志願した兵士の1人。原文のairmanとは、徴兵によらない志願兵を指す〕、ロベルト・ボズデクは負傷したフランス人パイロット、ピエール・デュバルのハーネス（シートベルト）を外して機体の残骸から引きずり出すと、急いで雪の吹きだまりに身を隠し、どこか安全な避難場所がないかとあたりを見回した。

向こうの方に農家が見えた。ボズデクが偵察に行ってみると、家のなかはすでに荒らされていた。ほこりをかぶったテーブル、床に転がった丸太、コンロの上に置かれたままのフライパン。それ以外は、ほとんど何も残っていない。

そのとき、かすかに何かをひっかく音と、「くうん」と鼻を鳴らす声が聞こえた。ボズデクはピストルを手に、注意深く音のする方に近づいて「出てこい」と言った。しかし、何かの息遣いとクンクンと鼻を鳴らす音が聞こえるだけで、誰も出てこない。もう一度、「出てこい」と言ってみたが、やはり誰も出てこない。銃を構えたままゆっくり奥に進むと、突然「敵」の姿が目に入った。ジャーマン・シェパードの子イヌだった。ボズデクはその子イヌを拾い上げると、フライトジャケットのなかに入れて温めてやった。

その夜、ボズデクとデュバルは連合国軍の陣地に戻る方法を話し合った。夜が明けてドイツ軍が自分たちの捜索を再開する前に、ここから脱出し、味方の前線の背後に回り込まなければならない。だが、子イヌが問題だった。たとえイヌを連れていなくとも敵の捜索をかいくぐるのは危険が大きすぎる。食料と水を置いて子イヌをここに残していくしかない。2人はいちかばちかでそこをあとにした。

農家を出たとたん、ドイツ軍が発射した照明弾で空が明るくなった。不時着した自分たちをまだ探し続けているのだ。雪のなか、ボズデクが近くの木々のところまでデュバルを引きずっていると、イヌの哀れな遠吠えが聞こえてきた。このままではドイツ軍に自分たちの居場所がわかってしまう。戻ってあの子イヌを殺さなければ自分たちの命が危ない。

意を決して農家に引き返したが、子イヌの訴えかけるような目を見たらとても殺せなかった。ボズデクは子イヌをつかんで上着に入れると、デュバルのもとに引き返した。「3人」はどうにか森に逃げ込み、味方に助けられた。デュバルは病院に運ばれ、ボズデクはフランス北東部のサン゠ディジエ基地に戻るため飛び立った。その腕には子イヌをしっかり抱きかかえていた。

この新参者はたちまち仲間の兵士たちの人気者になった。子イヌは愛情と食べ物を惜しみなく与えられた。この子イヌにも名前をつけてやらなければ。ボズデクとほかのチェコ人の空軍兵たちは、自分たちのお気に入りのソ連製爆撃機「Pe-2」――チェコ空軍では「ANT」として知られる爆撃機――にちなんでアント（Ant）と名付けることにした。

ボズデクとアント――のちに「アンティス」と名前を変えた――は強いきずなで結ばれた。このイヌは新しい飼い主のそばからなかなか離れようとせず、飼い主の命令なら何でも従った。

珍しく、名前を呼ばれても頑として戻ってこなかったことがある。アンティスは基地のど真ん中に立ちつくし、水平線のかなたをじっと見据えていた。どんなレーダーよりも優れた探知能力のあるこのイヌは、ドイツ軍の爆撃機が接近しているのを真っ先に感知していたのだ。基地は2時間にわたる空爆を受けた。アンティスは別の空爆も察知した。このときの被害は甚大だった。混乱のなかボズデクとアンティスは離れ離れになってしまった。どこを探してもアンティスは見つからず、ボズデクはあわてた。最悪の結果が頭をよぎった。3日後、戻ってきたアンティスは大けがを負っていた。アンティスは爆風で吹き飛ばされ、がれきの下敷きになり、そこからなんとかはい出して生還したのだった。けがが完治すると、アンティスは「レーダー犬」と呼ばれ評判になった。

フランスの戦況が悪化するにつれて、ボズデクらチェコ人の空軍兵たちはスペイン、さらにジブラルタル海峡に向けて南進した。そこから船でイギリスに渡り、戦いを続けるためだ。困難で危険な旅だった。兵士たちは順番でイヌを担ぎながら移動した。マルセイユ行きの列車は乗客であふれかえり、なかなか進まない。60マイル（約97キロ）進むのに3日もかかった。途中駅で近くの牧場に飛び込み、イヌのために搾ったウシの乳を哺乳びんいっぱいに入れに行ったこともある。地元の住民は彼らが赤ん坊のミルクを探していると思い込み、貴重な物資を差し出した。

こうしてついにジブラルタル海峡にたどり着く。そこからはイギリスに戻る護送船団の一部だった商船「ノースムーア（Northmoor）」に乗るのだ。

ところが問題が起きた。沖合に停泊する船まで乗客を運ぶフェリーに動物は乗せられないと言われてしまったのだ。今さらアンティスを置いていくわけにはいかない。そこでボズデクは一計を案じた。このイヌはご主人のそばにいるためなら何でも言うことを聞く。ボズデクは、アンティスを岸辺におとなしく座らせ、待たせておいた。そして、先にノースムーアに乗り込むと、タイミングを見て乗降デッキまで降りていき、そこからアンティスに合図した。アンティスは海に飛び込み、岸から100ヤード（約91メートル）泳いでタンカーに到達したところをボズデクがすくい上げ、コートのなかに入れて隠した。

船の旅は波瀾に満ちていた。潜水艦の攻撃に続いて上空からの爆撃でノースムーアが損傷してしまったときは、急遽別の大型船「ニューラリア（Neuralia）」に乗り換えなければならなかった。チェコの空軍兵たちはアンティスをキットバッグ〔パイロットの装備品一式を入れるための大型バッグ〕に隠して運ぼうとした。しかし、ちょうど船を乗り継ぐときにアンティスがバッグの中から顔を出し、こっそりイヌを運ぼうとしたのがばれてしまった。幸いにも、大型船の乗組員は喜んでイヌも一緒に乗せてくれた。ところが、最後に検疫料が払えず、イギリスに入国できないとわかり、アンティスを貨物に隠してなんとか入国に成功した。

ボズデクはリヴァプールを拠点とするイギリス空軍（RAF）第311部隊――チェコスロバキア人で構成される飛行中隊〔飛行小隊が集まって構成される組織単位〕――に合流した。そこでの仕事は慣れない事務作業だった。一方、アンティスは相変わらずヒーローだった。彼はボズデクに敵の奇襲を知らせ、空爆でがれきの下敷きになった生存者を嗅ぎ当て、がれきを掘り進めて6人を救出した。この作業で前足にけがを負ったにもかかわらず、アンティスはあきらめずに探し続けた。

ボズデクはその後、イングランド東部のノーフォーク州セットフォード近郊にあるRAFイースト・レサム基地の部隊に配置された。そこでようやく空軍兵として空を飛ぶ任務が与えられた。空軍規則では戦闘機にイヌを乗せるのは禁じられていたが、そうはいかないのがアンティスだ。空軍兵たちが北ドイツの爆撃準備をしている間に、アンティスの姿が見えなくなってしまった。ボズデクは気が気でなかったが、そのまま任務に飛び立った。高度1万6000フィート〔約4900メートル〕に達し、味方の爆撃機が爆弾の投下を開始したそのとき、機体の貨物室で苦しそうに

アンティスとロベルト・ボズデク

息をしているアンティスを発見した。２人は酸素マスクを交代で装着した。パイロットはボズデクが気でも触れたかと思ったが、それはアンティスのたぐいまれな飛行歴の始まりに過ぎなかった。

　アンティスはＲＡＦ第３１１部隊のマスコットになり、出撃するときはいつも、彼のために特別につくられた酸素マスクを装着してもらった。アンティスは、飛行中に2度ほど被弾したことがある。そのときは騒ぎもしなかったため、ボズデクさえ着陸するまでアンティスがけがをしていることに気づかなかった。「（アンティスは）決して弱音を吐いたり、パニックになったりしなかった。彼の勇気はおそらく人間には真似できなかっただろう」ボズデクはのちにそう話していた。

　2人がこなした任務は30近くにのぼった。

第二次大戦後、ボズデクは忠実な四つ足の友を連れてチェコスロバキアに帰国した。しかし祖国は彼らの帰国を歓迎しなかった。新たに政権を握った共産党は西側連合国に協力した者を迫害することにしたからだ。またしても祖国から脱出しなければならなくなったボズデクだったが、アンティスのおかげで、銃撃とサーチライトをかわして国境を越え、無事西ドイツに入国できた。そこからイギリスに渡り、英国市民権を取得した。ボズデクのもとで暮らしていたアンティスは1949年、戦争で活躍した動物に贈られるイギリスで最高の栄誉である勲章「ディッキン・メダル」（p.59の囲み参照）を授与された。

13年間にわたって、ご主人とともに幸せなときを過ごした忠実なジャーマン・シェパード、アンティスは、ある晩、安らかに息を引き取った。すべてのイヌを愛していたボズデクだったが、この世にアンティスに代わるイヌはいなかった。パートナーとして自分を支えてくれた唯一無二の存在だったのだ。

PDSAディッキン・メダルは、「動物のビクトリア十字勲章」として知られ、軍事行動に従事する動物だけに贈られるイギリスで最高位の賞である。イギリスの動物愛護団体PDSA（People's Dispensary for Sick Animals）の創始者マリア・ディッキンが、戦場で活躍する動物が見せた「人間および義務への献身」に感銘を受け、1943年に設立した。ディッキン・メダルは、世界各地の戦争で軍隊や市民防衛隊に所属する動物たちが示す勇敢さと義務への献身ぶりを称えるものである。

これまでに71回授与されており（2014年には名誉賞も授与された）、34頭のイヌ、32羽のハト、4頭のウマ、そして1匹のネコが受賞している（2018年11月現在）。

Heroic Animals

4

領空侵犯してきたドローンを攻撃し、無力化するイヌワシ

アラミスとそのきょうだいたち

近年、ドローンの存在が国家の安全に対する大いなる脅威の1つとして無視できなくなりつつある。監視や研究などの合法的な使用は当然としても、今やオンラインショッピングやおもちゃ売り場でも簡単に購入できるドローンは、テロリストによって改造・悪用される懸念が指摘されている。

ではいったいどうやって、この「空飛ぶスパイ」、というより遠隔操作で飛行する「小型ロボット兵器」を打ち落とせばいいのだろう？ もちろん銃で撃ち落とすのも1つの手だ。だが、ローター（回転翼）が回転したまま人ごみや住宅密集地に落下するとなれば、大混乱を引き起こしかねない。こうした不安を解消しつつ、違法なドローンを阻止するには、抜群の知能と方向感覚を備えた高度な飛行体を使用するのが望ましい。そこで登場したのが猛禽類の王者「ワシ」である（巻頭口絵p.01下参照）。

2015年、オーストラリアで野生のオナガイヌワシがドローンを攻撃し、動作不能にするま

での一部始終をカメラがとらえた。その前年にもロイヤルメルボルン工科大学（RMIT）の研究者が自動操縦のグライダーでスロープ・ソアリング〔山などの斜面に沿って発生する上昇気流をとらえて飛行すること〕をしていたところ、ワシによって撃墜された。どうやらワシにはドローンなどの無人航空機（UAV）〔Unmanned Aerial Vehicleの略〕を攻撃し、破壊する本能があるようだ。

フランス空軍はある実験プログラムの一環として、貴重なイヌワシの卵4個をドローンの上で孵化《ふか》させた。ヒナに餌をやるときはドローンの上に載せて与えた。成長したイヌワシは翼の長さ6〜7・5フィート（約1・8〜2・3メートル）、体重は最大15ポンド（約6・8キログラム）になる。万力《まんりき》のようなかぎ爪をもち、上空から獲物めがけて時速150〜200マイル（約241〜322キロ）で急降下する〔水平飛行時の最高時速は110〜130キロ〕イヌワシは、生まれながらにして恐るべき戦闘能力を備えた空飛ぶ戦士なのだ。あとはその攻撃性を人間の指示どおり正しい標的に向けさせればいい。

ドローンの上で孵化した4羽のイヌワシのヒナは、アレクサンドル・デュマ（大デュマ）の有名な小説『三銃士』に登場する銃士たちにちなみ、「アラミス（Aramis）」「アトス（Athos）」「ポルトス（Porthos）」「ダルタニャン（D'Artagnan）」と名付けられた〔『三銃士』は銃士になるためにパリに出てきた田舎貴族の青年ダルタニャンが、友人の近衛三銃士、アトス、ポルトス、アラミスとともに活躍する冒険歴史小説〕。4羽は無人航空機を獲物として認識し、仕留めるよう教え込まれている。中世の鷹狩りに倣って、21世紀のスキルを習得させるために4羽にはほうびとして肉が与えられた。

ところで、このイヌワシの四銃士たちは、本当に領空を侵犯したドローンを破壊する任務を果たせるのだろうか？　フランス南西部にあるフランス空軍基地で行われた試験飛行では、ダルタニャンが見事にそのミッションを果たす姿を披露した。650フィート（約198メートル）先を飛行するドローンをわずか20秒でとらえると、かぎ爪でしっかりつかんだまま地面に着地した。空軍司令官はロイター通信社の取材に対し、次のように話している。「このイヌワシたちは数千メートル先を飛行するドローンを視界にとらえ無力化できます」

もちろん、スーパーヒーローにも自分の身を守るための装備が不可欠だ。この空高く飛ぶ4羽の戦士たちには、大事なかぎ爪を守るために、特殊な素材が織り込まれたプロテクターが用意されている。

5
アイルランドが生んだ史上最高の障害競走馬
アークル

「アークル」「アークル」「アークル」「アークル」(Arkle, Arkle, Arkle, Arkle)——今から60年近く前、アイルランドではどこに行ってもそのウマの話題でもちきりだった。ダブリン市内の壁には「アークルを大統領に(Arkle for President)」という落書きまであった。アイルランドではウマはアイドル並みの人気がある。だが、優秀なウマの多くはレースの本場イギリスに売られていく。競走馬アークルもそのうちの1頭だった。アイルランドの至宝として、その活躍は人々に勇気を与え、スポーツの素晴らしさを見事に体現してみせた。

アークルはサッカー選手のジョージ・ベスト(北アイルランド)やペレ(ブラジル)、テニス選手のロッド・レーバー(オーストラリア)、プロボクサーのモハメド・アリ(アメリカ)と並んで1960年代のスポーツ界を代表するスターになった。後続を突き放す圧倒的な走りは、ほかのウマにも勝つチャンスを与えるために、競馬のルールを書き換えなければならないほどだった。生ける伝説となったアークルは、切手やティータオルをはじめ、ありとあらゆる記念品にその姿が描かれるようになった。この温厚な鹿毛《かげ》〔ウマの毛色の1つ。一般に体は茶褐色で、たてがみ、尾、四肢の下部が黒いウマを指す〕のセン馬〔去勢された牡馬〕のどこに人々を熱狂させる力があったのか。多くのファンを引きつけ、競馬のブックメーカー〔賭け業者〕が帽子をとって敬意を表するくらい、彼らの売り上げに貢献できたのはなぜなのか。ファンレターは宛先に「アークル、アイルランド（Arkle, Ireland）」と書くだけで、彼の厩舎に届くほどだった。人々から「Himself」〔大文字で始まるHimselfは「神」または重要な人物を指すときに使われる〕と慕われ、かのピーター・オサリバン卿〔p.38「アルダニティ」の項参照〕から称賛をもって「突然変異」と評されたように、アークルの名声は競馬界にとどまらず、広く世の中に知れ渡った。

アークルは1957年にダブリン県〔アイルランド島東岸レンスター地方の県。首都はダブリン市〕で生まれた。ウェストミンスター公爵夫人が未出走の3歳馬として競売に出されたアークルを1150ギニー〔現在の価値で約460万円〕〔ギニーはイギリスで1971年に十進法に移行するまでウマの取引などで使われていた金貨。1ギニー＝1ポンド1シリング〕で購入した。アイルランド生まれで乗馬が得意な公爵夫人は、障害競走が好きで研究熱心なオーナーだった。公爵夫人は新しく購入したウマを自邸のあるスコットランド北部サザランド郡の山の名にちなみ「アークル」と名付けた。

公爵夫人はアークルをアイルランドで飼育することにし、ミーズ県〔アイルランドのレンスター地方の県〕の調教師で、すでに一緒に組んで成功していたトム・ドレイパーのもとに預けた。ドレイパーは過去にアークルの母馬の調教を手がけたこともある。公爵夫人とドレイパーにはウマの能力を開花させるために必要な資質、すなわち忍耐力があった。アークルはまず2回ほどバンパー〔障害競走馬がレース経験を積むために最初に出走する平地競争〕に出走したが、さえない結果に終わった。どう見ても飛び越えるべきものがないレースに戸惑っている様子だった。

障害競走にデビューしたのは5歳になってからだ。ブックメーカーがつけたオッズは21・0（21倍）と、レース前は見向きもされなかったが、蓋《ふた》を開ければあっけなく勝利した。ドレイパーは、アークルの才能を確信した。

本格的な障害を飛ぶようになると、さらに快進撃が続く。チェルトナムゴールドカップ〔毎年3月にイギリスのチェルトナム競馬場で行われる障害競走。グランドナショナルに次いで最も人気の高いレース〕を3連覇し、ヘネシーコニャックゴールドカップ（Hennessy Cognac Gold Cup）を2連覇、キングジョージ6世&クイーンエリザベスステークス（the King George VI Chase）、ウィットブレッドゴールドカップを制した。

さらに、ライバルより2ストーン〔ストーンはイギリスで1985年まで使われていた重量単位。1ストーン=14ポンド=約6・35キログラム〕多く背負わされながらも、アイリッシュグランドナショナル〔アイルランドのダブリン近郊にあるフェアリーハウス競馬場で毎年復活祭に合わせて行われる、同国で最も権威のある障害レース〕も制覇した。その頃になると、ドレイパーが調教したウマの偉大さはもはや疑いようのないものとなっていた。そして、今なお多くの人がアークルを史上最高の障害競走馬だと主張している。

1965年のキングジョージ6世&クイーンエリザベスステークスを制した
アークル（ケンプトンパーク競馬場）

ウェストミンスター公爵夫人は、アークルが大勢のファンを引きつけた理由として、その華々しい成績だけでなく、彼の愛すべき性格を挙げた。アークルは頭を高く上げ、耳をピンと立てて、周囲の反応を自覚していて、注目されるのを楽しんでいるようだった。公爵夫人はまた、こう述べていた。「彼（アークル）はいつも本当に誇らしげで、むしろ自分の才能をアピールして観客を喜ばせようとしているように見えました。それは昔から変わりませんね。人に見られるのが大好きなんじゃないかしら」

その一方で、競技場の外ではおとなしく、聞き分けのよいウマで、子どもに撫でられても嫌がらなかった。やさしさだけでなく知性も持ち合わせており、エピソードも数多い。たとえば、アークルが黒ビールを飲んでいる写真が出回ると、ギネス〔Guinness & Co.〕〔アイルランドのビール醸造会社〕がすかさずPRに乗り出し、一生分のビールをプレゼントしたとか。こんなジョークまでささやかれたという。「アークルの強さの秘訣は、毎日大麦と生卵を食べ、ギネスビールを欠かさず飲むことさ」

アークルのタイムフォーム・レーティング〔学校の通知表やミシュランの格付けのようにして競走馬の成績を評価指標で表したもの〕は歴代最高の「212」点で、この点数はいまだに破られていない。ギャロップ〔襲歩〕も難なくこなし、障害を飛び越えるときは前肢《ぜんし》をそろえて折り曲げたまま高く引き上げ、下りるときは前後にやや交差させながら着地した。体格は特に大きいわけではないがその走りは力強く、派手さはないもののジャンプは正確で、転倒は一度もなかった。生涯成績は34戦27勝。そのうち5戦はイギリスで調教された競走馬で、当時最強と言われた名馬ミルハウス〔Mill House〕との対戦であり、アークルは4勝を挙げている。

騎手のパット・ターフェとコンビを組んだアークルは60年代半ば、その圧倒的な加速力でナショナルハント〔イギリスおよびアイルランドで行われる障害レース。主なレースは10月から4月に開催〕を席巻した。先頭集団にいたある騎手はレース後、こうコメントした。「あいつらときたら、こっちがまるで二階建てバスだと言わんばかりに抜き去っていきましたよ。向こうはターフェ一族の威光を背負ってるんだ。勝って当然ですよ〔騎手のパットは調教師の父を含め、競馬と深いかかわりのある家に生まれた〕」。他の騎手もこう言った。「もうお手上げです。あっちは笑いながら余裕で抜けていったんじゃないですか？」

アークルのあまりの強さに、アイリッシュグランドナショナルのハンディキャップ委員会は、アークルが出走する場合としない場合に適用する2種類の斤量規定を新たに設けなければならなかった。この前代未聞の斤量規定が適用された1964年のアイリッシュグランドナショナルでもアークルは勝利した。2着との差はそれほどでもなかったが、ライバルより2ストーン〔約12・7キログラム〕も重いハンデを背負わされての勝利だった。

1964年と1965年のチェルトナムゴールドカップに勝利したあと、アークルは1966年の同杯でも1番人気で勝利し、史上最低配当記録を更新した。このレースの序盤は観衆に気を取られ、障害でもたつくミスがあったものの、結果は2着に30馬身差をつける驚異的な強さで圧勝した。

おそらくアークルが自己最速記録を達成したレースは、1965年にサンダウンで開催されたギャラハーゴールドカップ〔Gallagher Gold Cup〕〔スポンサーのギャラハーはイギリスの多国籍たばこ企業〕として間違いないだろう。このレースでアークルは2着のミルハウスに32馬身差をつけて勝利した。16ポンド〔約7・3キログラム〕の斤量を背負い、しかも、17秒もタイムを更新したのだ。この記録はいまだに破られていない。

アークルの最後のレースは1966年12月にケンプトンパーク競馬場で行われたキングジョージ6世&クイーンエリザベスステークスとなった。このレースでアークルは、乾濠《からぼり》〔障害物の一種で溝の内部に水がないもの〕を飛越するときにひづめをガードレールにぶつけ、蹄骨《ていこつ》〔四肢の最も体重のかかる部分にある骨〕を骨折。それでもなんとか走り続けて、1馬身差の2着でゴールした。9歳は引退するには若すぎる年齢だった。

アークルは手術を受け、6週間ギプスをつけて過ごした。故郷のアイルランドに戻って静養しているときから、復帰への期待は高まっていった。アークル宛てにお見舞いのカードやプレゼント、それにお守りがたくさん届いた。そのすべてに返事を書くため、フルタイムの秘書を雇わなければならないほどだった。

しかし、残念ながらけがは完治せず、復帰の夢はかなわなかった。

1968年に引退が発表されると、アークルはアイルランドのキルデア県〔アイルランド東部レンスター地方の県〕にあるウェストミンスター公爵夫人が所有する牧場に移された。1969年にイングランドで開催された「ホース・オブ・ザ・イヤー・ショー（Horse of the Year Show）」の「パレード・オブ・パーソナリティーズ（Parade of Personalities）」〔「名馬たちのパレード」といった意味〕に姿を見せたアークルは再び注目の的になってうれしそうだった。

しかし、その翌年に関節炎を発症し、歩くことも困難になってしまった。公爵夫人はアークルを安楽死させることにした。彼女は泣きながらアークルの最期を見送った。偉大なヒーローの死に、アイルランド中が深い悲しみに沈んだ。

埋葬されてから5年後、公爵夫人は骨格標本にするためアークルの遺体を掘り起こさせた。現在その標本はアイリッシュ・ナショナルスタッド〔キルデア県にあるサラブレッド生産牧場〕の博物館に展示されている。

また、チェルトナム競馬場にはアークルの像がある。最近では2014年4月にミーズ県アッシュボーン〔ダブリン郊外にあるベッドタウン〕で等身大の銅像がお披露目された。誰もが在りし日の名馬をしのび、世界の競馬史に刻まれた素晴らしい業績を振り返り、アイルランドの文化・スポーツに与えた影響に思いを馳せることができるように、その銅像は競技場ではなく公共の広場に設置されている。

6

戦火のシリアで兵士に救われた子イヌが兵士をPTSDから救う物語

バリー（Barrie）

これは内戦の続くシリアでがれきの下から助け出された生後まもない子イヌが、救い主の男性を救うようになるまでの物語だ。

ショーン・レイドローは兵士になったその日から、戦闘の真っただ中に放り込まれた。危険と隣り合わせの、精神的にも肉体的にも過酷な任務に「いつ死んでもおかしくないと思うと気が塞ぎました」と語る。イギリス陸軍工兵隊（the Royal Engineers）に配属されてからの10年間に多くの残虐行為を目の当たりにしたが、気を落とさずにジョークで気を紛らわすのが「イギリス流」だと思ってなんとか持ちこたえてきた。

ある日、アフガニスタンにいたレイドローは、タリバンに激しい拷問を受けたイギリス兵の遺体を目にしてしまう。それから彼自身のなかで何かが変わってしまった。「長いこと、（戦場での悲惨な記憶を）忘れていました」と彼は言う。「頭のどこかに封印しておいたのに……もはや隠しきれなくなってしまったんです」

故郷の人たちから、「人を殺したのか」と聞かれるのはつらかった。パートナーが流産したとき、自分の力ではどうにもならないと感じて愕然《がくぜん》とした。「理由は何であれ、世の中や誰に対しても怒りが抑えられなくなりました」

悲しいことに、パートナーとの関係は壊れ、家庭も失った。レイドローは体を鍛えるためにトレーニングするようになった。表向きは日々を規則正しく過ごすためだったが、実際は自分に罰を与えるためだった。1日3回のエクササイズで体を限界まで追い込み、筋肉を増強するためステロイドを多用した。しかし、これがもとで彼の人生は制御不能になり、PTSD（心的外傷後ストレス障害）に陥ってしまった〔ステロイドを大量摂取すると脳の受容体に作用してうつ状態を引き起こす可能性が高いと言われている〕。

誰もが自分の強さを誇示する仕事に就いていた彼にとって、自分の感情について話すのは容易なことではなかった。しかし、友人の協力やセラピー（心理療法）のおかげで暗闇から抜け出す道を見つけられるようになった。

PTSDと聞くと、ハリウッド映画のように鮮明な夢を見て、震えと汗で目覚めるものだと思われていますが、現実はまったく違います。私も含め多くの帰還兵にとって、それはフラッシュバックである以上に自分の居場所がないという感覚、つまりアイデンティティーを見失っている状態なんです。

自分に必要なのは、意味のあることをやっていると実感することだと知り、新しい任務に就くことにした。今度は個人契約の爆発物処理専門家としてシリアに赴任することになった。

レイドローはシリアについて「アフガニスタンの100倍、紛れもなく史上最悪の大虐殺」と表現した。あれほど凄惨な破壊を目にしたのは初めてだった。それは自分という存在を根幹から揺るがす恐ろしい光景だった。

ある日、彼と同僚は、爆発音と銃声に紛れて子どもの泣き声のような音を耳にした。跡形もなく破壊された学校のがれきに向かって急いだ。大きなコンクリートの台座の下に、母イヌと子イヌたちを見つけた。みんな死んでいた。では、あの泣き声はどこから聞こえてくるんだろう？

突然、仲間の1人が「イヌだ！」と叫んだ。建物のがれきに埋もれるように、ほこりだらけのふわふわした毛玉のようなものが見える。子イヌだ。生き残った子イヌが助けを求めて鳴いていたのだ。「セントラル・アジア・シェパード・ドッグ」の雑種犬だった。レイドローは子イヌを見るなり「あの子はバリー（Barry）だ」と言った。なかなかいい名前だと思ったが、あとになって実は女の子だとわかって、ちょっぴり女の子らしく、「バリー（Barrie）」と名前のつづりを変えた（巻頭口絵p.02上参照）。

レイドローはすぐに心を奪われた。子イヌはとても悲しそうで、途方に暮れているように見えた。レイドローは「この子イヌには愛情と思いやりが必要だ。僕が面倒を見よう」。そう心に決めた。子イヌが食べ物と水を欲しがったので、自分の水と食料を分けてやった。3日後、自分に心を許すようになった子イヌを拾い上げ、基地に連れ帰った。バリーは彼の腕のなかで眠った。

子イヌのバリーには散歩と餌、そしてしつけが必要だった。すぐに、みんなが世話役を買って出た。レイドロー以外の隊員たちは全員バリーの「おじさん」になった。バリーのおかげでキャンプのなかががらりと変わった。「バリーをキャンプに連れて帰ってからたった2、3日の間に、こんなふうに子イヌと一緒にいるだけで、どれほど気持ちが救われることかと、みんなが実感していたと思います」。レイドローはそう説明する。

「この子イヌは僕たちが外で目にしたつらい光景を忘れさせてくれました。週によっては毎日10～15人――男性に女性に子どもたちもいました――の遺体を目にすることもあったので、それだけでしんどかった。でもオフィスに戻って（子イヌと）遊びまわり、ぶらぶらと過ごしていると、不思議と気持ちが軽くなりました」

レイドローがラッカ〔シリア北部の都市。シリア内戦下で過激派組織「イスラム国〔ＩＳ〕」による虐殺が行われた〕で任務に就くときは、バリーも防弾チョッキからつくられたハーネス〔ひものついた胴輪〕を着けてついていった。レイドローはバリーの存在がどれほど自分の支えになっているかを、わかりすぎるくらいわかっていた。そして、何があろうとこのイヌをイギリスに連れて帰ろうと心に決めた。

自分は何のためにここにいるのか、目的を見つけようともがき苦しんでいるときに、彼女が光の道標《みちしるべ》になっていたんです。僕はバリーの父親であり、世話をするだけでなく負うべき責任がありました。僕なしでバリーがシリアにとどまるという選択肢はありませんでした。

しかし、バリーを出国させるのは一筋縄ではいかなかった。出国のための書類を準備する間、レイドローは知人の結婚式に出席するためにイギリスに飛んだ。その後シリアに戻るために空港に向かう途中、携帯電話が鳴った。現地の情勢がかなり緊迫しているという。「仲間の隊員たちは避難している。きみも（イギリスの）自宅にいてほしい」。そう指示された。

残りの隊員たちが出国するまであと2週間。その間にすべての段取りを終わらせなければならない。さもないと子イヌはひとりぼっちで基地に取り残されることになる。物資輸送のトラックにこっそり乗せて国境を越えさせようとしたが、失敗した。アメリカ人の隊員に一緒に出国してもらって、アメリカから引き取れるかどうかも検討したが、これもうまくいかないとわかった。

唯一の手立ては戦地に取り残されたイヌたちの保護活動を行っている「ウォー・ポーズ（War Paws）」に頼ることだった。こうしてバリーはイラク、そしてヨルダンに渡り、そこで3カ月間の隔離生活を送った。レイドローは携帯電話の待ち受け画面をバリーの写真にした。会えない寂しさで、ふと気づくと携帯の画面を撫でていることがよくあった。まるでそこにバリーがいるみたいに。

そしてついにバリーは飛行機でパリに輸送され、レイドローと再会を果たした。彼女は長期間の隔離と移送がトラウマになり、目の前にいる男性が、シリアで自分をがれきのなかから救い出して世話をしてくれた人だと気づくまで少し時間がかかった。だが、いとおしそうに自分を撫でているのがレイドローだと気づくと、ごろんと寝転がってお腹を撫でてもらおうとした。レイドローもほっとして涙が出た。そして、このイヌがいかに自分を変えてくれたことかと思い巡らせていた。「自分を見失い、何が起こっているのかもわからない状態だった。そんな僕が、もとの自分を取り戻すには子イヌが必要でした。このイヌは僕にとってかけがえのない存在です。もう彼女のいない人生なんて考えられませんでした」

レイドローは、バリーの「父親」という新しいアイデンティティーを見いだしたおかげで、PTSDに苦しむ失意の日々から救われたと確信している。

ストレスがたまって不安で落ち込んだとき、ただ部屋にこもって天井を眺めながら世界が崩れ落ちてくるのを想像する、といったことはもうありません。バリーが僕に飛びついてきて散歩に連れ出そうとするので、一緒に外に出て、歩いて、遊んでやらなくてはならない。最初は億劫ですが、1時間後には「散歩してよかった」と思えるし、いつだってバリーは不安に苛まれそうになった僕を引きずり出して助けてくれるんです。

戦地のイヌから普通のペットになるのはバリーにとって簡単ではなかったが、飼い主同様、今ではなんとか新しい生活にも慣れてきたようだ。レイドローは彼女のことを「救い主」という言葉で表現し、今こうして幸せを手にすることができたのも彼女のおかげだと話す。

バリーとの出会いは僕の人生で最良の日でした。彼女がいなかったら、アフガニスタンから帰還して以降の深い絶望の闇から抜け出し、兵士として目にした残虐行為を事実として受け入れ、普通の市民として生活できたかどうかわかりません……。

僕は現在、非常勤で救急救命士として働きながら、友人とフィットネス事業をやっています。今でも不安が募りそうになることはありますが、そんなときはノートパソコンを閉じ、バリーと遊びます。彼女がそばにいると、やることがはっきりしていますからね。そもそも、僕がバリーの命を助けたと言われてますけど、本当は彼女が僕を助けてくれたんですから。

7

40人以上の命を救ったスイスの山岳救助のシンボル犬

バリー（Barry）

「スイスのイヌ」と聞いてすぐに思い浮かぶのは「セント・バーナード」。体格が大きくて胸が厚く、毛がふかふかして愛想のいい顔立ち。首にブランデーの入った小さな樽をつけ、雪の山頂に誇らしげに立っている救助犬のイメージでおなじみだ。でも、ちょっと待ってほしい。登山者や旅人を雪崩や危険なアルプスの山道から救出したあのイヌは、本当にそんな姿をしているのだろうか？　厳密にいうと、実はちょっと違う。

その答えを探るには、19世紀にさかのぼらなければならない。場所はスイスのマルティニ〔スイス連邦ヴァレー州にある、古代ローマ時代に築かれた町〕とイタリアのアオスタ渓谷を結ぶ標高約2500メートルのグラン・サン・ベルナール峠〔スイスとイタリアを結ぶアルプスの峠道。古くからヨーロッパの北と南をつなぐ重要な交通路〕にあるグレート・セント・バーナード・ホスピス（Great St Bernard Hospice　以下セント・バーナード・ホスピス）という宿泊所である。修道院が運営するこのホスピスは、千年近くの間、疲労困憊した旅人を受け入れ、食事と宿泊を提供していた。

その昔、このホスピスでは、地元の農家から献上されたイヌたちが救助犬として飼われていた。ホスピスのイヌたちは、「アルパイン・マスティフ」〔セント・バーナードの原種で現在は絶滅種〕や「マウンテンドッグ」〔マスティフの祖先にあたるモロシア犬を改良した犬種〕、「アルペンドッグ」「セイクリッドドッグ（sacred dog）」「ホスピスドッグ（hospice dog）」などと呼ばれていた。イヌたちは特別な訓練を受けていたわけではない。若いイヌは経験を積んだベテランの救助犬についていき、災害救助犬にふさわしい能力を身につけた。歴代のセント・バーナード・ホスピスの救助犬に命を救われた遭難者は2000人にのぼると言われている。

アルプスの冬は厳しく、救助活動中に雪崩に巻き込まれて命を落としたイヌも多かった。そのため、19世紀半ばから修道士による繁殖計画が始まり、生き残ったイヌたちにはニューファンドランド犬との交配が行われた。こうして生まれた新しい犬種に「セント・バーナード」という名前がつけられたのは1884年になってからだ。

初期のセント・バーナード犬は今日私たちが知る姿とはかなり違っていた。小型で体重もはるかに軽く、おそらく現在の体重である290ポンド（約132キログラム）の半分にも満たなかっただろう。現代のセント・バーナードに救助犬は務まらない。なぜなら、体重が重すぎてヘリコプターから降ろせず、雪崩に巻き込まれた人を助けに行けなくなってしまったからだ〔現代のセント・バーナードの体重は一般的には50〜90キログラム程度とされているが、それでも人が抱えるのは大変だろう〕。今ではむしろ、その優れた社交性から、ストレスや不安に苦しむ人に寄り添うイヌとして介護施設や学

J. J. - 8927. - BARRY
Fidèle serviteur de l'Hospice du Grand St-Bernard
現代の絵葉書に登場したバリー

校などで見かけることが多くなった。

首にかけた樽についてはどうかというと、残念ながら作り話だ。19世紀のイギリスの画家エドウィン・ランドシーアが1820年に描いた『瀕死の旅人を救助するアルペン・マスチフ(Alpine Mastiffs Reanimating a Distressed Traveller)』という作品では、2頭のセント・バーナード犬が遭難者らしい人物を必死に救い出そうとしている姿が描かれている。そのうちの1頭が小さな樽を身に着けている。これはランドシーア自身が想像で描き加えたもので、画家本人は樽のなかにコニャック(高級ブランデー)が入っていると言っていたようだ。このイメージが定着したため、今では、この小さな樽がセント・バーナード犬のトレードマークのようになっている。

しかし、セント・バーナード・ホスピスに

樽を身に着けたイヌは存在しなかったし、凍えた遭難者を蘇生させるためにブランデーを持ち運んだこともなかった。アルコールは体を温めるにはよさそうだが、実は、低体温症の遭難者にアルコールを飲ませるのはまったくの逆効果なのだ。それでは、樽でブランデーを運ぶイメージはどこから来たのか。おそらく、修道士たちにミルクを届けるため、イヌたちがホスピスと搾乳小屋を行き来していた事実がもとになったのだろう。

セント・バーナード・ホスピスにいたイヌのなかで、最も有名な救助犬はバリー（Barry der Menschenretter）〔Menschenretter はドイツ語で「人命救助」の意〕だろう。1800年生まれのバリーは、その生涯で40人以上の命を助けた伝説のヒーローだ。バリーの功績で特に有名なのは、雪崩が固まってできた氷の洞窟のわずかなすき間から意識不明の少年を救助した話だ。バリーはその少年の体を舐めて温め、目を覚まさせたあと、やっとのことで自分の背中に乗せると、温かく安全なホスピスまで運んだ。

バリーは1814年に亡くなり、剝製《はくせい》にされた。その姿は現在も、ベルン自然史博物館で見ることができる。バリーの剝製は観光客に人気だ。特に日本ではバリーの活躍がよく知られているため、日本人観光客に人気が高い。ベルン観光局のマイケル・ケラー次長は、次のように話す。

山々をかけめぐり多くの人命を救ったバリーの物語は今なお人気で、あらゆる人に希望を与え続けています。バリーがスイスの大使にふさわしいのは、まさにその2つ（人気と希望）

の組み合わせにあると思っています。（スイスと言えば人気の）チョコレートとチーズのようなもので、バリーはその次に名前が挙がるくらいに、みんなが大好きなヒーローなんです。

面白いことに、スイスでは貴金属の種類とその純度を保証するホールマーク（刻印）にセント・バーナード犬の頭部をデザインしたマークが使われている。このマークを刻印することは法律で義務付けられているわけではないが、貴金属管理局は、このようなホールマークを「バリー」と呼んでいる。

セント・バーナード犬がかかわる救助活動は、1955年を最後に行われていない。それでも、このイヌたちの英雄的な救出活動は永遠に語り継がれることだろう。パリ近郊にあるシアン（イヌ）墓地（Cimitière des Chiens）（現在の名称はCimetière des Chiens et Autres Animaux Domestiquesで、多種多様なペットの墓地となっている）にはわれらがヒーロー、バリーのモニュメントがある。2004年には「バリー財団」が設立され、セント・バーナード犬の繁殖管理が行われるようになった。勇気とやさしさ、判断力、包容力で山岳救助のシンボルとなったイヌを称え、現在でも財団で飼育されているイヌのなかの1頭には必ず「バリー」という名前がつけられている。

8

路上生活の薬物依存症者を世界的ベストセラー作家に変えた街ネコ

ボブ

街ネコ（ストリートキャット）のボブ（Bob）は今どきの、身近にいそうな動物界のヒーローだ。彼の物語は戦時下の武勇伝でもなければ、山岳救助の世界の話でもない。立派な邸宅で生まれたわけでも、高い地位を志したわけでもない。ボブは名声や財産を求めたりはしなかった。それはあとからついてきたものだ。一連のベストセラー本や彼の半生を描いた長編映画、そして1人の男性を救った命の恩人としての評判が街ネコだったボブをセレブ猫に変えたのだ（巻頭口絵p.02下参照）。ボブの飼い主で本の著者のジェームズ・ボーエンも、自分がどうしようもない人生から立ち直ることができたのはボブのおかげだと話す。「それまで何匹かネコを飼ったことがあったけど、ボブほど賢いネコはいませんでした。彼は特別でした」

ジェームズは人生のどん底にあった。路上で暮らし、ヘロイン依存症にもなった。バスキング（路上演奏）と『ビッグイシュー』誌〔ホームレスの人々の自立を支援するためにイギリスで誕生した雑誌。路上販売者は1冊売るごとに定価の半額を収入として得る〕の販売で生計を立てていたが、なんとか底辺の生活から抜け出そうともがいていた。薬物更生プログラムにも参加したが、なかなか立ち直れない。そんなときに現れたのが「ボブ」だった。自分が生きていくだけで精いっぱいだったジェームズにとって、ペットを飼うなど到底考えられなかった。「ボブ」という名前はドラマ『ツイン・ピークス』の登場人物〔1990〜91年にテレビ放映され、世界的にヒットした米国のサスペンス・ドラマ。続編や映画版も製作されている。「ボブ」は悪の化身と言われた謎の男の名〕からつけられた。

ジェームズがボブと初めて出会ったのは2007年のこと。当時暮らしていた北ロンドンの生活困窮者向けアパートの廊下で丸まっているところをジェームズに助けられた。餌をやりながら、ボブがノミだらけで足にけがをしているのに気づいたジェームズは、なけなしの30ポンド（現在の価値で約6600円）を手に、ボブを動物病院に連れていき治療を受けさせた。

傷が治って元気になったボブを、ジェームズは元いた場所に帰そうとしたが、ボブはいっこうに帰ろうとしない。仕方なく、ジェームズが通りに出るとボブはあとからついてきて、バスに一緒に乗り込み、ジェームズがすきを見て道路を渡ってもついてくる始末。そんなことを繰り返すうちに、ジェームズはボブが自分のことを飼い主だと思っていることに気づいた。「ボブは僕を必要としていたのに、そのことに気づきませんでした。というより、僕の方こそボブの愛情を必要としていたんです」

すぐに2人は切っても切れない友情で結ばれるようになり、一緒に街頭にいる姿が目撃されるようになった。ジェームズが歌って演奏する間、ボブはちょこんと敷物の上に座っている。イヌを連れたミュージシャンはよく見かけるが、ネコを連れたミュージシャンを見るのはみな初めてだった。2人は有名になり、見物人がソーシャルメディアに動画をアップすると、それを見た観光客が2人を探しにやってくるようになった。これが転機となり、ジェームズは薬物依存の禁断症状から脱却することができた。「この小さい相棒のおかげです」。そうジェームズは打ち明ける。

　ボブは助けを求めて僕のところにやってきた。僕が薬物にのめり込む必要もないくらいに僕を必要としてくれた。今こうして毎日、起きられるのはボブがいるから……ボブは間違いなく、僕の人生を正しい方向に導いてくれている。

　2010年、地元紙『イズリントン・トリビューン』に2人の記事が掲載されると、ある著作権代理人の目にとまり、ジェームズは本の執筆を打診された。『ボブという名のストリート・キャット』（服部京子訳、辰巳出版、2013年）はイギリスで100万部を超えるベストセラーとなり、35カ国語に翻訳された。ジェームズはこれまでに8冊の本を執筆し、いずれも世界的ベストセラーとなっている。2016年には映画『ボブという名の猫 幸せのハイタッチ』が公開された（原作は『ボブという名のストリート・キャット』。2020年には映画の続編『ボブという名の猫2 幸せのギフト』が製作され、日本では2022年2月公開）。ボブ自身が「ボブ」役を演じたこの作品は、2017年の英国ナショナルフィルムアワード（National Film Awards）で「最優秀英国映画賞（the award for Best British Film）」

を受賞した。ボブはよく、ジェームズと一緒にテレビのインタビューを受けた。クールな雰囲気を漂わせつつ、ジェームズの求めに応じて前足でハイタッチするボブの姿にみんながくぎ付けになった。

ボブはほかのネコとは違っていた。彼の最高の芸当は、もう立ち直れないとあきらめていた1人の男性の人生を変えたことだ。ボブとジェームズはサリー州で幸せに暮らした。ジェームズはボブを日向ぼっこさせるために特別なパティオ（patio）〔中庭、あるいはテラスのこと〕ならぬ「キャティオ（catio）」をつくってやった。ジェームズはその後も執筆活動を続け、ボブと一緒に多額の資金を集めてホームレス支援団体や動物愛護団体に寄付した。

ネコのボブは2020年6月15日に亡くなった。推定年齢は14歳。ジェームズはボブを失ったときの心境をこう語っている。

ボブは僕の命の恩人でした。それ以外の言葉が見つかりません。彼は相棒である以上にたくさんのことを僕に与えてくれました。彼がそばにいたから、長いこと見失っていた方向性や目標を取り戻せた。僕らの本と映画が成功したのは本当に奇跡のようでした。ボブはたくさんの人と出会い、それこそ何百万人もの人に感動を与えた。ボブのようなネコはこれまでもいなかったし、これからも現れないでしょう。

僕の人生を照らす灯りが消えてしまったような気がします。彼のことは決して忘れません。

9

飼い主と旅先ではぐれ、4000キロの道程を傷だらけになりながら帰巣したイヌ

ボビー・ザ・ワンダー・ドッグ（奇跡の犬ボビー）

シーラ・バーンフォードの『信じられぬ旅』（藤原英司訳、集英社、1978年）は、私が子どもの頃のお気に入りの絵本だった。これは、3匹の動物たち（2匹のイヌと1匹のネコ）がカナダの原野を横断する旅に出る物語だ。彼らは危険な敵やさまざまな困難を乗り越えながら300マイル（約480キロ）も離れた飼い主のもとに戻ってくる。

私はいつも、動物たちが帰り道を覚えていて、とてつもない距離を歩いて戻ってこられることが不思議でたまらなかった。カブトムシや鳥だろうと、カメやシロアリだろうと（シロアリにも巣穴から離れて餌を探し、再び巣穴へと戻る帰巣本能がある）、地図やGPSもないのに道がわかるのだから。

2016年4月、イングランド北西部のカンブリア州コッカーマスの農場から抜け出したイヌがいた。冒険好きな4歳の牧羊犬、ペロ（Pero）だ。彼はヒツジを追う仕事をするために、その農場に預けられていたのだが、故郷が恋しくなって、そこから240マイル（約386キロ）以上も離れたウェールズ中西部の海辺の街アベリストウィスに向かって出発した。そして2週間後、

元の飼い主でブリーダー、アラン・ジェームズと再会を果たし、全身で喜びを表現した。マイクロチップを調べたところ、ペロに間違いなかった。彼は本当に生まれた家に帰ってきたのだ。

イヌの帰巣本能は、飼い主との「個人的なきずな」とイヌ自身の生物学的特性に基づいている。たとえばイヌの嗅覚は埋められた骨や脱走者、麻薬などを嗅ぎ分けるためだけでなく、自分の居場所を認識するために使われる。さらにイヌは報酬によって行動を強化しやすい。つまり、特定の場所や人との肯定的な関連付けが生まれると、その場所や人のもとに戻ろうとする可能性が高まるのだ。

そして、このような帰巣本能がずばぬけて高いイヌもいる。

1920年代初頭、アメリカ中の人々が「ボビー・ザ・ワンダー・ドッグ（Bobbie the Wonder Dog）」（奇跡の犬ボビー）のとりこになった。ボビーは2歳のコリーの雑種犬で、ブレイザー家の大事なペットだった。1923年の夏、一家は当時のツーリングカー（4人乗りのオープンカー）、オーバーランド・レッド・バード（Overland Red Bird）に荷物を積んで東部のインディアナ州に休暇に出かけた。もちろんボビーも一緒だ。彼は後部座席に積んだ荷物の上に得意げに座っていた。インディアナ州に入り、一家がガソリンスタンドに立ち寄ったとき、地元の野犬たちがボビーに襲いかかってきた。

ご主人のフランク・ブレイザーが愛するボビーを最後に目にしたのは、歯をむき出した3匹の野犬に追いかけられ、命からがら逃げていく姿だった。一家はボビーをあちこち探し回った。町の人に心当たりはないかと尋ねまわり、地元の新聞に情報提供を求める広告を出し、車でボビーを探し続けた。それでも彼を見た者はなく、手がかりはつかめなかった。ボビーは消えてしまったのだ。あきらめきれない一家は、「ボビーが現れたら鉄道で私たちの家に送り届けてください。お金を払いますので」と町の人々に言い残し、後ろ髪を引かれる思いで町を去った。

一家は寂しさを抱えたままオレゴン州シルバートンの自宅に戻った。そして奇跡が起きた。インディアナを発って半年後の1924年2月、家族がすっかり希望を失っていたある日のこと、一家が経営する「レオ・ランチ・レストラン（Reo Lunch Restaurant）」のドアの前に、全身ボロボロになったボビーが現れたのだ。

あの気の遠くなるような距離を無事に帰ってこられたのはまさに奇跡だった。8つの州をまたがる2500マイル（約4023キロ）のルートを、いくつもの山を越え、砂漠や平原を横切り、川を渡り、真冬のロッキー山脈分水嶺《ぶんすいれい》〔大陸分水嶺［コンチネンタルディバイド］とも呼ばれ、尾根で左右に分かれた流れは太平洋と大西洋に注ぐ〕を越えて戻ってきたのだ。当然ながら、ボビーはひどくやせ細り、体中ほこりまみれで衰弱していた。しかも足は擦り傷だらけだった。一家は驚き言葉を失いながらもボビーを喜んで迎えた。

それから1週間もしないうちに、この話は全国的なニュースになった。そして、旅の途中でボビーを1晩あるいは2晩泊めてあげた親切な人たちから手紙が寄せられるようになった。この不思議なイヌは現れたと思ったら姿が見えなくなり、何かの使命を果たそうとしている様子だった

ボビーの帰還を伝える当時の新聞記事の切り抜き

と書かれていた。

　これらの手紙をもとに、オレゴン州ポートランドの動物愛護協会がすべての情報をつなぎ合わせたところ、ボビーのたどった経路が驚くほど正確に判明した。ボビーは最初、ブレイザー家を追って北東に進みインディアナ州の奥まで行った。その後、いろいろな方向に進んでは戻るを繰り返した。おそらく自分の知っているにおいを見つけて進むべき方向を探ろうとしたのだろう。

　そしてとうとう、探していたにおいを見つけ、西海岸に向けて歩き始めたのだ。実は、ブレイザー家はインディアナから自宅に戻る途中、毎晩ガソリンスタンドに車を停めていた。そしてボビーも、民家に泊めてもらうだけでなく、一家が訪れたガソリンスタンドのすべてに立ち寄っていた。ポートランドでは、アイルランド系の女性の家にしばらく滞在した。女性はボビーの足が傷だらけになっているのに気づき、回復するまで手当てをしてくれた。

ボビーの物語が全米に知れ渡ると、多くのファンから称賛の手紙が届いた。「ボビー・ザ・ワンダー・ドッグ」の愛称で呼ばれるようになり、たくさんの本や特集記事に取り上げられ、彼を主役にした映画までつくられた。プレゼントもたくさん送られてきた。なかには宝石をちりばめた首輪まであった。ブレイザー家があるシルバートン市からは顕著な活躍をした市民に贈られる「市の鍵」が進呈され、野犬捕獲員に捕まる心配なく街を自由に歩くことが許された。

1927年にボビーが亡くなったときは盛大な葬儀が行われた。200人以上の人たちが参列し、彼の墓には有名な映画スター、ジャーマン・シェパードのリンチンチン〔第一次世界大戦中に戦場から救出され、のちに俳優犬として活躍。生涯でハリウッド映画27本に出演〕が花輪を捧げた。

Heroic Animals

10

アレキサンダー大王とともに東方遠征を果たした名馬

ブケパロス

私が子どもの頃、朝食のときは決まって弟とジョークを言い合っていた。特にお気に入りの、2人で涙が出るほど大笑いしたジョークはこんな感じだ。

質問：まんまるくて緑色で、世界をせいふくしたものはなーんだ？

こたえ：アレキサンダー・ザ・グレープ（Alexander the Grape）！〔アメリカの菓子メーカー、1908 Candy Companyが販売しているグレープ味の子ども向けキャンディ。パッケージにアレキサンダー大王をモデルにしたキャラクターが描かれている。なお、商品名の「アレキサンダー・ザ・グレープ」は、「アレキサンダー・ザ・グレート［Alexander the Great　アレキサンダー大王のこと］」にかけている〕

今思い出してもおかしいけど、何を隠そう自分がアレキサンダー大王に興味をもったのはこのジョークのせいでもある。まあ、きっかけなんて何でもいいのだけど。

アレキサンダー大王〔アレクサンドロス3世。アレキサンダー大王は通称〕は歴史上最も偉大な軍事指揮官で、天下無敵の大王としてその名をとどろかせた。30歳になるまでにギリシャからインド北西部、マケドニアからエジプトにまで領土を拡大し、史上最大級の王国を築いた。幼い頃から馬術をやっていた私には、大王のウマ、ブケパロス（Bucephalus）が彼の成功の立役者だとみなされていることの方がもっと興味深かった。

古代の歴史家プルタルコス〔帝政ローマ時代のギリシャ人著述家。著書『対比列伝』〔英雄伝〕などで知られる〕によると、紀元前344年、アレキサンダーが12、13歳くらいの頃、父のフィリッポス2世との賭けに勝ち、このウマを手に入れたという。「ブケパロス」と名付けられたウマは、テッサリア〔ギリシャからバルカン半島のエーゲ海沿岸地域に広がる肥沃な土地。ウマの産地として知られ、マケドニアのフィリッポス2世に征服された〕の馬商人、フィロネイカス（Philoneicus）によってマケドニアに持ち込まれ、普通の軍馬の3倍の値がつけられた。体が大きく、つやのある被毛で覆われた黒の雄馬で、風格があったが、人が近づくと後ろ足で立ち上がり、誰も乗りこなせなかった。フィリッポス2世はブケパロスを連れて帰るよう命じた。

しかし、ブケパロスは頑として動かない。王の従者たちが連れ出すのにてこずっていると、ウマは恐怖と怒りで目を大きく見開いた。すると、王子のアレキサンダーが席を立ち、従者たちを制止した。「なぜこんな見事なウマを、人間の弱さゆえに追い出さなければならないのか」と問い詰めた。そして「もし自分がこのウマを手なずけることができなかったら、13タラント〔古代ギリシャ・ローマの通貨単位〕の代価は自分で払う」と言って父に挑んだ。

アレキサンダーには、日差しを浴びたブケパロスがその足元から離れない自分の大きな黒い影に怯えているように見えた。そこで、ブケパロスの顔を太陽の方に向け、影が目に入らないようにしてから背中に飛び乗った。アレキサンダーが手綱をとり、走り去ると、見物人の嘲笑が歓声に変わった。プルタルコスは、この出来事がアレキサンダーの人生の転機となったと述べている。のちの「アレキサンダー・ザ・グレート」、そう、アレキサンダー大王の誕生である。

アレキサンダーが闘技場に戻ってウマから降りると、フィリッポス2世は言った。「息子よ、汝《なんじ》と同等の、汝にふさわしい王国を探すがよい。マケドニアは汝には小さすぎるのだ」

こうして、生涯にわたる遠征と征服、そして大帝国の建設が始まった。ブケパロスとアレキサンダーは強いきずなで結ばれていた。ブケパロスはアレキサンダー以外の人間をまったく寄せ付けず、アレキサンダーもブケパロス以外のウマに乗って戦場に臨むことなどあり得なかった。まさに人馬が一体となって東方遠征を果たしたのだ。

ペルシアの王ダレイオス3世との戦いに勝利したあと、たまたま別行動をとっていたすきに、ブケパロスが誘拐されてしまったことがあった。怒り狂ったアレキサンダーは「住民を皆殺しにし、木々を1本残らず切り倒し、土地を焼き払い、国土を廃墟にしてやる」と脅した。すると、誘拐犯は思い直してすぐにブケパロスを返し、慈悲を請うたと言われている。

ブケパロスは紀元前326年のヒュダスペス河畔の戦いのあと、老衰で亡くなった〔ヒュダスペス河畔の戦いで負った傷がもとで死んだとの説もある」。アレキサンダーは深く悲しみ、ヒマラヤ山脈のふもとに都市を築くと、愛馬をしのんで「ブセファラ（Bucephala）」または「アレキサンドリア・ブケパロス（Alexandria Bucephalous）」と名付けた。

アレキサンダー大王とブケパロスへの崇拝は根強く、のちの指揮官たちもこぞって自分のお気に入りのウマを選ぶようになった。ジュリアス・シーザー（紀元前100〜同44年）は父ガイウスに敬意を表して自身の愛馬を「ジェニター（Genitor）」と名付け、カリグラ（第3代ローマ帝国皇帝。在位西暦37〜41年）はウマのインキタトゥスを寵愛《ちょうあい》したことで有名だ。カリグラはインキタトゥスの誕生日を祝う宴を開き、象牙でできた飼い葉おけや邸宅をプレゼントした。最高の官職である執政官《コンスル》にする計画まであったと言われている。

ブケパロスも忘れ去られることなく、数多くの本や楽曲、映画に登場している。その優美な姿はルーブル美術館に飾られているシャルル・ル・ブラン（1619〜90年）の絵画に描かれている。また、イギリスのテレビドラマ『ブラウン神父』に登場する自転車にもブケパロスという名がつけられている。

Heroic Animals

11

ビンラディン急襲の米海軍特殊部隊に唯一参加したイヌ

カイロ

つい最近まで、このイヌ科のヒーローについては謎に包まれていた。彼が現代史で最も厳しい軍事作戦の1つ「海神の槍《ネプチューン・スピア》作戦（Operation Neptune Spear）」――過激派組織「アルカイダ」の創設者で指導者のウサマ・ビンラディン暗殺計画――で重要な任務に就いていたと聞けば、なるほどと思う。

２００１年９月11日のアメリカ同時多発テロの発生から10年間、アメリカはビンラディン容疑者の行方を追い続けていた。ベルジアン・マリノア種（Belgian Malinois）の軍用犬カイロ（Cairo）は、２０１１年５月２日、パキスタンにあったビンラディンの隠れ家を急襲し、同容疑者を殺害した米海軍特殊部隊《ネイビーシールズ》（NAVYSEALs）チーム６に参加した唯一の、四つ足の隊員だった。

当然のことだが、特殊部隊のイヌの訓練がどのようなものなのか、はっきりとしたことはわからない。だが、彼らは人間の隊員たちと行動をともにしながら、パラシュートで（水面に着水する場合は単独で）降下し、建物に敵が潜んでいないか、爆発物やブービートラップ（敵を油断させるため、一見普通に見えるものに仕掛けられたわな〕がないかをすばやく探知する訓練を受けていると言われている。2010年、当時の陸軍大将でアフガニスタン駐留アメリカ軍司令官を務めたデイヴィッド・H・ペトレイアスが「彼らが戦場で発揮する能力は人間や機械では再現できない」と断言しているとおり、特殊部隊のイヌたちはきわめて重要な任務をこなしており、その仕事ぶりが高く評価されているのは間違いない。

　アメリカ軍はアフガニスタンとイラクに約600頭の軍用犬を配備している。その数は今後も増え続けると予想されている。軍用犬は防弾チョッキのほかに、コンクリートやレンガの壁越しに人の体温を感知できる暗視ゴーグルを着用している。また、ハンドラー〔軍用犬を扱う資格をもつ兵士〕が1000ヤード（約914メートル）離れた場所にいてもイヌが目にしている状況を正確に監視《モニター》できるように、赤外暗視カメラを装備した特殊なベストを身に着けることもある。

　軍用犬にはほかの強みもある。ベルジアン・マリノアとジャーマン・シェパードの2種は人間の2倍の速さで走ることができる。これは、逃亡する敵を捕まえるのにうってつけだ。容疑者の体格に応じて咬みつく、追い込むなどして拘束する訓練も受けている。ほかの犬種にも、ラブラドール・レトリバーなど、パトロールの先頭を歩いて地中に爆発物が仕掛けられていないか確認するための軍用犬がいる。それにしても本当に危険な任務だ。

　カイロはたぐいまれなヒーロー犬だった。だが、彼とそのハンドラー、ウィル・チェスニーははじめから赤い糸で結ばれていたわけではない。カイロは少し気難しいところがあって、チェスニーはブロンコ（Bronco）という別のイヌとペアを組めたらいいと思っていた。しかし、訓練所の所長は、カイロの特別な才能を見抜いていた。結局、カリフォルニアの訓練所で7週間を過ごすうちにチェスニーとカイロはきずなで結ばれるようになった。カイロは2日目の晩に、早くも新しい主人のベッドで一緒に寝ることにしたのだが、「こいつは毛布をひとり占めする」と言って渋ったのはチェスニーの方だった。

2人の主な仕事は、隠れている敵の居場所を突き止めることだった。今はもう海軍を除隊したチェスニーだが、相棒のおかげで幾度となく命を救われたこと、そして、相棒がほかのイヌよりいかに優れたスキルをもっていたかを、ようやく少し話せるようになった。カイロは警戒心が強く、直感が鋭く、怖いもの知らずだった。いつも真っ先に異変を察知し反応した。「何度も何度も、数メートル先で待ち構えている敵を見つけてくれました」とチェスニーは話す。

2009年6月、カイロは重傷を負った。アフガニスタンに派遣されていた2人はその日、重武装のゲリラとの戦闘に参加していた。カイロがゲリラのにおいを嗅ぎつけ、追跡を開始すると敵は木々に覆われた尾根の向こうに隠れた。再び銃声が聞こえた。チェスニーは「戻れ」と叫んだがカイロの姿はない。パニックになったチェスニーがカイロを呼び続けると、ようやく遠くの方に姿を現したのが見えた。そして、ゆっくりとチェスニーのところに戻ってくると、そのまま足元にばたりと倒れ込んだ。

胸と前脚を撃たれたカイロはひどく出血し、苦しそうに息をしていた。チェスニーは無線で「ＦＷＩＡ」（friendly wounded in action）〔「作戦中の味方の負傷」を意味するコールサイン〕をコールし、ただちに救助を要請した。たとえイヌだろうと、カイロはれっきとした特殊部隊《ネイビーシールズ》の隊員なのだ。彼はヘリコプターで前線基地に運ばれ、〔獣医ではなく〕医師と看護師が懸命に救命措置を行った。一時は危険な状態に陥ったが、その生命力と強い意志のおかげで見事に回復したカイロは、ハンドラーのチェスニーとともに前線の任務に戻った。

ビンラディン包囲作戦は、彼らのキャリアのなかで最も危険なミッションになった。ノースカロライナ州に再現されたビンラディンの実物大の隠れ家で訓練を受けたとき、シールズの隊員は全員、身辺整理をしておくように言われていた。しかし、チェスニーとカイロは急襲後も生き延びた。少なくともその一部を語るために。

シールズは2機のヘリコプター〔UH－60ブラックホーク・ヘリコプター〕でパキスタンのアボッタバードに向かった。カイロも防弾チョッキと暗視ゴーグル姿で同乗した。カイロたちの乗った1機は無事着陸した。カイロとチェスニーは建物に突入する前に爆弾や脱出用のトンネルがないか捜索するチームに加わった。しかし、もう1機のブラックホークは敷地内に墜落してしまった。機体は激しく損傷したが、乗っていた隊員は全員無事脱出できた。

カイロとチェスニーが1階と2階を捜索し終えると、仲間の1人から「ビンラディンが死んだ」と知らされた。作戦はすみやかに、かつ静かに行われるはずだった。しかし、ヘリコプターの墜落で近隣の住民が目覚めてしまい、作戦に気づかれてしまった。隊員たちが隠れ家から書類や写真、コンピューターを押収し、墜落したヘリコプターを爆破し、できるだけ早く現場から脱出するまでの間、外部の人間を寄せ付けないように監視の役目を果たしたのはカイロだった。

それから2日足らずでシールズの隊員たちは本国に戻り、オバマ大統領（当時）を表敬訪問することになった。大統領はそのとき初めて、特殊部隊にカイロがいたことと、今回の任務に重要な役割を果たしたことを知った。カイロは、大統領のシークレットサービスの指示で別の部屋で待機していた。しかし、カイロのことを聞いた大統領はこう言った。「そのイヌと会わせてほしい」

チェスニーは今も、現代の戦争に果たす軍用犬の役割が注目されずにいる現状に不満を感じている。ビンラディン殺害作戦に参加したシールズの隊員にはシルバースター（銀星章）〔世界各地の軍事行動に従事し、顕著な功績を挙げた米国人将兵に授与されるメダル〕が与えられた――ただしカイロを除いて。チェスニーは『ニューヨーク・ポスト』紙にこう語っている。「残念です。あいつも他の隊員と同じように命がけで重要なミッションをこなしていたのに」

2011年に退役したチェスニーは、カイロが恋しくて仕方なかった。彼はPTSD〔p.72「バリー（Barrie）」の項参照〕に苦しむようになり、不安に襲われおかしな行動をとることがしばしばあった。唯一の救いはカイロに会うことだった。まもなくカイロが引退すると聞いたチェスニーはカイロに定期的に会いに行き、「自分が引き取りたい」と申し出た。しかし案の定、軍が引き渡しに同意するまでに煩雑な手続きを踏まなければならない。おまけに、カイロを引き取りたいと申し出ている隊員がほかにも2人いると聞かされた。チェスニーはパニックになり、カイロを誘拐する方法まで考えた。

膨大な書類の作成と事務的な確認手続きに1年ほどかかったが、2014年にチェスニーがカイロを引き取ることが認められ、再び一緒に生活できるようになった。軍用犬としての任務を終えても、カイロはPTSDや不安やうつに苦しむ自分を救ってくれた——チェスニーはそう信じている。だが悲しいことに、2人の生活は長くは続かなかった。カイロはすでに年老いていて、たくさんの痛みと苦労を経験していた。2015年4月、がんに苦しむカイロを安楽死させるとき、チェスニーはずっと彼の前脚を抱いていた——カイロの遺灰は彼の足形がついた骨壺に収められている。勇敢で忠誠心が強かった相棒の形見としてチェスニーは今も、カイロの血で染まったハーネスを大切にしている。

12

炭鉱内の有毒ガスを検知し、あまたの労働者を救ったカナリア

小さいけれどたくましい——この目にも鮮やかな色の小鳥は、多くの人の命を救ってきた。スペイン領カナリア諸島が原産の「カナリア」は、オスが美しくさえずることで知られている。異国情緒あふれるペットとして捕獲・繁殖が行われ、取引されるようになったのは17世紀のこと。カナリアはスペインの王侯貴族の間で流行し、スペイン人の船乗りたちがイギリスにもち込んだ。18~19世紀に上流階級のペットとして親しまれていったカナリアは、19世紀初頭には労働者階級、特に炭鉱で働く労働者たちにとって欠かせない存在になった。

物語は、スコットランドの生理学者、ジョン・スコット・ホールデーンの話から始まる。ホールデーンは「酸素療法の父」であり、また、自分だけでなく息子も実験台にして危険な実験を試みたことで知られている。彼は密閉された部屋に閉じこもり、おそらく致死作用のある毒性の混合ガスを吸引し、それらがゆっくりと心身に及ぼす影響を記録したのだ。ほかにも酸素テントや深海への潜水を可能にする減圧チャンバー〔高い水圧がかかった状態から大気圧に体を慣らすための部屋〕を発明した。第一次世界大戦では、キッチナー卿〔第一次大戦当時のイギリスの陸軍大臣〕の要請で前線に赴き、ドイツ軍が使用した毒ガスを特定。そして開発したのが初期のガスマスクと人工呼吸器だった。

ホールデーンが特に関心をもっていたのは炭鉱だった。19世紀から20世紀初頭にかけて、石炭の採掘は命がけの危険な作業だった。毎日何万人もの炭坑労働者たちが地下深く潜り、採掘作業に従事した。爆発による災害、トンネルの崩壊、有毒ガスによる事故は珍しくなく、毎年数百人が犠牲になった。ホールデーンはさまざまな事故を調査した。坑内の爆発で犠牲になった人たちの遺体を調べ、死因の多くが一酸化炭素中毒であることを突き止めたのだ。

ホールデーンは毒ガスが及ぼす症状を自らの体で検証することにした。そして、密閉された部屋にこもり、ゆっくりと中毒が進行する様子を克明に記録した。

19世紀の炭坑労働者たちは、有毒ガスの存在を検知するために、オイルランタンなどの原始的な道具に頼っており、一酸化炭素の有無を調べる方法はなかった。そこでホールデーンは、「カナリア」を炭鉱の見張り役にするよう提案した。カナリアは空を飛ぶために〔高山病になるような酸素の少ない高度を飛ぶこともある〕多量の酸素を必要とする。そのため、息を吸うときだけでなく、吐くときにも、絶え間なく酸素を取り込める特殊な呼吸器官をもっている〔鳥類の肺は気嚢《きのう》と呼ばれる袋状の器官とつながっており、息を吐くと、気嚢にためておいた空気が肺に押し出される〕。人間よりも効率よく肺に空気を送り込める一方で、空気中に含まれる微量の有毒ガスにも敏感に反応するのだ。ホール

1982年、ウェールズの炭鉱でカナリアとくつろぐ炭鉱救護隊員

デーンは、炭坑内で発生した有毒ガスをいち早く検知するのにカナリアが最適だと考えたのだ〔ここから、差し迫った危機を知らせる前兆を「炭鉱のカナリア」にたとえるようになった〕。

当時イギリスでは、小鳥はペットとして人気が高く、炭坑労働者たちも、カナリアを見張り役にするホールデーンのアイデアを大いに歓迎した。ホールデーンはマウスを使うことも提案したが、炭坑労働者を悩ます厄介者のネズミによく似ていたため、あまり歓迎されなかった。ともあれ、20世紀に入って最初の10年間に、多くの炭鉱で救護所に鳥小屋がつくられた。1914年には「カナリアのおかげで年間約800人の命が救われている」と鉱業関係当局が明らかにした。

炭坑労働者たちはカナリアを大事にし、絶えず目を離さないようにした。さえずるのをやめたり、元気がなかったりすると、ただちにかけつけた。具合が悪くなったカナリアには真っ先に治療を受けさせた。蘇生用の小型酸素ボンベが付いた特別なキャリーケースのなかにカナリアを入れて炭坑に持ち込むこともあった。

このカナリアを使った毒ガス検知法は、カナダやアメリカをはじめとするほかの国々でも採用され、比較的最近まで使われていた。炭坑労働者たちは、この歌うように鳴く小さな仲間と別れようとしなかった。1986年になってイギリスではようやく炭鉱でカナリアを使うことが法律で禁じられたが、その時点で200羽ほどが現役で使われていた。今日ではカナリアに代わって携帯型センサーが活躍している。

炭鉱以外の事故で人命を救ったカナリアもいる。1906年4月7日(土)付の『ニューヨーク・タイムズ』紙に小さな記事が掲載された。そこには名前は書かれていないが、ペットのカナリアが飼い主一家を死の淵から救った出来事が記されている。

ニューヨーク州ミドルタウンに住むジョン・ビーツェとその妻、そして幼い娘のアイダはペットのカナリアを飼っていた。一家はこのカナリアを、家のなかで自由に飛べるようにしていた。深夜、いつになく深い眠りに落ちていた夫のジョンは、ベッドの端にとまった小鳥のけたたましいさえずりで目を覚まし、異変に気づいた。1階のガスストーブが不完全燃焼を起こし、そこから上がってきた一酸化炭素が2階の寝室に充満していた。カナリアは家族があわや中毒死するところを助けにきたのだった。

ジョンは朦朧《もうろう》としながらも、やっとのことで妻を起こし、娘を助けに行った。娘は意識を失い、息ができずに苦しそうにしている。すぐに新鮮な空気を吸わせ、安全な場所に逃さなくては。彼は妻と娘を引きずるようにして外に連れ出した。そしてすぐにカナリアを助けに戻ると……すでに致死量のガスを吸い込んでいたそのカナリアは、寝室で息絶えていたのだった。

13

馬術競技史上最も偉大な「ポニー」サイズの名馬

カリズマ

ウマの名前を見ただけで「ああ、このウマはチャンピオンになれる」と見抜けることがある。「カリズマ（Charisma）」という名前のウマはまさにそうだった。でもニックネームはどうかというと――故郷ニュージーランドではなんと「ポッジ（Podge）」や「ストロピィ（Stroppy）」の愛称で知られていた。カリズマの騎手だったマーク・トッドによれば、「ぽっちゃり」した「やんちゃなポニー」という意味らしい。もちろん親愛の情を込めてそう呼ばれていたのだが、そのウマが競技になると一転、「カリズマ」という名前にふさわしい、ずば抜けた走りを見せた。カリズマは馬術競技史上最も偉大な名馬と言っていいだろう（巻頭口絵p.03上参照）。

カリズマは１９７２年10月に生まれた。母馬のプラネット（Planet）は馬場馬術とポロ競技に出場し、ニュージーランドで初めて自分の体高にあたる高さを飛び越えた牝馬《ひんば》として知られていた。幼いカリズマが高さ４フィート（約１２２センチ）のフェンスを飛び越えてパドック（ここは競走馬の下見所ではなく、「放牧場」の意）から抜け出すのは簡単だった。別に逃げようとしたわけではなく、遊び感覚だった。この子馬にしてみれば「できるからやっただけ」なのだ。当時、牧場を手伝っていたトッドは、カリズマを見て「小柄だから競技馬として大成しないだろう」と残念がった。

カリズマの競技歴はポニークラブ（Pony Club）の競技会から始まった。そこから徐々にレベルを上げて馬場馬術、障害飛越、そして総合馬術〔馬場馬術、クロスカントリー、障害飛越の3種目を、3日間かけて同じ人馬で行うところから、「スリーデー・イベント（three-day-event）」と呼ばれる。これに対し、1日で3種目すべてが行われる場合は「ワンデー・イベント（one-day-event）」という〕の一流競技会に出場するようになった。体の高さは15ハンド3インチ（約160センチ）〔ハンドはウマの体高を表す単位で、1ハンド＝4インチ〕に満たなかったが、多彩な才能に恵まれていた。

カリズマとトッドが奇跡のコンビを組んだのは偶然で、それもかなりあとになってからのことだ。1983年5月、カリズマは10歳になっていた。当時、トッドが乗っていたウマが病気になり、代わりにカリズマに乗ってみないかと勧められたのだ。とはいえ、身長6フィート3インチ（約190・5センチ）のトッドが、ポニーとさほど変わらない小柄なカリズマとコンビを組むことなど、まず考えられなかった。しかも、このウマは体高の低さを胴回りでカバーしている、と言ってもおかしくない体格をしていた。

カリズマはセン馬（去勢された牡馬）になっていた〔ウマの去勢手術は、気性を穏やかにして扱いやすくするために行われる〕。トッドが久しぶりに会ったときの印象は「地味で体の小さいウマ」。スターのオーラは感じなかった。ところが、乗ってみるとそれはまったくの誤解だった。トッドはカリズマの「美しい動き」に感動し、すぐに競技会に向けて本格的な調整を開始した。カリズマは運動不足になると何キロも太ってしまうため、食事制限が欠かせなかった。夜中にこっそり寝床のわらを食べないように、馬房に新聞紙を切り裂いたものを敷き詰めたりもした。

2人の地道な努力は、双方が払った以上の価値になって返ってきた。カリズマとトッドのコンビは最初の2回のワンデー・イベントで優勝したのを皮切りに、ニュージーランド国内の「ナショナル・ワンデー・チャンピオンシップス（National One Day Championships）」と「ナショナル・スリーデー・イベント・チャンピオンシップス（National Three Day Event Championships）」で金メダルを獲得。オリンピックの出場権を確実にした。だがトッドには、その前にイギリスに行ってカリズマと一緒に挑戦したい試合があった。世界最高峰の総合馬術競技のイベント「バドミントン・ホーストライアルズ」だ。

イギリスに向かう途中、カリズマは体調を崩し、副鼻腔炎になった（その後慢性化し、完治することはなかった）。それでも本番ではもてるものすべてを出し切って2位に入賞した（優勝はルシンダ・グリーン騎手とビーグル・ベイのペアだった）。そして臨んだ1984年のロサンゼルスオリンピックで、カリズマは最初の馬場馬術で気品のある演技を見せ、次のクロスカントリーではコースを猛然と走り抜けた。トッドはそのときの様子を自著『Second Chance: The Autobiography（第二のチャンス：自伝、未邦訳）』のなかで、「ポッジはものすごい勢いで走り出した」と記している。

彼は、怒った雄牛のように頭を下げて突き進んだ。こうなったら、あとは「ミスをしないでくれ」と祈るしかない……もちろん、この日のクロスカントリーは最速タイム。あれだけ興奮していたわりにはミスもなく、規定の時間内に余裕でゴールした。

トッドとカリズマのコンビは最後の種目、障害飛越で満点を獲得し、2位と1落下差（障害飛越競技の得点は減点方式で計算され、障害物にかけられたバーを落下させると減点4となる）で優勝。オリンピックの馬術競技でニュージーランドに初の金メダルをもたらした。

実は、1984年のロサンゼルスオリンピックの前に、当時のカリズマの馬主、フラン・クラークは、カリズマをひそかに売りに出そうとしていた。トッドのことが気に食わなくなった彼女は、彼以外なら誰とでも取引するつもりだった。オリンピックで金メダルを獲ったあと、この計画が発覚するとたちまち大きく報じられた。総合馬術の関係者がこぞってトッドの味方になり、カリズマを彼から引き離すことに猛反対した。トッドの親友で馬術家のリジー・パーブリックは、彼を窮地から救うために自分が
カリズマを買うふりをした。トッドのスポンサーから彼女の口座に5万ポンド（現在の価値で約2200万円）が振り込まれると、彼女はそれをクラークに送り、カリズマは無事彼女に売却された。トッドは安堵した。二度とカリズマに乗れなくなるなんて、とても耐えがたいことだったのだ。

1985年、トッドとカリズマはワンデー・イベント・チャンピオンシップスで3回優勝し、

その後バドミントンでは再び2着になった（1着はジニー・ホルゲート騎乗のプライスレス）。このとき、カリズマはクロスカントリーを終えた時点でトップだったが、障害飛越でバーを1つ落とし、優勝はならなかった。1986年、コンビはオーストラリアのゴーラーに遠征。当地で開催された世界馬術選手権大会に参戦したが、水濠を飛越した直後に珍しく転倒を喫した。だが、同じ年、ドイツのリューミューレンで開催された大規模なスリーデー・イベントでは優勝した。

時計の針は次のオリンピックに向かって進んでいた。トッドの不安はもっぱら、カリズマの16歳という若くはない年齢に向けられた。長旅には耐えられるのか。暑さのなかで競技するのは大丈夫か。しかし、このウマはおのれの年齢なんか知ったことではないと言わんばかりに、1988年ソウルオリンピックでは、これまでで最も美しいフォームに進化していた。馬場馬術で見事な演技を披露し、クロスカントリーも規定時間内にゴールすると、最後の障害飛越で2落下差をつけて優勝。しかも、1928年以来60年ぶりとなる2大会連続金メダルを達成した。同じ年、カリズマは引退。故郷ニュージーランドに戻って国内凱旋ツアーを行った。トッドとカリズマは国民的英雄として迎えられた。

コモンウェルスゲームズ（イギリス連邦に属する国や地域が参加して4年ごとに開催されるスポーツの祭典。第1回大会は1930年にカナダで開催）に馬術競技は含まれていないものの、1990年にニュージーランドで開かれたオークランド大会で、トッドとカリズマは、「クイーンズ・バトン・リレー」（コモンウェルスゲームズの開催前年にスタートし、各国をめぐる聖火リレーに相当するイベント。毎回、新しくデザインされるバトンとともに女王エリザベス2世のメッセージが託されたことからこの名がついた）のバトンをもって開会式のスタジアムに登場する大役を務めた。

トッドとカリズマ——2人のきずなは伝説になった。カリズマがトッドのあとをついて回る姿は飼い主に忠実なイヌのようだった。トッドの牧場で暮らしたカリズマは30歳でその生涯を終えた。トッドは彼のことを、こんなふうに書き記している。

私のウマは名前だけでなく真の意味で「カリズマ」だった。私は彼に夢中になった。小さくて愛らしいウマとやせっぽちで背の高い騎手なんて、まるであり得ないような組み合わせだったけれど、ニュージーランドのポニークラブで走るだけの小さなウマが、世界をかけめぐり、オリンピックで（2回も）優勝する——そんな夢のような物語だからこそ、みんなの心をとらえたのだ。

14

米軍通信部隊の伝書鳩による「失われた大隊」救出作戦

シェール・アミ

戦場のハトの歴史は数千年の昔にさかのぼる。紀元前6世紀、アケメネス朝ペルシアの初代国王キュロス2世（キュロス大王）は、帝国内の各地との通信にハトを用いた。紀元前1世紀、ジュリアス・シーザーも、広大なガリア（現在のフランス・ベルギーの全域およびオランダ、ドイツ、スイスの一部）をローマの属州として支配する間、情報伝達にハトを使ったと言われている。13世紀初頭、史上最大の領土を誇ったモンゴル帝国の皇帝チンギス・ハーンは、アジアと東欧に軍事作戦を伝えるために伝書鳩を使った。1815年、ワーテルローの戦いでナポレオンが敗北したという知らせを金融王ネイサン・ロスチャイルドに届けたのは、彼の飼っていた1羽の伝書鳩だと言われている（これが、暴落していたイギリスの国債を、まだ投機家の誰もイギリスの勝利を知らないうちに買い漁った結果、高騰して大儲けできた理由である）。

1870年から翌71年の普仏戦争におけるパリ包囲戦では、ハトが市民の命を救った。真冬のパリはプロイセン軍に4カ月半にわたって包囲された。外部から遮断されたパリ市内は食料が不足し、市民はペットやネズミなどの害獣を食料にして飢えをしのいだ。外部との通信も死活問題になっていた。そこで、フランス各地との通信手段として、熱気球を使う試みが開始された。最初の気球がパリから郵便物を運ぶことに成功すると、次に打ち上げられた「ヴィル・ド・フローレンス（Ville de Florence）」号では3羽の伝書鳩が運ばれた。こうして、外部との双方向の通信システムができあがった。

気球を使ったこの作戦では400羽を超える伝書鳩が送り出されたものの、戻ってきたのは73羽に過ぎなかった。1906年1月、パリ包囲下の市民を救った勇敢な伝書鳩と彼らを運んだ気球の操縦士たちを称え、金属製のモニュメントがポルト・ド・テルヌ〔パリ西部近郊ヌイイ市との境界にある広場〕に建てられた。制作したのはニューヨークの『自由の女神』像で知られる彫刻家のフレデリック・バルトルディ。だが、第二次世界大戦が勃発し、パリがナチスドイツの占領下に置かれると、このモニュメントは軍需物資として没収され溶かされてしまった。アイルランドの軍事史家、デニス・アーサー・ビンガムは、その著書『Inside Paris During the Siege〔包囲下のパリ〕』で、「献身的な活躍」でパリ市民を孤立から救ったハトたちが、いかにして「文明世界の称賛の的」となり、「国を愛するすべての市民から崇拝される」存在になったのかを記している。

軍事作戦におけるハト（軍鳩《ぐんきゅう》）の役割は、第一次大戦が始まる頃には敵味方双方で確立していた。軍事作戦にハトが欠かせなかったのは理由がある。たとえば、平均的なイヌの移動距離は1日2～5マイル程度（約3～8キロ）である。一方、優秀な伝書鳩なら60マイル（約96キロ）以上も飛び続けることができる。しかも敵陣の上空を飛べる。そこが決定的に有利な点だ。

第一次世界大戦（1914〜18年）中に、フランス軍は3万羽を超える伝書鳩を召集し、「その飛行を妨害した者は死刑にする」という脅しまでちらつかせた。アメリカ陸軍通信部隊が飼育したルヴァイヤン（Le Vaillant）という軍鳩は、ヴェルダンの戦い〔1916年2〜12月、フランスのヴェルダン要塞をめぐるドイツ軍との攻防戦〕で194人の命を救った功績を称えられ、レジオン・ドヌール勲章〔フランスの最高勲章で、軍事や民間の活動で国に貢献した人に与えられる〕を授与された。

シェール・アミ（Cher Ami）〔フランス語で「親愛なる友」の意。英語のDear Friendと同様、手紙の冒頭で使われる〕も、アメリカ陸軍通信部隊が飼育し、第一次大戦中にメッセージの伝達と偵察に使われた600羽のうちの1羽だった。この「ブラックチェック」〔英名はBlack Check［BLKC］。日本では「黒ゴマ」と呼ばれる〕と呼ばれる羽色の軍鳩には、足にメッセージを入れた小さな金属製のカプセルが装着された。カプセルが重くならないように、メッセージはできるだけ短く簡潔にしなければならなかった。シェール・アミは、もともとイギリスのハト愛好家から軍に寄付された「オス」の伝書鳩で、大戦中に12の重要文書を運んだことで知られている。そのうちの最も重要な文書は、敵に包囲されたアメリカ軍第77歩兵師団、チャールズ・W・ホイットルシー少佐率いる第308歩兵連隊、いわゆる「失われた大隊」の生存者の救出につながった。

この大隊はドイツ軍よりもはるかに劣勢にあった。武器弾薬が尽き、身動きが取れなくなる一方で、犠牲者も増えていった。そして、兵士たちは、敵からの砲撃だけでなく、自分たちの存在

銃撃を受けて負傷し、片足になったシェール・アミとクロワ・ド・ゲール勲章

を認識していない味方からも砲撃されていることに気づく。なんとしても日の出とともに軍鳩を飛ばし、自分たちへの砲撃を止めるよう、味方に伝えなくてはならない。

1羽目のハトには「負傷者多数。退路断絶ス」という伝言を結びつけた。しかし、飛び立った直後、敵に撃ち落とされてしまった。2羽目のハトには「困窮ニツキ援軍タノム」という伝言をつけて飛ばした。これもあえなく撃ち落とされた。そして、最後の1羽に運命が託された。「276・4沿道ニテ孤立セリ。味方ノホウゲキ速ヤカニ止メタシ」と書かれた文書を足にくくりつけ、シェール・アミが飛び立った。だが降り注ぐ弾丸に怯えたのか、すぐに近くの木にとどまってしまった。1人の兵士がその木を揺らし、鳩小屋に戻るよう促すと、シェール・アミは意を決して空へ飛んでいった。

敵はシェール・アミを狙って銃弾を浴びせた。胸に被弾したシェール・アミは地上に落下。しかし奇跡的にも、再び飛び立った。そして25マイル（約40・23キロ）先のアメリカ軍の拠点に到着すると、けがをした足にくくりつけられていた伝言を届けた。ただちに救出作戦が開始され、味方の援軍が「失われた大隊」のもとに向かった。軍の医療部隊は、シェール・アミの足と目の応急処置にとりかかった。敵の銃撃で片方の目を負傷した彼は、もう片方の目だけで飛び続けていたのだ。

勇敢なシェール・アミのおかげで、194人の兵士たちは無事アメリカ軍の拠点に戻ることができた。シェール・アミは、その英雄的行動により、クロワ・ド・ゲール勲章（Croix de Guerre）〔戦時下における卓越した功績を称える軍事勲章〕を受章した。そして本国アメリカに戻り、失った片足に代わって木の義足があてがわれた。シェール・アミは従軍してから8カ月後の1919年6月に亡くなり、剝製にされた。彼の剝製は、今もワシントンD.C.の国立アメリカ歴史博物館に展示されている。

1931年、シェール・アミは「伝書鳩の殿堂（Racing Pigeon Hall of Fame）」入りを果たした。また、アメリカのハト愛好家団体から、第一次大戦中の功績を称えて金メダルが授与された。最近では、2019年にワシントンD.C.の連邦議会議事堂で行われた「アニマルズ・イン・ウォー・アンド・ピース・メダル・オブ・ブレイヴリー(Animals in War & Peace Medals of Bravery)」〔戦時と平時における動物たちの活躍を称えるために2019年にアメリカで創設された賞で、イギリスのPDSAディッキン・メダルに相当〕の創設記念式典で、第1回の受賞動物に選定された。

この物語には意外な結末がある。シェール・アミの亡骸が剝製にされたとき、実は「彼」ではなく「彼女」だったことが判明した。彼女の名前はフランス語の女性形で「Chère Amie《シェール・アミ》」とつづるべきだったのだ!

Heroic Animals

15

第二次大戦で最多の勲章を受けた米軍の軍用犬

チップス

ハトと同様、イヌの戦争利用の歴史は長い。古くは古代エジプト、古代ギリシャ・ローマの時代から、イヌはパトロールや見張り、あるいは戦闘の場で何かしらの役割を担ってきた。

戦場でイヌが使われていたことを示す最古の記録は、紀元前600年頃にさかのぼる。それは、鉄器時代のリディア王国（現在のトルコ西部）の王、アリュアッテスが侵入者を防ぐ番犬として使っていた、というものだ。それから一気に時計の針を進めて434年にフン族の王となったアッティラは、軍用犬として、マスティフの祖先で獰猛《どうもう》なモロシア犬を好んで使った。

軍用犬の大半の名前は、長い年月とともに記録が失われてしまった。しかし19世紀初頭になると、フランスのノルマンディー地方で生まれた「ムー」（Mous. Moustache［口ひげ］を略した愛称）という名の1頭の黒いバルビー（別名「フレンチ・ウォーター・ドッグ」）がフランス革命やナポレオン戦争の際に従軍したイヌとして有名になった。ムーはフランス精鋭部隊の任務を理解し、イタリア遠征に従軍し、敵の攻撃を知らせた。かわいそうに、彼はマレンゴの戦い（1800年）で片耳を失い、アウステルリッツの戦い（1805年）では片足を失いながら、連隊旗を取り戻す手柄を挙げたのだが、スペインのバダホスの戦い（1812年）で砲撃を受けて死亡した。

20世紀になると、軍用犬の英雄的な活躍は畏敬と称賛の的になった。とりわけ、チップス（Chips）は第二次世界大戦で最も多くの勲章を授けられたイヌで、最近ではアニマルズ・イン・ウォー・アンド・ピース・メダル・オブ・ブレイヴリーを授与されている。

1940年生まれのチップスは、ジャーマン・シェパード、コリー、シベリアン・ハスキーのミックスで、ニューヨークに住むエドワード・J・レンの飼い犬だった。第二次大戦中、一般家庭から多くの飼い犬たちがアメリカ軍に提供されたが、レン家のチップスも例外ではなかった。「母はチップスと離れ離れになってすっかり落ち込んでしまいました」。当時、まだよちよち歩きだった息子のジョンはそう話す。「でもチップスは強く賢いイヌだったので、軍の任務も立派にこなせるだろうと家族にはわかっていました」

チップスは、アメリカ軍に新設されたばかりの「K－9部隊」に配属された軍用犬1万425頭のうちの1頭だった。1942年にバージニア州フロントロイヤルにある軍用犬訓練所で哨戒犬〔敵の侵入や襲撃に備えて警戒・監視を行う犬〕として必要な技術を教え込まれた。チップスは第3歩兵師団に所属し、北アフリカ、イタリア、フランス、ドイツで軍務に就いた。

アメリカのルーズベルト大統領とイギリスのウィンストン・チャーチル首相が連合国のシチリア上陸作戦について話し合ったカサブランカ会談（1943年）では、チップスは監視犬の役割を

ごほうびにドーナツをもらうチップス（1944年頃）

果たした。彼の最も危険な任務は１９４３年の後半のハスキー作戦（シチリア侵攻のコードネーム）での任務だ。シチリア島に上陸したアメリカ軍の小隊は、たちまち激しい砲撃にさらされた。チップスはハンドラーで兵卒の、ジョン・Ｐ・ローエルのもとから離れ、敵の狙撃手が立てこもっている分厚いコンクリートのトーチカ（ロシア語で「点」を意味する、小規模な砦）に向かって走り出した。そしてなんとかそのトーチカに突入すると、なかにいたイタリア人兵士

4人に襲いかかり、外に追い出して投降させた。

チップスはこの戦闘でやけどと、頭にけがを負ったものの、すぐに任務に戻った。その日の夜、敵が近づく音に気づいたチップスは、大声で吠えて味方の兵士を起こし、さらに10人のイタリア人兵士を捕虜にした。

チップスの活躍はアイゼンハワー将軍（のちのアメリカ合衆国第34代大統領）の耳にも届いた。将軍は、チップスを連れて表敬訪問したハンドラーのローエルに、「きみのイヌは英雄にふさわしい仕事ぶりだったと聞いているが」と話しかけ、チップスの方に近づき頭を撫でようとした。ところが、自分のハンドラーを緊張させている見知らぬ人物を不審に思ったチップスは、その手に咬みついた。目の前にいる人物があのアイゼンハワーだとはさすがのチップスにもわからなかったのである。

チップスには、その勇敢な行動を称えて殊勲十字章（敵軍との戦いで並外れた勇敢さを発揮し、自らの命を顧みず戦った軍人に与えられる、アメリカ陸軍で2番目に名誉ある勲章）、シルバースター（銀星章。実戦での勇気を称えて授与する3番目に名誉ある勲章）、そしてパープル・ハート勲章（または「名誉負傷勲章」。戦闘中に敵の攻撃によって負傷もしくは死亡した軍人に与えられる勲章）が授与された。ところが大戦後、本来、軍人に贈られるべきこれらの勲章を軍用動物に授けることに対し、一部の軍関係者から抗議の声があがった。チップスの叙勲も取り消されてしまった。しかし、非公式ながらチップスを表彰してもらえるように所属部隊が手を尽くした結果、急襲上陸作戦の印であるリボン付きメダルと、8つの従軍星章が代わりに授与された。

1945年12月、正式に除隊したチップスは、元の飼い主であるレン家のもとに戻った。それから1年後に亡くなるまで家族と幸せに暮らした。ただ、飼い主のエドワード・レンによれば、戦争に行く以前ほどしっぽを振らなくなっていたという。

2018年、チップスの生前の功績を称え、PDSAディッキン・メダルが授与された。式典はロンドンのチャーチル博物館・内閣戦時執務室で行われ、エドワードの息子、ジョン・レンが出席した。

16

ペットから野生に戻されたライオンと飼い主との再会物語

クリスチャン

1960年代の終わり頃、ロンドンの街はサイケデリックな輝きを放っていた〔1960年代のロンドンは、若者たちによる音楽、ファッション、映画、アートなどの華やかなポップカルチャーの発信地として世界から注目され、「スウィンギング・ロンドン［Swinging London］」と呼ばれていた〕。第二次世界大戦後の暗い雰囲気はすでに過去のものとなり、好景気に沸くこの街は、実験的で奇抜で異国風の文化が花咲く国際都市になっていた。若い世代の人口が急増したのもこの頃だ。25歳未満が人口の40%が占め、希望とドラッグで満ちあふれていた。『タイム』誌に「スウィンギング・シティ」という文字が躍り、ロンドンは誰もが認めるファッションの中心地になった。

カーナビー・ストリートやキングス・ロードの繁華街にはたくさんのブティックが立ち並び、ナイツブリッジ〔ロンドンのシティ・オブ・ウェストミンスターとケンジントン・アンド・チェルシー王室特別区にまたがる地区〕のデパート「ハロッズ」は「ここで買えないものはない」という評判があるくらい、ピアノから子ども用の靴、ランチからダイヤモンドの指輪まで、本当に何でも取りそろえていた。

なかでも、1917年にオープンした有名なペットショップはすごかった。当時まだイギリスで絶滅危惧種保護法（1976年）が制定される前のことで、ヒョウやトラをはじめ、ありとあらゆる野生動物を販売していた。俳優で脚本家のノエル・カワードは、1951年のクリスマスにハロッズで売られていたワニをプレゼントされた。1967年には、のちにアメリカ大統領となるロナルド・レーガン〔元映画俳優で、1967年当時はカリフォルニア州知事〕から、「ガーティー（Gertie）」という名の子ゾウを買いたいと電話がかかってきたという。

1969年、ハロッズのペットショップに立ち寄った2人のオーストラリア人の若者は、小さなケージに入れられた赤ちゃんライオンに気づいた。2人はこの赤ちゃんライオンがかわいそうになり、デパートの売り場から連れ出してやりたいと考えた。そして代金の250ギニー（現在の価値で約74万円）を払うと、赤ちゃんライオンにリードをつけて店を出た。名前は「クリスチャン（Christian）」に決めた（昔、ローマ帝国の時代にキリスト教徒〔つまり、クリスチャン〕がライオンの餌食にされたから）。2人はチェルシーにあるアンティーク家具店の2階のアパートでクリスチャンと一緒に暮らすことにした。冗談のような本当の話である。

幼なじみのジョン・レンダルとアンソニー・エース・バークは、それぞれ夢を追い求めてロンドンにやってきて、偶然再会した。2人とも大の動物好きだったが、まさか旅先でライオンが中心の生活を送ることになるとは思いもしなかった。クリスチャンは彼らの人生を変えたのだ。

2人のバイト先でもある1階のアンティーク家具店は、偶然にも「ソフィスティキャット

(Sophisticat)」という名前だった。ジョンとエースは、せっかくネコ科の動物を飼うのにぴったりな名前なのだからと家具店のオーナーたちを説き伏せ、許可を得てからクリスチャンを連れてきた。クリスチャンは意外なほどすんなり新しい環境に慣れ、2人が新聞を読もうとすると膝の上に乗ってきた。ほんの数日で特大のネコ用トイレを使うことも覚えた。

すべてがあっという間だった。クリスチャンはどんどん体が大きくなり家具店の2階の住居では狭くなってきた。ジョンとエースは、クリスチャンを2階から地下室に移動させ、住まわせることにした。遊びたい盛りのクリスチャンは店の従業員たちに群れの仲間になってもらっていた。家具店のオーナーや女性店長は喜んで遊び相手になっていたが、清掃係の女性だけは、クリスチャンが掃除機に乗ったり、雑巾をどこかに隠したりして困らせたので、あまり構ってくれなくなった。

夜になると、クリスチャンは店の窓際に座って道路を行きかう車を眺めていた。地元の子どもたちの人気者になり、子どもたちは「ボクたちの」ライオンを見ようと集まってきた。クリスチャンは、ジョンとエースが運転するコンバーチブルのメルセデスの後部座席に乗せてもらい、レストランやパーティーに行ったりもした。

運動させる庭が必要になったクリスチャンのために、地元の教区の牧師の取り計らいで、キングス・ロードのワールズ・エンド地区にあるモラヴィア教会〔18世紀のルター派プロテスタントの一派。ヨーロッパ各地で共同体を形成〕の庭〔実際は墓地〕を使わせてもらえることになった。しかし、それもつかの間だった。クリスチャンが牧師の車の上に飛び乗り、頑として動かなかったため、別の場所を考えなければならなくなった。

天気がいいときには、3人で海岸まで日帰りで出かけた。エースは2011年の『ガーディアン』紙のインタビューで「クリスチャンはとてもお行儀のいい子だった」と語っている。

それに、人を咬んだりけがをさせたりしたことは一度もなかったのですが、彼の力を甘く見ていて危険な目にあったことがあります。一度、パーティーに連れていったとき、クリスチャンはしばらくぶりで会った友人に飛びついて、彼女の両肩に前脚をかけたのです。そうしたら片方の前脚が滑って爪がドレスのストラップにひっかかってしまい、そのままドレスが脱げて床に落ちてしまいました。

2人は、いつまでもこのペットと一緒にいられるわけではないのを理解していた。もともと、クリスチャンを飼うのは長くて12カ月、ジャングルの王にふさわしい居場所が見つかるまでと決めていた。2人はアフリカ以外の場所に初めてオープンしたサファリパーク「ロングリート」〔イングランドのウィルトシャーにあるカントリーハウス。16世紀に建てられたエリザベス朝建築の貴族の館、巨大な迷路のある庭園、サファリパークからなる〕を見に行った。クリスチャンが田舎でのんびり暮らせるようできないか考えていたのである。

そこへ完璧な解決策を知る人物が現れた。映画『野生のエルザ』に出演した俳優ビル・トラバースとバージニア・マッケンナ夫妻が、デスクを買いにソフィスティキャットを訪れたのだ。夫妻はこの店にパイン材の家具だけでなくライオンがいるとはまったく予想していなかったし、スウィンギング・ロンドンの真っただ中に野生の動物が暮らしているのを見てあまり感心はしていなかったが、クリスチャンを野生にかえすのに最適な人物を知っていた。

野生動物保護活動家のジョージ・アダムソンとその夫人のジョイ・アダムソンだ。アダムソン夫妻は、1950年代後半にメスのライオン「エルザ」を育て、ケニアのメルー国立公園に放し、野生に戻したことで有名になった。アダムソンは「ババ・ヤ・シンバ」（スワヒリ語で「ライオンの父」）と呼ばれるようになり、1961年に動物管理官を引退後は、動物園などで飼育されていたライオンや親が密猟者に殺された孤児ライオンを養育し、自然の生息地に戻す活動に専念するようになった。アダムソンは1970年にケニア北部のコラ自然保護区に移り住んだ。ジョンとエースはこのコラのキャンプにクリスチャンを連れていき、アダムソンの手を借りてクリスチャンを野生に戻すことを決意した。

最初の数日、クリスチャンは無邪気な10代の旅行者のように、ジョンとエースのテントのベッドに遊びに来た。ちょうど、けがを負った「ボーイ（Boy）」というオスのライオンがコラの保護区で静養していた。このライオンは、映画『野生のエルザ』にも出演していた。クリスチャンにとって、すでにサバンナでの生活を経験した大人のライオンから野生で生きるための術を学ぶ絶好の機会になった。ジョンとエースは愛するペットを置いて帰るのは寂しかったが、クリスチャンを本来の居場所に連れてこられたのだと自分たちに言い聞かせた。エースはこう話す。

クリスチャンが彼にふさわしい環境のなかにいる姿を見て胸がわくわくしました。それまでは「異国の珍しい」動物だったのが、突然、まわりの環境になじんで風景に溶け込んでいたのです。それでも、野生の動物、特に人の手で過保護に育てられた動物が直面するさまざまな危険や試練を考えると、彼を置き去りにするのは胸が痛みました。

アダムソンは、この新入りのライオンが獲物を追い詰める方法や前脚に刺さったトゲを抜く方法を本能的に知っていることに気づいた。しかし、野生で生きていくにはまだまだたくさん学ぶべきことがあった。そのために、アダムソンはまず、クリスチャンを年上のオスのボーイに紹介した。それから、まだ小さなメスのカターニア（Katania）に会わせ、3頭で新しい群れの核をつくろうとした。

しかし、事は計画どおりに運ばなかった。まず、川を渡ろうとしたカターニアが流され、ワニに食べられてしまった。続いて、アダムソンが管理していた群れのリーダーだったボーイが、野生のライオンたちと衝突して背中に大けがを負った。けがでダメージを受けたボーイは、それ以来単独行動をとるようになる。

そして、事件が起きた。ボーイがアダムソンの助手に襲いかかり、殺してしまったのだ。助手の悲鳴に気づいたアダムソンはとっさにボーイを銃で撃ち殺した。アダムソンは、自分が養育しているライオンを安全に野生に帰すはずだった。それなのに、幼い頃から面倒を見てきたボーイが人間に危害を加えてしまったのだ。

アダムソンの名声は地に落ちた。だが一方で、ボーイが群れを離れ単独行動をとるようになってから、新たに若いオスやメスのライオンたちを迎え入れ、群れを再構築する計画も進められていた。クリスチャンは、新しい群れの中心的な存在になっていた。

コラのキャンプにクリスチャンを残してから1年後、ジョンとエースはクリスチャンが野生の生活に適応しているかどうか様子を見るためにケニアに向かった。アダムソンからは、野生化したクリスチャンが2人に反応する可能性は低く、会いに来ても無駄足になるだろうと言われていた。しかし、ホームムービーに収められた映像は、誰もが初めて目にする心温まるシーンを映し出していた。

50メートルほど離れた場所にいるクリスチャンと思しきライオンが、自分を見ている2人の若者に気づき、ゆっくりと岩場を下ってくる。ずいぶん前に見たことがあるような……やがてそれがジョンとエースだとわかると、ライオンは2人のところまで駆け寄って抱き着く。次の瞬間、ライオンは大きな前脚を2人の両肩にかけ、頭に頭をこすりつけてそれぞれとあいさつを交わし、再会を喜び合っている——この映像は2008年にインターネットの動画サイト、ユーチューブで公開され、これまでに再生回数は1600万回を超えている。それは、恐れや躊躇のない、深い愛情で結ばれた人間とライオンの感動の再会シーンであり、ジョンとエースが紛れもなくこのライオンの育ての親である証でもあった。

ジョンとエースは1971年に『ライオン街を行く』(アンソニー・バーク、ジョン・レンダル著、藤原英司訳、平凡社、1974年)という本を出版した(邦訳版はのちに『ライオンのクリスチャン――都会育ちのライオンとアフリカで再会するまで』〔アンソニー・バーク、ジョン・レンダル著、西竹徹訳、早川書房、2009年〕として再発行)。そして翌1972年6月に再びコラの保護区を訪れた。これが2人の最後の訪問になった。

アダムソンは3カ月前からクリスチャンの姿を見かけておらず、2人の前に姿を現すかどうかはわからないと告げられた。クリスチャンは3歳になり、自分の子どもをもうけているという。しかし、ジョンとエースがキャンプに到着してから2日後、クリスチャンがふらりと現れたのだ。体は1年前よりさらに大きくなり、がっしりとした大人のライオンになっていた。おそらくは威厳も加わっていたはずである。

ジョンはこう明かす。「クリスチャンはジョージ(アダムソン)を突き倒し、テーブルに乗って夕食の邪魔をした。あろうことか、僕らの膝に座ろうとしたんだ。そのときの体重は500ポンド(約227キログラム)にもなっていたが、まるでネコのようなじゃれっぷりだった」。そして一晩、育ての親の若者たちと過ごし、一緒に遊び、楽しく転げまわった。数日後、クリスチャンは群れに戻るためにキャンプから去っていった。それ以来、一度も姿を現すことはなかった。

クリスチャンが野生に戻されたとき、アフリカでは推計で25万頭のライオンが生息していた。現在、その数は2万頭に満たない〔アフリカのライオンの急激な減少の背景として、娯楽目的の狩猟や開発による生息地の消失、獲物となる草食動物の減少などがある。また近年、アフリカ各地の国立公園や保護区が直面している資金不足問題も事態に拍車をかけていると言われている〕。今すぐ保護しなければ、私たちが生きている間に彼らは絶滅してしまうかもしれないのだ。

17 インドからロッテルダムへ、7カ月の航海を経てスターになったサイ

クララ

サイとオートクチュール〔高級オーダーメイド服〕——一見まったく縁のない組み合わせだが、どんなルールにも例外はつきものだ。ここで登場する例外とは、インドサイ〔体に鎧《よろい》のようなひだがあるため、別名ヨロイサイと呼ばれる〕のメスで名前はクララ（Clara）だ。

サイのクララは1738年にインドのアッサム地方で生まれた。生後1週間足らずで母親が猟師に殺され、オランダ東インド会社の取締役、ヤン・アルベルト・シヒテルマンにペットとして引き取られた。クララは、シヒテルマンの屋敷と敷地内を自由に歩き回ることが許された。人に慣れ、人の手で大事に育てられたクララは、いつも人間たちのそばに居たがった。晩餐会では一緒にテーブルにつき、磁器のお皿から料理を食べ、客を喜ばせた。

当たり前のことだが、はじめは小さなサイも成長すれば巨大になる。クララは成長し、屋敷のなかで飼うには体が大きくなりすぎてしまった。シヒテルマンは同僚のオランダ人船長ダウエ・モウト・ファン・デル・メールにクララを譲った。ファン・デル・メールはこれをビジネスチャ

ンスととらえ、クララを乗せて船でヨーロッパに戻った。

インドからはるばるロッテルダムまで、7カ月の航海に耐え抜くのは生易しいことではない。野生のサイは、皮膚を乾燥から守るために泥浴びが欠かせないが、大海原のど真ん中にいては泥も簡単には手に入らない。海の水で代用するわけにもいかず、かといって厚い表皮で覆われた動物の体に貴重な飲用水をかけてやるわけにもいかない。船乗りたちは泥の代わりに、魚の油をたっぷり塗ってやることにした。それならいくらでも手に入る。おかげで彼女は少々魚臭くなった。特に温暖な海域を進んでいるときはひどかった。とはいえ、効果はあったようだ。

航海の間、クララは甲板の檻のなかで過ごした。野生のサイは単独で行動し、最高時速30マイル（約48キロ）で走り、その角を使って外敵から身を守る。体の大きさや足の速さだけでなく、その気性を考えても、数カ月に及ぶ長旅にサイを連れていくのは理想的とはいいがたい。しかし、幼い頃から人付き合いのいい子に育てられたクララは、びっくりするほど従順だった。

彼女のその風変わりな一生についてのちに明らかになったこんなエピソードがある。船乗りたちは配給のビールを人懐っこいクララと酌み交わした。一方、飼い主のファン・デル・メールはというと、クララを「病気にさせないため」という獣医の助言に従って、たばこを吸ってはその煙を吹きかけていた〔たばこは16世紀後半の大航海時代にアメリカ大陸からヨーロッパにもたらされ、鎮痛、解毒、止血などの薬効をもつ万能薬として広まった。また、ペストなどの疫病の予防になると信じられていた〕。クララのたばこ好きとビール好きは船を下りたあともずっと変わらなかったそうだ。

船がロッテルダムに到着したのは1741年の7月のことだ。生きたサイがヨーロッパの土を踏むのは150年ぶりのことだった。うわさはすぐに広まり、船長のファン・デル・メールは、クララを連れて各地を巡業すれば、たちまち人気者になるだろうと思い立った。彼は船の仕事を辞め、興行師として、その後17年間、クララとともにヨーロッパを旅して回った。

クララは20年にわたるヨーロッパの「サイ・ブーム」の火付け役になった。クララが来ると大勢の人が集まり、この先史時代からタイムスリップしてきたかのような生き物を珍しがった。彼女はハンブルグ、そしてブリュッセルへと馬車に乗せられて移動した。馬車は4000ポンド（約1・8トン）超の体重に耐えられるよう特注され、20頭のウマか6頭の雄牛にひかせた。食事は1日に60ポンド（約27キログラム）の干し草と20ポンド（約9キログラム）のパンを平らげた。

当時のヨーロッパの人々にとって、サイは伝説の一角獣（ユニコーン）と同じくらい神秘性があった。実際、その角を見て、サイを一角獣だと信じる人も多かった。ドイツの画家アルブレヒト・デューラーが1515年に制作した木版画には、サイの首の上部から角が突き出し、金属の鎧をまとっているかのような姿が描かれている。

1746年から10年間はプロイセン、イタリア、スイス、フランス、オーストリアと広範囲に移動した。ロンドンには何度も訪れ、王室の人々にも謁見した。クララは芸術家たちの関心を引きつけ、彼女を描いた作品が多く残されている。ほかにも、置時計やメダルの装飾としてその姿が刻まれ、歌や詩までつくられた。10年間の巡業の終わり頃には、どこへ行ってもひと目見よう

ウィーンのクララ（1746年の版画）

と人だかりができた。彼女はいつもどおり穏やかに人間たちの反応を受け止めていた。

クララはときの君主たちにも愛された。プロイセン王フリードリヒ2世はじめ、ポーランド・リトアニア共和国の国王アウグスト3世、オーストリア大公マリア・テレジア、フランス国王ルイ15世に謁見した。クララを購入しようとしたルイ15世は、ファン・デル・メールの言い値が高すぎて断ったという。一方、パリの女性たちの間では、髪を角のような形にセットしたサイ風（*à la rhinoceros*）のヘアスタイルが流行し、ベルサイユ宮殿の廷臣たちも、サイの装飾が施された嗅ぎたばこ入れ〔嗅ぎたばこは鼻から吸って楽しむ微粉末状のたばこ。17～18世紀にフランスの宮廷を中心に流行し、装飾がほどこされた嗅ぎたばこ入れが多くつくられた〕を持ち歩いた。

ヨーロッパ中にサイ・ブームが広がると、ファン・デル・メールはクララの名声を利用して、版画やスズ製のメダルなど、さまざまな記念品を販売し、利益を得た。クララの姿は磁器をはじめとする贅沢品にも描かれた。流行に乗り遅れまいと、ウマにもサイの角のような羽飾りやリボン飾りがつけられた。

クララを見た人、見たいと思った人、そのうわさを聞いた人は誰もがその神秘性に魅了され、啓蒙された。ヨーロッパ大陸にやってきたクララは、「サイ」に対する人々の認識をがらりと変えたのだ。

インドサイは密猟や土地開発により、100年ほど前に絶滅の危機に瀕し、野生のサイは200頭未満まで減少した。その後、懸命な保全活動が進められ、今日では2600頭まで回復している。クロサイとシロサイを含むサイの現在の生息数は世界全体で2万7000～3万頭と言われている。

Heroic Animals

18

ダリやピカソがその画才を絶賛した天才チンパンジー

コンゴ

1956年のこと、チンパンジーのコンゴ（Congo）がたぐいまれな才能をもっていることに初めて気づいたのは、動物学者で作家のデズモンド・モリスだった。モリスは、ロンドン動物園で3年間にわたる調査を行っており、その成果はのちに自著『裸のサル——動物学的人間像』（日高敏隆訳、角川書店、1979年）としてまとめられた。モリスは、コンゴに鉛筆とカードを初めて与えたときのことをこう記している。

「鉛筆の先から不思議なものが伸びている。それはコンゴが初めて描いた線だった。その線は少し迷って途中で止まった。また同じことは起きたのかって？　もちろん。しかも何度もだ」。モリスは自分が目にした光景に驚きを隠せなかった。そしてこう続けている。「彼のように点と線を自由に使いこなし、パターンを作成し、変化をつけられるサルはほかにいなかった。コンゴは天才。彼はチンパンジー界のレオナルド（・ダ・ヴィンチ）だ」

モリスがコンゴに絵具を渡すと、「最初はでたらめに色を塗り散らかしていました。私が絵具

お絵描きに集中するコンゴ（ロンドン動物園にて。1958年）

入れを渡すと、そこから順番に色をすくって混ぜ合わせ、茶色にしていました。それで、私は絵具を渡す順番をわざと変えてみたのです」。この機転は功を奏したようだ。「彼はある形状、特に扇形を試したり構図のバランスをとったり同じモチーフを繰り返したりいろいろな色を並べてみたりと、試行錯誤していました」

印象派の抽象画のよう、と言われたコンゴの絵は、どんどん進化していった。彼は明らかに楽しみながら、何枚も何枚も描き続けた。描いた絵は400枚を超えた。自分の作品は描き終わるまで放そうとせず、誰かが途中で持ち去ろうとすると、普通のサル（失礼！）に豹変してそれを阻止しようとした。

どんな芸術家も、自分の作品のＰＲは

欠かせない。コンゴはテレビ番組にレギュラー出演していたことが絶好のPRになっていた。ロンドン動物園が提供し、モリスが司会を務めるテレビ番組『動物園の時間（Zoo Time）』だ。コンゴは生涯を通じて多くの作品を売り、現代美術家たちの羨望の的になった。1957年にロンドンの現代美術協会で開催された彼の個展では次々に作品が売れていった。その作品の1つを見たサルバドール・ダリは、次のように評した。「このチンパンジーの腕前は人間並みだが、ジャクソン・ポロック〔20世紀のアメリカの抽象画家〕は完全に動物並みだ」。ピカソとミロ〔ジョアン・ミロ。スペイン・バルセロナ出身で、20世紀のシュルレアリスムを代表する画家の1人〕もこの偉大なチンパンジー画伯を称賛した。ピカソは、コンゴの描いたキャンバス画を自分のスタジオに飾っていたそうだ。

コンゴは1964年に結核で亡くなった。その後、彼の作品はさらに価値が上がった。2005年に、3枚の作品がボナムズ〔ロンドンを拠点とする世界最古の国際オークションハウス〕のオークションにかけられ、2万ポンド（現在の価値で約438万円）を超える価格で落札された。これは、コンゴの作品がルノワールやアンディ・ウォーホルの作品に引けを取らない人気があることを証明している。さらに2019年には、ロンドンの一流画廊で開催された個展で、モリス個人が収集していたコンゴの油絵と線画のうち、55点が個展で展示販売された。価格は1点1500〜6000ポンド（約24万〜96万円）だった。モリスは、コンゴには美的センスがあるだけでなく、抽象的なパターンを生み出すときにはものすごく集中していたと振り返る。「彼が絵を描く姿を見るのは、まさに芸術が誕生する瞬間を見ているようでした」

19

対ナチス戦に臨む諜報員たちの極限の緊張状態を癒したイヌ

クロミー

想像してみてほしい。子どもの頃、家族同様に一緒に過ごしてきたペットが実は歴史に語り継がれるようなヒーローだったと知らされたら、どんな気持ちがするだろう？　チャールズ・ショーにとって、「人生をともに過ごした素晴らしいペットたちのなかで真っ先に名前が挙がる」のは、子どもの頃に飼っていたゴールデン・コッカー・スパニエルの愛犬「クロムウェル」（愛称「クロミー［Crommie］」）だ。そのクロミーに驚くべき過去があるのを知ったのは、チャールズが60代の半ばを過ぎた2015年のことだった。

第二次世界大戦中、チャールズの父、コートリー・ネイスミス・ショー空軍少佐は、ブレッチリー・パーク〔イギリスにおける暗号解読の拠点となった邸宅〕にあるイギリス対外情報局秘密情報部（SIS）で諜報活動に従事していた。ハンティンドン〔ロンドンの北約90キロにある都市。17世紀に清教徒革命を率いたオリバー・クロムウェル生誕の地として知られる〕に隣接する町ゴッドマンチェスターにある「ファーム・ホール」で、極秘部隊の立ち上げと指揮、そして諜報員の訓練を担当することになったジョー空軍少佐は、家族のもとを離れ、新しく飼ったばかりのイヌを連れてファーム・ホールにやってきた。18世紀に建てられたファーム・ホールは、第二次大戦中、捕虜の拘留所として使われていたほか、テンプスフォードやハリントンなど近郊の飛行場から諜報員を派遣し、任務を終えて戻ってきた諜報員から報告を受けるための秘密の司令部でもあった。

第二次大戦のさなか、ナチス占領下のヨーロッパ大陸に偵察に飛ぶ準備を進める諜報員たちは、二度と母国に帰れないかもしれないと覚悟していた。任務に向かう前の恐怖感は誰の目にも明らかだった。もし、敵に捕まったら、拷問を受けて殺される。彼らの任務は軍の最高機密であり、自分以外の誰かに感情を悟られるような真似は許されなかった。少なくとも、言葉を話す相手には。そこへ、イヌのクロミーがやってきた。クロミーは、諜報員たちが求めていた落ち着きと安らぎをもたらした。

SISはこの大戦中、MI6（Military Intelligenc 6　軍事情報部第6課）の通称で知られ、ヨーロッパ、中南米、アジアで活動する世界最高峰の諜報機関とみなされていた。そのため、ジョー〔原語のJoeは一般的な男性名で、「あいつ」といった意味〕と呼ばれた諜報員たちには、とてつもないプレッシャーがのしかかっていた。

空軍少佐代理を務めたブルース・ボンジー空軍中佐の文書には、クロミーの存在が諜報員たちにいかに大きな影響を与えていたかが記されている。あるとき、チェコ人の諜報員が降下地点の悪天候で予定どおり着陸できず、基地に戻るよう命じられた。彼は、せっかく出動に備えて準備してきたのに任務を果たせずに帰還したことにひどく責任を感じていた。ボンジー空軍中佐によると、この諜報員はクロミーを見たとたん、涙を流し、抱き上げて一晩中寝かせなかったという。

彼はファーム・ホールに戻ると、食事も飲み物も断り、2階に直行した。クロミーをベッドに乗せ、服を脱ぎ、クロミーを抱きかかえて眠った。指揮官から聞いた話では、翌朝、ジョーが目覚めるとクロミーはまだそこにいた。おかげで彼は生まれ変わったように元気になり、落ち着きを取り戻し、その日の夜、はりきって再び任務に向かったそうだ。

この諜報員は無事任務を果たしたことだろう。

ボンジー空軍中佐はクロミーについて、「並外れた知性をもつゴールデン・コッカー・スパニエルで、とても明るく、人懐っこい性格」だと記している。クロミーは特殊諜報員たちの間で有名になった。クロミーという名前は無事フランスに到着したことを示唆する重要な暗号としても使われた。また「クロミーによろしく」という暗号は、「すべてが順調にいっている」という意味だった。

クロミーの穏やかで愛想のよい性格は、これから重要な任務を達成しなければならない諜報員たちの心を極度のストレスから守ってくれる解毒剤となった。ボンジー空軍中佐はこのイヌを「秘密兵器」だと考えていた。なぜなら「(クロミーが)苦悩や不満を抱えるジョーたちに寄り添い、元気づけるという驚くべき場面を何度も目にしていた」からだ。

動物が人間を困難な状況から救うことは、当時すでに実証されていた。フローレンス・ナイチンゲールは、小さなペットが「病人、特に慢性の病に苦しむ人の優れた伴侶となる」と記している（ナイチンゲールは「アテナ」というペットのフクロウを飼っていた。どこに行くにもいつも一緒で、彼女がこのフクロウをポケットに入れて世界中を旅していたのは有名だ）。ジークムント・フロイトは、イヌにはストレスを感知して緩和する能力があると考え、心理療法セッションに自身の飼い犬ジョフィ（Jofi）がいると、患者が心を開きやすくなると信じていた。

最近の研究では、人のそばにイヌがいると、ストレスホルモンの「コルチゾール」の分泌量が減り、不安が軽減されることが明らかになっている。クロミーは専門の訓練を受けていたわけではないが、人間が自分の助けを求めていることを察知する能力を生まれつきもっていた。この能力がクロミーをかけがえのない存在にした。チャールズ・ショーはこう話す。「彼はごく普通のイヌでした。ただ、普通のイヌにしてはすごいことをしていたのです」

終戦後、クロミーはアフリカ在住のショー一家の農場に戻り、ペットとしてかわいがられて過ごした。それから長生きして1953年か1954年頃、静かに息を引き取った。「私はまだ5、6歳の子どもでしたから、彼の輝かしい過去をまったく知らなかったのです」

チャールズ・ショーがクロミーの驚くべき真実について知ったのは、ボンジー空軍中佐の報告書が見つかったあとのことだ。2019年、ショー一家の愛犬が生前に残した功績が認められ、PDSAコメンデーション（PDSA Commendation）〔PDSAによって2001年に制定された、動物の献身的な行動と勇敢さを称える賞〕にノミネートされ、コートリー・ネイスミス・ショーの息子、チャールズとデヴィッドがクロミーの代理で表彰を受けた。

式典では、この賞を統括するエイミー・ディッキンがクロミーを次のように評した。「彼は今日私たちが知っている『セラピー犬』の先駆者でした。（中略）しかもそれと同じ仕事を自分でも気づかずにやっていたのです」

デヴィッド・ショーは、ファーム・ホールの舞台裏で任務に従事した人々に敬意を表し、次のようにコメントした。

「ジョー」と呼ばれた人々の幸福、道徳的要素、戦意の維持、士気の高揚に貢献した方々にも心から敬意を表します。今回、私たちのクロミーがその一翼を担い、彼らに落ち着きと日常的な存在感をもたらし、批判などみじんも感じさせない献身的な態度で貢献を行ったことがわかりました。それは本当に感動的でした――驚くべきことに、これらはすべて「普通のイヌ」が成し遂げたことなのです。

その後、ファーム・ホールで銅像の除幕式が行われた。銅像とともに掲げられたブループラーク〔イギリス各地にある、著名な人物が住んだ家や働いた場所の建造物に掛けられた青い案内板〕には「クロミー。第二次世界大戦中、諜報員たちに安らぎを与えた」と書かれている。チャールズ・ショーはこう付け加えている。

祖国がまさに生き残りをかけて戦った戦争という暗い時代に動物たちが見せた勇気と献身、そして勇敢な行動を記念する式典に参加できたことを光栄に思います。「誰にでも人生で輝けるときがある（every dog has its day）」ということわざのとおり、クロミーにも間違いなくそのときがありました。

20

人間の遺伝子のにおいを嗅ぎ取り、数多くのがん発見に貢献したイヌ

デイジー

心理学者であり、動物行動学者のクレア・ゲスト博士は、人の顔を認識できない相貌失認《そうぼうしつにん》と呼ばれる障害を抱えている。幼い頃は相手の顔を記憶できないために混乱することもあったが、動物を観察することが癒しになり、さまざまなイヌを見分けられるようになった。

イギリスのウェールズ地方にあるスウォンジー大学で心理学を学んでいたとき、クレアはペットが人間に与えるさまざまな効果について強い関心をもった。最初の勤め先は、難聴などの聴覚障がい者を助ける介助犬を訓練する慈善団体だった。そこでの同僚との会話が彼女の人生を変えることになる。

クレアの同僚は、ペットのダルメシアンが飼い主である彼女のふくらはぎにある小さなほくろをしきりに舐めて、においを嗅いでいたときのことを話してくれた。彼女がズボンをはいているときも同じことを繰り返そうとした。あまりにそれが続くので、彼女はかかりつけの医師に診てもらったところ、そのほくろが悪性黒色腫（メラノーマ）だとわかった。クレアはこの話に触発さ

れた。イヌが人間の命を救うために、どのような貢献ができるのか証明してみたいと思った。そこで、同じような研究で実績を挙げていたジョン・チャーチ博士と共同研究を開始した。

こうして2004年、『英国医学会会報』（British Medical Journal　BMJ）誌に、「患者の尿から膀胱がんのにおいを嗅ぎ分けられるように訓練されたイヌ」についての画期的な研究が発表された。遺伝子のにおいは病気によって変化するだけでなく、尿や汗、呼気などに蓄積される。疑いのある病気を特定できるようにイヌを訓練するには、検体を与えなければならない。もちろん、比較のために健康なヒトのにおいも覚えさせる必要がある。検体のにおいを嗅いだイヌは、陽性、すなわち、がんなどの兆候を見つけると、座ってその検体をじっと見つめ、注意を引きつける。これが正しくできたときは、ごほうびが与えられる。

ＢＭＪ誌に掲載された研究結果にもかかわらず、イヌがバイオセンサー（生物学的な反応を電気信号に変換する分析装置）並みの精度で検知できるのか、懐疑的な声も多かった。クレアはこうした冷ややかな反応にもくじけなかった。彼女は「Medical Detection Dogs《メディカル・ディテクション・ドッグス》」（「医療探知犬」を意味する英語）と呼ばれる慈善団体を立ち上げると、自分の飼いイヌで、フォックス・レッド・ラブラドールの子イヌ、デイジー（Daisy）に訓練を受けさせた。それは、前立腺がんを嗅ぎ分けさせる訓練だった（巻頭口絵p.03下参照）。

それから数年後のこと、クレアのそばでデイジーが奇妙な行動をとるようになった。何かが気になり困惑しているようだった。ある日、デイジーは車のトランクから降りようとせず、クレアの胸のあたりに何度も飛びついてきた。デイジーがようやくほかのイヌたちと一緒に走り始めたとき、クレアはデイジーが触れようとした場所をぼんやり触ってみた。そして、しこりに気づいたのだ。

たぶん何でもないだろうと思いながらも、念のために検査に行った。そして、2週間もしないうちに乳がんと診断された。

しこりそのものは良性だったが、そのしこりとは別の、心臓に近い場所に悪性腫瘍（乳がん）が見つかったのだ。自覚症状が出るまで気づかずにいたら、予後も大きく変わっていただろう。デイジーが教えてくれたおかげでクレアは命を救われたのだ。その話を聞いた担当医たちは感銘を受け、がん専門の医師は彼女が設立した「Medical Detection Dogs」の役員を引き受けた。

デイジーはその後も数多くのがんの特定に貢献し、ブルークロス（1897年にイギリスで設立された動物愛護団体）からメダルを授与された。気の毒なことに、デイジー自身はがんで亡くなった。クレアは「人類のため、そして私個人のために尽くした」愛犬を失い、悲しみに打ちひしがれた。

デイジーの功績は今も受け継がれている。Medical Detection Dogsには現在、35頭の医療探知犬が所属している。どのイヌも、犬小屋で飼われているわけではなく、夜はボランティアの自宅に帰って一緒に生活している。デイジーの姪にあたるイヌはアメリカのマサチューセッツ工科大学（MIT）で、前立腺がんの研究で重要な成果を挙げている。また、デイジーのきょうだいの孫にあたるイヌも大腸菌の検出犬として活躍している。

クレアは現在、ロンドン大学衛生熱帯医学大学院とダラム大学で研究を続けている。彼女は、新型コロナウイルスとの闘いにイヌが大きな影響を与えられるのではないかと期待している。無症状でも、イヌが迅速かつ確実に病気を特定できるようになる日も近いかもしれない。それが実現すれば画期的なことだ。

21

爆発物探知に尽くし、パリ同時多発テロの銃撃戦で散った警察犬

ディーゼル

緊急事態のときに人間のために働くイヌたちには本当に頭が下がるし、心から称賛を送りたくなる。犯人の確保、薬物の発見、機密エリアのパトロールなど、何であれ、イヌは軍や警察にとって貴重な存在だ。

世界最大のドッグショー「クラフツ（Crufts）」では毎年、メイン会場で警察やイギリス空軍、陸軍で働くイヌたちのデモンストレーションが行われる。これは来場者に軍用犬や警察犬の存在を広く知ってもらうために行われているが、私にとっては、イヌたちの仕事の内容だけでなく、人間やテクノロジーをはるかにしのぐ彼らの優れた能力について理解を深めるよい機会になっている。

たとえば、イヌは学ぶのが好きだ。そして、どのイヌも独自の報酬システムをもっている。多くの場合、それはおやつではなく、おもちゃで遊ぶことなのだ。だから、私がこれまで出会った使役犬も、仕事としてではなくおもちゃで遊ぶ感覚で警察や軍の活動をしていて、その裏に潜む

危険性については無自覚なのだ。

フランス国家警察特別介入部隊「ＲＡＩＤ」（Research, Assistance, Intervention, Deterrence／調査、救援、介入、抑止の略称）に所属する爆発物探知犬の仕事は、複雑で専門性が高い。対テロ作戦では多くの爆発物や起爆装置を探知しなければならないが、それらを識別できるようになるまでに数カ月もの訓練が必要とされる。探知犬にはその任務を果たすのに十分な資質が生まれつき備わっている。たとえば、イヌの嗅覚はヒトの数千倍から数万倍と言われ、運動機能も高く、勇敢で集中力がある。一方で、その任務は命がけで、周囲の人間の生死にもかかわっている。

ベルジアン・マリノアの警察犬、ディーゼル（Diesel）はまさに命がけで任務をまっとうした。7年の生涯のうち、２０１５年11月18日に殉職が報じられるまでの5年間をＲＡＩＤで過ごしていた（巻頭口絵p.04上参照）。

そのわずか5日前の11月13日、フランスの首都パリは同時多発テロに見舞われていた。多目的スタジアム「スタッド・ド・フランス」では男子サッカーのフランス対ドイツの親善試合が行われていたが、午後9時20分、スタジアムの外で自爆テロが発生。その後午後9時40分にバタクラン劇場で3人のテロリストによる銃乱射事件が起き、多数の観客が犠牲になった。テロリストはそのまま人質を取って立てこもり、翌14日午前零時過ぎに、１人が警察に射殺され、２人が自爆した。その間、金曜の夜を楽しむ大勢の客でにぎわっていたレストランやバーで立て続けに自爆テロと銃撃が発生し、わずか数時間で１３０人以上が亡くなる大惨事になった。負傷者は３５０

人以上に達し、その多くは重傷だった。

11月18日、一連のテロの首謀者とみられるアブデルハミド・アバウドら複数の容疑者を捜索していた警察は、パリ北部サン＝ドニ地区のアパートに突入した。その際の銃撃戦では5000発の銃弾が飛び交い、何十もの手榴弾《しゅりゅうだん》が投げ込まれた。突然、銃撃がやんで一帯が静まったとき、ディーゼルが容疑者の発見に送り出された。最初の部屋はからっぽだった。次の部屋に入った瞬間、再び銃撃が始まった。銃撃戦に巻き込まれたディーゼルは、何発もの銃弾を受け、そのまま亡くなった。RAIDの警察犬が殉職したのはディーゼルが初めてだった。

パリ市警察署長はメディアの取材に対し、今回の突入でディーゼルがハンドラーの命を救ったのはほぼ間違いないと話した。そして、彼女の勇敢さを称賛するハッシュタグ「#JeSuisChien（私はイヌ）」「#JeSuisDiesel（私はディーゼル）」はたちまちSNS上で広がった。このようなタグが使われたのは、同年1月に発生したシャルリー・エブド襲撃事件（諷刺《ふうし》週刊新聞『シャルリー・エブド』が掲載したイスラム教預言者の諷刺画が引き金となり、新聞社とユダヤ系食品店が襲撃され17人が死亡した事件）以来のことだった。

亡くなったディーゼルはあと数カ月で引退する予定だった。彼女の物語は世界の人々の心を動かした。ロシア内務省は代わりの子イヌを贈り、フランス国民との連帯の意を表明した。そして、12月28日、ディーゼルには生前の勇敢な行動を称え、ディッキン・メダルが授与された。

Heroic Animals

22

クローン技術で生まれた世界初の哺乳動物

ドリー

ヒツジはどの個体も同じに見える。クローンヒツジの「ドリー（Dolly）」とて、見た目はほかのヒツジと変わらない。だからこそ、独自の存在になり得たのだ（巻頭口絵p.04下参照）。

ドリーはクローン技術で生まれた世界初の哺乳動物だ。今日、一部の国ではクローン技術が身近に使われるようになっている。たとえば韓国では、十分なお金さえあればペットのクローンをつくることが可能だ。値段は10万ポンド（約1600万円）前後。アメリカ・テキサス州のある企業の場合、ネコのクローンなら2万5000ドル（約338万円）、イヌのクローンは5万ドル（約675万円）で作成してくれる。アルゼンチンには、優秀なポロ競技用のウマ（ポロポニーと呼ばれる小馬）のクローンが6頭いるが、姿が同じなら名前も同じで、番号で識別されている。

こうしたクローンビジネスも、1匹のクローンヒツジの誕生から始まった。ヒツジと言えば群れをなす愚かな動物と思われがちだが、実は頭がよく、記憶力も抜群にいい。確かにヒツジは群れで行動するが、それは目立つと外敵に狙われやすいのがわかっているからだ。社会性も高く、仲間同士で固いきずなを結ぶこともある。仲間や人間の顔を見分けることもできる。たとえば、2001年のある研究では、ヒツジは少なくとも50頭の仲間の顔を識別し、2年以上覚えていられることがわかっている。ある意味、人間並みかそれ以上の顔認識能力をもっているのだ。それなのに、いまだに人間は「ヒツジが科学をリードするなんてあり得ない」とたかをくっている。

だからこそ、私はそうした見方に一石を投じるつもりでドリーを取り上げたいと思う。

フィン・ドーセット種のヒツジのドリーは、1996年7月、成体（成熟した個体）の体細胞からクローン技術により誕生した世界初の哺乳動物だった。クローン技術とは遺伝的に同一の個体（クローン）を人工的に生み出すプロセスで、ドリーの場合は「体細胞核移植（somatic cell nuclear transfer）」という手法が使われた。成体のヒツジ（A）から採取した乳腺細胞（体細胞）の核を、あらかじめ核を取り除いた別のヒツジ（B）の卵子に移植したのだ。この卵子に電気的な刺激を加えると細胞分裂が始まり、やがて胚に成長する。これを代理母となるヒツジ（C）の子宮に移植することで、元の体細胞と同じ遺伝情報をもった個体が誕生するのである。

植物の無性生殖は、接ぎ木や茎挿し〔挿し木の方法の1つ〕という形で2000年以上も前から行われていた。それが実験室に移り、一気にハイテク化したのは1958年のことだ。植物学者F・C・スチュワードは成熟したニンジンの根から採取した組織を、植物ホルモンを含む培地で培養した。その結果、世界初のクローンニンジンが誕生した。

その数年後、今度は動物の細胞を使った最初の実験が行われた。生物学者のジョン・ガードンは、オタマジャクシの腸の細胞から取り出した核を、紫外線に当てて核を壊した別のカエルの未受精卵に移植した。すると核を移植した卵は、1〜2%という低い確率ではあるものの、細胞分裂を始め、カエルに成長したのだ。その後多くの追実験が行われたが、とりわけドリーの誕生はクローン技術に画期的な進歩をもたらした。

実はドリーの誕生が発表されたのは、誕生から数カ月後の1997年2月のことだった。もちろん、このニュースは多くの注目を集めた。彼女の物語は『タイム』誌や『サイエンス』誌でも特集が組まれ、BBCニュースは「世界で最も有名なヒツジ」と伝えた。

ドリーはその注目度とは裏腹に、スコットランドのロスリン研究所で平穏に暮らしていた。そこでウェルシュ・マウンテン種の雄ヒツジと交配され、ボニー（1998年）、双子のサリーとローズ（1999年）、三つ子のルーシー、ダーシー、コットン（2000年）を産んだ。

フィン・ドーセット種のヒツジは通常11〜12歳まで生きるとされている。しかし、ドリーは重度の関節炎と進行性肺疾患のため、2003年2月に6歳半で亡くなった〔実際は安楽死〕。ドリーが同種の自然寿命の半分しか生きられなかったのは、彼女の遺伝子の年齢（細胞を採取した元の個体の年齢）が6歳だったからだと批判する向きもあった。しかし、さらなる調査結果から、遺伝子の年齢による長期的な悪影響は認められなかったこと、さらに、ドリーのあとに誕生した13頭（そのうち4頭は、ドリーを作成したときと同じ体細胞からつくられた）のクローンヒツジは正常に老化したことが明らかになった。

最近では中国の研究チームがヒツジのドリーと同じ手法を用いて、霊長類のクローンの作製に初めて成功している。２０１７年、同じ遺伝子をもつ2匹のクローンのサルが誕生すると、２０１９年にはさらに5匹のクローンサルが誕生した。研究チームは「目的は人間の健康と医療に役立てること」と強調するが、ヒト以外の霊長類を実験動物として使用することやクローン人間の誕生につながることへの倫理的な問題も指摘されている。

クローン技術の進歩には批判がつきものだが、飛躍的な恩恵をもたらす可能性を秘めている。絶滅に瀕した種の保存に役立つだけでなく、冷凍保存された細胞を使って絶滅した種をよみがえらせることも可能になるかもしれない。２００９年、スペイン・アラゴン州の研究チームがクローン技術を使ってピレネーアイベックス〔別名ブカルド。スペインアイベックスというヤギの亜種〕を復活させている〔ただし、誕生した個体は数分後に呼吸不全で死亡〕。この動物種は２０００年に絶滅が宣言されていた。

クローン技術は幹細胞〔さまざまな組織や器官に分化する能力をもつ細胞。再生医療や新薬開発への応用が期待されている〕の研究にも大きく貢献している。『サイエンティフィック・アメリカン』誌は、これはおそらくドリーが残した最大の遺産だろうと指摘している。

23

煙探知器より先に自宅の火災を察知し、飼い主を救ったオカメインコ

ディラン

小さな鳥でも偉大なヒーローになれる――これは2014年1月、インディアナ州アヴィラに住むアンディ・ハーディックが身をもって知ったことだ。

工場の夜勤を終えて帰宅した36歳のハーディックは、疲れてそのまま眠り込んでしまった。ちょうどそのとき、彼の住むトレーラーハウス（エンジンなどの原動機を備えず、車で牽引できる車輪付きの移動型住宅）の床下から出火し、有毒な煙と炎がトレーラーの内部に広がり始めた。ハーディックのペットのオカメインコ、「ディラン（Dylan）」は、ご主人に火事を知らせようと、ガタガタ音を立てながら鳥かごのなかで暴れまわったり、けたたましい声をあげたり、ありとあらゆることをした。

ようやく眠りから覚めたハーディックは、あわてて火を消そうと消火器をつかんだが、すでに火は燃え広がっていた。彼は急いでディランの鳥かごをつかみ、外に飛び出した。自宅（そしてすべての家財道具）は燃えてしまった。しかし、2人は安全な場所に避難して無事だった。

彼は地元のテレビ局のニュース番組でこう語った。「ディランが起こしてくれなかったら、私は今ここにはいなかったかもしれませんね」。地元の消防署長も次のようにコメントした。「煙探知機より先に鳥が知らせてくれたそうです。イヌやほかの動物が寝ている人間を叩き起こして火事を知らせた話は聞いたことがありますが、鳥は初めてです」

Heroic Animals

24

ネコ史上唯一宇宙に飛び立ち、無事に帰還した〝スペースキャット〟

フェリセット

東西冷戦のさなか、世界の超大国は宇宙という新たなフロンティアの開拓に取り憑かれていた。アメリカとソ連の宇宙開発競争では、1957年にソ連のライカ（Laika）というイヌ（P.264で詳述）が、他の動物たちに先駆けて地球の軌道を周回した。宇宙開発ブームは世界に飛び火し、銀河系に進出するチャンスを逃すまいとする国が次々に名乗りを上げた。

その最前線に立っていたのが、世界で3番目に古い宇宙開発機関をもつフランスだった。フランス国立宇宙研究センター（CNES）は1961年12月に設立され、今日ではその宇宙開発にNASAに次ぐ規模の国家予算が割り当てられている。設立当時、CNESは大胆にも史上初めて（そして今も唯一の）ネコを宇宙に送り出す計画を立てていた。

それまでの動物たちの宇宙飛行の歴史は成功と失敗が入り交じるものだった。1947年2月、アメリカのV2ロケットで飛び立ったミバエ（ハエの一種）は、高度68マイル（約110キロ）の宇宙空間（国際航空連盟［FAI］は、地上から高度100キロ以上の空間を宇宙と定義）に達したあと、パラシュートで無事地上に帰還した。一方で、サルを使った打ち上げ実験は厳しい結果が続いていた。1948年6月、V2ロケットに乗せられ、霊長類として初めて宇宙に飛び立ったアカゲザルのアルバート1世は、最高高度の39マイル（約63キロ）に達する前に窒息死した。1949年6月、同じくアカゲザルのアルバート2世が霊長類として初めて83マイル（約134キロ）上空の宇宙空間に到達したものの、帰還の際にパラシュートが開かず墜落死した。続くアルバート3世（カニクイザル）、4世（アカゲザル）も似たような運命をたどった。1950年に初めて宇宙に飛び立ったマウスもやはり、帰還時にロケットから切り離されたあと、パラシュートが開かずに亡くなった。このあと説明するが、イヌにも同様の現実が待ち受けていた。フランスが送り出そうとしていたネコたちにとって、宇宙への旅は決して幸先のいいものではなかったのだ。

CNESは、ペット業者がパリの街中で捕獲した14匹のネコを買い取り、宇宙飛行の訓練を開始した。14匹はいずれも性格の穏やかさからメスが選ばれた。研究者がネコに愛着を抱かないように、ロケットの打ち上げまでどのネコにも名前は付けられず、代わりにコードネームが使われた。さまざまな訓練の後、宇宙飛行に選ばれたのは、「C341」というコードネームをもつ1匹だった。のちに「フェリセット」として知られるようになったネコである。フェリセットが選ばれたのは、彼女がいちばん従順だったからという説もあれば、仲間のネコがみな太りすぎていたからという説もある。

1963年10月18日、フェリセットを乗せた観測ロケットはアルジェリアのアマギール発射場から打ち上げられ、高度約100マイル（約161キロ）の宇宙空間を弾道飛行した。フェリセットはスペースキャット（宇宙ネコ）としてひと通りのミッションをこなした。音速の最大6倍もの速度で急上昇するときのG（地上から上昇または落下する際の重力加速度）を体感したあと宇宙空間に到達し、無重力状態になった。打ち上げから8分55秒後、ロケットが降下を始め、フェリセットを乗せたカプセルがロケットから切り離されるとカプセルはそのまま大気圏に再突入し、パラシュートが開いて着地した。打ち上げから13分後、カプセルはヘリコプターで回収され、フェリセットは無事、帰還した。

ネコとして史上初めて宇宙に到達したフェリセットを、メディアは有名な漫画に登場するネコのキャラクターになぞらえ、「フェリックス」（Félix　ラテン語で「幸運」の意）と命名した。だが、CNESの職員が女性形の方がふさわしいと考え、「フェリセット（Félicette）」になった。フランスは、フェリセットより以前にはラット（実験用のネズミ）を打ち上げたことしかなかった。そこへ今度はネズミを捕まえるネコが打ち上げられたのだから、マスコミの宇宙開発競争への関心が高まったのはいうまでもない。

世間から大きな注目を集めたフェリセットだったが、その生涯は短かった。数カ月後、彼女は安楽死させられたのだ。科学者たちが、宇宙飛行が彼女の脳や体に及ぼした影響を調べるためだった。

フェリセットのおかげで宇宙開発競争におけるフランスの地位は高まった。しかし、彼女の貢献は長い間忘れ去られてしまった（当時、宇宙開発競争で先行するソ連とアメリカはすでに、それぞれイヌとチンパンジーを乗せたロケットで地球の周回飛行を成功させ、のちの有人飛行につながる成果を残していた。一方、フェリセットの場合は、小さな観測ロケットでの弾道飛行にとどまったことが、さほど評価されなかった理由とされる）。1992年、フランスの旧植民地であるコモロ諸島（アフリカ大陸東南部とマダガスカル島に挟まれたモザンビーク海峡に位置）では、宇宙で活躍した動物を称える記念切手シリーズにフェリセットが採用された。また、彼女の壮大な宇宙飛行から54年後の2017年には、フェリセットの記念碑を建てるクラウドファンディングが立ち上がり、2年後の2019年、フランス・ストラスブール市郊外にある国際宇宙大学で銅像が公開された。

史上唯一のスペースキャット、フェリセットは今、銅像となり、地球のモニュメントの上に座って、かつて自分が旅をした空を見上げている。もしかすると、「1匹のネコにとっては小さな一歩に過ぎないが、人類、いやネコ類にとっても偉大な一歩だった」（アポロ11号のニール・アームストロング船長が月面に降り立ったときの有名な言葉"That's one small step for a man, one giant leap for mankind."にかけている）と感慨にふけっているのかもしれない。

Heroic Animals

25 公務にあたる動物保護の法改正に寄与した警察犬

フィン

おそらく、自分の命を犠牲にして愛する人を助けることほど英雄的な行動はないだろう。2016年の秋に、ジャーマン・シェパードのフィン（Finn）がとった行動はまさにそれだった（巻頭口絵p.05上参照）。

10月5日、イギリスのベッドフォードシャー・ケンブリッジシャー・ハートフォードシャー警察犬部隊に所属するデイブ・ウォーデル巡査は出動要請を受け、パートナーのフィンとともにスティーブニッジ（ロンドンの北約50キロにある、イングランド・ハートフォードシャー州北部の都市）で起きた強盗事件の容疑者を捜索していた。

ウォーデルとフィンが容疑者の若い男を追い詰めると、男は逃げようとして近くのフェンスによじ登った。ウォーデル巡査が「止まれ！」と叫んだが男は聞き入れようとしない。ここはフィンの出番だ。果たして犯人を逃さずに捕まえられるだろうか？

ウォーデル巡査が放ったフィンは容疑者に向かって突進し、足に咬みつき地面に引きずり下ろした。すると男は刃渡り12インチ（約30センチ）の刃物を取り出し、フィンの胸に突き刺した。刺し傷はわずかに心臓を外れた。ウォーデル巡査はフィンを助けようと走り寄った。しかし、男は攻撃の手を緩めず、刃物を振り回してフィンの頭とウォーデル巡査の手を容赦なく切りつけた。

重傷を負ったにもかかわらず男を放そうとしなかったフィンのおかげで、ウォーデル巡査はそれ以上のけがを負わずに犯人から刃物を取り上げることができた。すぐに救助チームが到着し、フィンは動物病院に運ばれ緊急手術を受けた。肺の一部を切除しなければならないほどの深刻なけがだったが、なんとか一命をとりとめた。

「フィンはありとあらゆる医療機器につながれ、人工呼吸器もつけていました」とウォーデル巡査は声を震わせた。「私の目に映っているのは、大きくて勇敢な自分の息子がひどく衰弱している姿でした。彼はほぼ全身の毛が剃られ、おびただしい傷跡を保護し、体のあちこちに取り付けられたチューブが外れないように、ブルーの手術衣を着せられていました」

フィンは目覚ましい回復を遂げ、わずか11週間で現場に復帰した。そして2017年3月、8歳の誕生日を迎える少し前に引退し、彼のハンドラーであるウォーデル巡査のもとに引き取られた。

2カ月後、この事件の犯人に対し、スティーブニッジ少年裁判所は、暴行と傷害の罪で有罪判決を言い渡した。だがその罪状は、ウォーデル巡査に負わせたけがだけに適用されるもので、フィンが負ったけがについては「器物損壊罪」、つまり車を傷つけたり、窓ガラスを割ったりした程度の扱いだった。犯人は少年犯罪者収容施設に8カ月間拘留されることになった。

この判決に動物愛好家たちは憤慨した。動物虐待に対する罰則を強化し、警察犬など公務のために働く動物たちを適切に扱うことを認めるよう法改正を求めてウォーデル巡査が立ち上がると、何千人もの人々が彼の行動を支持した。いわゆる「フィン法」の成立を求めるオンライン署名運動に賛同した人は12万7000人を突破した。こうして、公務のために働く動物への攻撃を「悪質な犯罪」として扱うことを求める提言書がまとめられた。

さらにこの動きを一歩進めるべく、ウォーデル巡査とフィンが暮らすハートフォードシャー州北東部選挙区選出の国会議員オリバー・ヒールド卿が議員立法の法案を提出した。この法案は2017年12月に下院で議論され、全会一致で超党派の支持を得ると、2019年4月に女王エリザベス2世の裁可を受けて成立した。

その2カ月後、2006年動物福祉法第4条を改正する形で公務のために使用される動物の保護強化を目的とする「2019年動物福祉（公務のための動物）法」（通称「フィン法」）が施行された。スコットランドではニコラ・スタージョン首相が、スコットランド議会に提出する法案の一部として、新しい動物福祉法案に「フィン法」を組み込む考えを示した（その後2020年7月に施行）。また、北アイルランド議会でも2020年2月に「フィン法」の採択を求める動議が全会一致で可決され、農業相エドウィン・プーツの判断に委ねられた（2022年3月に施行）。

ところでヒーロー犬はその後どうなったのだろうか？

彼の場合は静かな引退生活とは言えないようだ。強盗犯に襲われたときの報道で、彼の勇気ある行動は世間の注目を集めた。さらにその勇敢さを称え、いくつもの賞が授与された。そのなかには、2017年10月の国際動物福祉基金（IFAW）〔1969年設立の動物福祉団体〕によるアニマル・オブ・ザ・イヤー・アワード（Animal of the Year Award）、また2018年5月の「凶悪犯罪者の逃走を阻止する際に重傷を負いながら、人命救助の任務をまっとうした」ことによるPDSAゴールドメダル（PDSA Gold Medal）が含まれている。さらに2019年3月に開催されたドッグショー「クラフツ」で、ザ・ケネルクラブ〔世界最古のイギリスの畜犬団体〕の「フレンズ・フォー・ライフ（Friends for Life）」賞が贈られている。

フィンとデイブ（・ウォーデル巡査）の強いきずなはこんなところにも表れていた。2019年春に放映されたテレビ番組『ブリテンズ・ゴット・タレント（Britain's Got Talent）』〔2007年から放送開始され、毎年主に4～6月の約2カ月間をワンシーズンとして放送するイギリスの公開オーディション番組〕に登場したフィンとデイブは、驚くべき読心術を披露して観客とテレビの前の視聴者を魅了。その姿に誰もが涙し、フィンとデイブは見事ファイナルへ進出を果たした。

デイブは審査員に「ある単語を思い浮かべてそれを書き出してください」と語りかけた。審査員の1人、デイヴィッド・ウォリアムズ（David Walliams）はノートに「テーブル（table）」と書いて、デイブに何が書いてあるのか見えないようにノートを裏返して自分の胸に当てた。デイヴィッドがノートをフィンに見せ、デイブがフィンを呼び戻す。すると、フィンはデイブの足元でお座りした。フィンがデイブの耳に何かをささやくのを観客は固唾《かたず》をのんで見守っている。デイブは審査員に、その単語は「テーブル（table）」だと答えると、ステージの脇に立ち、背後にあるスクリーンに流れる映像に目を向けた。それは彼が編集したフィンの物語だった。その映像を見ながら、辛口審査員として有名なサイモン・コーウェルが涙を浮かべていた。彼はデイブを見てこう言った。「もし、ゴールデンブザー〔審査員席の中央に置かれた金色のブザー。審査員4人と司会者にはワンシーズンに1回だけ押す権利があり、ゴールデンブザーが押された挑戦者は準々決勝［生放送］への進出が無条件で確定する〕が残っていたら、きみにあげたいと思う。動物、特にイヌに対する虐待の話を聞くと僕は怒りがこみあげてくる。彼はまさに命がけであなたを助けようとした。フィンは立派だ。僕は彼が好きだ」

フィンが記憶に残るのはテレビでスターになった瞬間だけではないだろう。彼の勇気ある行動は法律を変え、公務のために働く動物たちに危害を加えたり、虐待したりすることを犯罪として認めさせた。それは、動物たちの未来につながる素晴らしい遺産だ。

26

患者の尿から88%の精度でがんか否かを識別した医学界のスター犬

フランキー

イヌは人間の数千倍から数万倍とも言われる優れた嗅覚をもつことで知られている。彼らは地面の深いところに埋もれているトリュフのにおいを嗅ぎ分け、犯罪者を見つけ、爆発物を探し出し、トコジラミまで探知する。その能力は、税関の職員が麻薬や危険物質を調べるときにも役立っている。なかには、糖尿病患者の呼気に含まれる特定のにおいを感知し、血糖値の低下を知らせるイヌや、てんかんの発作が起きる前のにおいを感知できるイヌもいる。

もちろん、こうした特別な嗅覚はすべてのイヌに備わっているわけではない。うちの飼い犬でチベタン・テリアのアーチーは、私ののどに大きなしこりができたとき、まったく気づくそぶりもなかった。かかりつけの医師が気づいて耳鼻咽喉科の専門医を紹介してくれたのだが、そこで生検を勧められて甲状腺がんと診断された。これまでに摘出手術を3回受け、残ったがん組織を破壊するために放射性ヨード治療も受け、おかげで今はすっかり元気になった。でももし、2009年にフランキー（Frankie）に出会っていたら、もっと早くがんに気づいて教えてくれたかもしれない。

アメリカのアーカンソー州リトル・ロック。ジャーマン・シェパードの雑種で迷い犬のフランキーは、アーカンソー医科大学（UAMS）の研究者によって医学界のスター犬になった。彼は患者の尿のにおいでその腫瘍が良性か悪性かを判断することができたのだ。しかも、その精度は88%だった。

フランキーは、爆発物や麻薬の探知犬を訓練するときにも使われる「におい刷り込み」というプロセスを使って甲状腺がんを診断するという、新たな研究の最前線で働いていた。特定のにおいを学んだイヌは、そのにおいを嗅いだときはいつでもそれと判別できるようになる。過去の研究では、イヌには健康な人の尿サンプルとがん患者の尿サンプルを嗅ぎ分ける能力があることがわかっていた。次は特定のにおいを覚えることだった。

フランキーは6カ月間、甲状腺がんの患者のサンプルを使った訓練を受けた。血液、尿、その他の組織〔細胞の集合体〕のにおいに慣れさせ、転移性がんと良性腫瘍を嗅ぎ分けられるようにした。良性腫瘍だと判断した場合、フランキーはそのサンプルから目をそらし、悪性の場合は、陽性を示すためにその場で横たわった。テストでは34人分の患者のサンプルが試されたが、フランキーはそのうち30回、正しく診断することができた。

イヌの嗅覚を使って人の命にかかわる病気のリスクを診断するのは、彼らが生理学的に人間より優れていることを考えれば、まったく理にかなっている。人間は呼吸をしたり、においを嗅いだりするのに同じ鼻腔を使うが、イヌは鼻孔の内側に皮膚の弁があり、吸気の行き先が肺と嗅覚領域の2つに分かれている。したがって、嗅覚用の空気は呼気と混ざることなくしばらく鼻腔内にとどまり、においを効率よく検知し続けることができる〔空気中のにおい分子は鼻腔上部の嗅上皮《きゅうじょうひ》と呼ばれる粘膜に溶け込み、嗅細胞で電気信号に変換され、脳に伝達される〕。また、におい情報を分析する嗅球《きゅうきゅう》の大きさも、脳全体に占める割合でみると人間の30倍もある。さらに、イヌには鼻腔と上あごとの間に鋤鼻器《じょびき》（VNO）と呼ばれる第二の嗅覚器官〔発見者の名からヤコブソン器官とも呼ばれる〕があり、特定の行動や生理的変化を促すフェロモンなどの化学物質を感知する。つまり、イヌは恐怖や不安などの情動を、人間にはできない方法で嗅ぎ分けることができるのだ。

アレクサンドラ・ホロウィッツはその著書『イヌから見た世界――その目で耳で鼻で感じていること』（竹内和世訳、白揚社、2012年）で次のように述べている。「つまるところ、人間の最良の友は私たちと同じ体験をするわけではない。それどころか、その驚くべき嗅覚で私たちの目に映る世界とはまったく別の世界を映し出している」

Heroic Animals

27

第一次大戦の戦場で昼夜、負傷者の救護に尽くしたロバ

ガリポリ・マーフィー（ガリポリのマーフィー）

第一次世界大戦と言えば、フランス軍とベルギー軍の塹壕でネズミが大量発生した話ばかりが取りざたされるが、実際は世界各地でむごたらしい戦いが繰り広げられていた。なかでも凄惨を極めたのはガリポリの戦いである。この作戦で多くの負傷兵たちを救ったのは、ロバの「ガリポリ・マーフィー（Gallipoli Murphy）」（ガリポリのマーフィー）だった。

1915年4月25日、オーストラリアとニュージーランドの連合軍（ANZAC《アンザック》）がトルコのガリポリ半島の海岸に上陸した〔この地点はのちに「アンザック湾［Anzac Cove］」と呼ばれるようになった〕。英仏を中心とした連合国軍に加わり、同盟国側（ドイツ帝国、オーストリア＝ハンガリー帝国、オスマン帝国、ブルガリア王国）のオスマン帝国（現在のトルコ共和国）を戦争から離脱させることが目的だった。連合国側はガリポリ半島を制圧し、内陸に北上する計画になっていたが〔この作戦が成功すれば連合国側のロシアへの補給路が開かれ、西部戦線の膠着《こうちゃく》を打開できると踏んでいた〕、オスマン帝国軍の激しい反撃に遭い、上陸した海岸付近に追い詰められてしまった。この日だけでANZACの兵士約650人が死亡、1000人以上が負傷し、あたり一面血の海と化した。

ガリポリに上陸した兵士たちのなかに、オーストラリア陸軍医療部隊の第3野戦病院の衛生兵ジョン・シンプソンがいた。彼の任務は、負傷者に応急手当てをして浜辺の救護所まで担架で運ぶことだった。

ジョン・シンプソンには複雑な過去があった。イギリスのサウス・シールズ〔イングランド北東部タイン川の河口にある町〕で、両親ともにスコットランド出身の家庭にジョン・カークパトリックとして生まれた。動物好きで、学校がない日は浜辺でロバに人を乗せる仕事をしていた。16歳で国防義勇軍〔イギリス陸軍の常備軍とは別に編制される予備役部隊の1つ〕の砲撃兵として訓練を受け、イギリス商船隊に入隊するものの、砲撃兵の仕事は性に合わず、1910年5月、船がオーストラリア南東部のニューサウスウェールズに停泊している間に脱走し、イギリス軍には二度と戻らなかった。

彼は砂金採りやサトウキビ刈り、炭坑労働者などの仕事を転々としながらオーストラリアを移動した。そこへ第一次世界大戦が勃発し、新たな活路を見いだすチャンスが訪れた。彼は、脱走兵だと悟られないように、母親の旧姓である「シンプソン」を名乗り、ANZACに入隊したのである。

そして1915年4月26日未明、シンプソンはガリポリの浜辺にいた。負傷した兵士を肩で担ぎ、救護所に向かっていたそのとき、彼は1頭のロバを見つけた。

ロバは長い間、戦場の名もなきヒーローだった。第一次大戦中、軍は一度に200頭ものロバの隊列を組み、必要物資を運搬させた。ロバの背中に積まれた荷物はその体重の3倍以上にもなった。通常、移動は暗いうちに行われたが、ロバたちは弾丸が飛び交い、爆弾が炸裂するなかを、食料や衣類、炊事用具、そして生きるために必要な水を運んだ。

ロバを見つけたシンプソンは、「ロバに手伝ってもらえば負傷した兵士を運ぶのがずっと楽になる」ことに気づいた。彼はこのロバに「マーフィー」という名前をつけ、任務に連れていった。

負傷兵を乗せたマーフィーと
ジョン・シンプソン（1915年）

シンプソンとマーフィーは、たちまち救護に欠かせない存在になった。負傷者をロバに乗せ何度となく戦場と救護所を往復するその姿に、仲間の兵士たちは「あいつ、またロバにけが人を乗せてきたぞ」と口々に言い合った。C・ロングモア大尉は1933年に、シンプソンの勇気ある行動を振り返り、こう語った。「(兵士たちは) 塹壕から彼の様子を魅せられたように眺めていた……あれは、ガリポリ作戦の初期に何よりも心を奮い立たせてくれた光景の1つだった」

ガリポリで任務に就いていたシンプソンについて、「マーフィー」より前に最初は「ダフィ」、次に「ジェニー」「クイーン・エリザベス」「アブドゥル」と複数のロバを順に連れていたという説がある。常に弾丸が飛び交うなかでの危険な任務であったことを考えると、その可能性もありそうだ。一方で、ロバは1頭しかおらず、小柄で勇敢なマーフィーが伝説化して、ANZACのマスコットとして人気者になったとする説もある。

シンプソンとマーフィーの勇敢な救護活動はやがて上官たちの知るところとなる。そのうちの1人、ジョン・モナッシュ大佐(のちに将軍)は次のように記している。「シンプソン一等兵と彼のロバは、前線の兵士たちの称賛の的になっている。昼も夜もぶっ通しで任務に就いており、彼らの救護活動には頭が下がる思いだ」。ANZACの上官たちはシンプソンが連れたロバが足場の悪い危険なルートを越え、負傷兵をすみやかに搬送する姿に感銘を受けた。それ以降、ANZACは負傷兵を救護所に運ぶためのロバ隊を編制し、1頭1頭に赤十字の印がついたはちまきを着けるようになった。

ジョン・シンプソンはアンザック湾上陸後3回目の戦闘中に、シュラプネル・バレー（Shrapnel Valley）に潜む敵の機関銃で撃たれて死亡した。1915年5月19日、上陸からわずか3週間後のことで、22歳という若さだった。シンプソンの亡骸は、アンザック湾の南端に位置するヘル・スピット（Hell Spit）の浜辺に埋葬された。

ロバのマーフィーのその後の消息についてははっきりしていない。だが一縷《いちる》の望みとなる報告もある。本書で後述するラバ〔オスのロバとメスのウマの交雑種〕のミニー（Minnie）と同じように（p.302参照）、兵士たちは往々にして、自分たちのペットを安全な場所に移すためならどんな労力も惜しまなかった。戦場のペットたちは、兵士たちに故郷とのつながりを感じさせ、戦い続ける理由を与えた。生き物をいつくしむ心を取り戻させ、銃や爆弾、シラミ、そして泥まみれの生活を忘れさせてくれた。将校たちでさえ、軍の規則で禁じられていたのにペットを飼っていた。マーフィーの消息を追っていたオーストラリア軍の公式特派員、チャールズ・ビーン大尉が受け取った1916年3月21日付の手紙には次のように書かれていた。

マーフィーが安全に避難したと聞いて喜んでいただけるでしょう……ところが、ムドロス〔半島近くのギリシャの島〕に到着した夜、マーフィーの姿が見えなくなり、近くの村を探しましたが見つかりません……オーストラリア兵の誰かが連れ去ったのだと思います。というのも、マーフィーには「ロバのマーフィーです。どうか面倒をみてやってください」と書かれた大きなラベルが（胴体の左右に）2枚張られていたからです。そうであってほしいし、今頃彼らの元にいると思いたい。私も、部下から（マーフィーを軍務から）外してやってほしいと懇願されました。

1997年、RSPCA（王立動物虐待防止協会）〔1824年にイギリスで設立された世界最古の動物福祉団体〕はロバのマーフィーに、パープルクロスと表彰状を（死後）授与した。

28

第二次大戦下の香港の戦いで日本軍を恐れさせた「軍曹」犬

ガンダー

ニューファンドランド犬は忠誠心が強く、穏やかな性格で知られているが、体はとても大きい。高さは2フィート（約60センチ）以上、体重は約67キログラムにもなる。よだれも多い。ニューファンドランド犬の飼い主はもちろん自分のペットをかわいがっているが、誰にでも飼えるイヌではない。

ヘイデン家が飼っていたニューファンドランド犬のパル（Pal）は地元の子どもたちのお気に入りで、冬になるとよくソリを引いてあげていた。紳士的な超大型犬だが、自分の力の強さに無自覚だった。あるとき、パルは6歳の女の子の顔をうっかりひっかいてしまった。傷の手当てのために医者が呼ばれたが、ヘイデン夫妻は、パルを安楽死させるように言われるのではないかと心配した。

夫妻はパルを、自宅近くにあるガンダー国際空港（ニューファンドランド・ラブラドール州）に駐屯していたカナダ・ロイヤル・ライフル部隊（Royal Rifles of Canada）に譲り渡すことにした。パルはそこで新たに「ガンダー」と名付けられ、すぐに兵士たちの人気者になった。それからまもない1941年秋、ガンダーは軍曹に「昇進」して、香港を敵の侵攻から守るために部隊のほかの兵士たちとともに香港に派兵された。

冷涼なカナダの気候に慣れたガンダーと兵士たちにとって、香港の蒸し暑さは異質だった。ガンダーの世話係になった射撃兵のフレッド・ケリーは、彼が暑さにやられないように冷たいシャワーを長時間浴びるのを許していたそうだ。ガンダーはまた、冷えたビールを1、2本、好んで飲むようになったという。

1941年12月8日の真珠湾攻撃の翌日、香港の戦いが始まった。この戦闘は、太平洋戦争の最初の戦いの1つとみなされている。日本は大英帝国に宣戦布告していなかった。つまり、日本軍は国際法に違反してイギリスの植民地を攻撃したのだった。

戦闘は2週間以上続いた。日本軍はイギリス、カナダをはじめとする連合国軍の2倍の戦力で圧倒した。連合国軍の被害は大きく、死者は2000人以上、負傷者は2300人、捕虜は1万人に達した。また、民間人4000人が犠牲になった。

ガンダーは命の危険も顧みず、3度にわたって侵入者の撃退に貢献した。彼は獰猛なうなり声をあげて敵に襲いかかり、退散させた。ガンダーの黒い毛は、戦闘が行われる夜間は見分けがつきにくい。日本軍はのちに、カナダ人捕虜を尋問し、この「黒い野獣」について詳しく聞き出そうとした。ガンダーを連合国軍が訓練した「獰猛な四つ足部隊」の一員とみなし恐れていたのだ。

香港に出征する途中のカナダ・ロイヤル・ライフル部隊とマスコット犬の「ガンダー」(1941年)

「ガンダー軍曹」の最期の行動は、手榴弾を取り除いて味方の負傷兵7人の命を救ったことだ。「ガンダーは日本兵の投げた手榴弾が着弾するところを見たことがあったに違いありません」とカナダ戦争博物館(Canadian War Museum)のジェレミー・スワンソンは話す。「彼は味方の兵士がそれを必死に投げ返すのを目にしていたはずです。そしてその恐怖を感じ取っていたことでしょう」

ガンダーは手榴弾をくわえ、敵陣に向かっていった。悲しいことに、その手榴弾は敵に届く前に爆発してしまった。結果的に7人の命が助かった。そのうちの1人、レジナルド・ローは「銃撃が弱まったとき、ガンダーが道路に倒れて死んでいるのを見た」と語っている。翌朝、捕虜として行進させられていたフレッド・ケリーは、ガンダーの遺体が遠くにあるのを目にした。「私は彼の近くに行けず、取り乱していた」

終戦後、カナダ戦争博物館、香港退役軍人協会、そして香港退役軍人記念協会は、カナダ・ロイヤル・ライフル部隊のマスコット犬による英雄的な行動が後世に認められるよう尽力した。そして2000年10月、ガンダー軍曹にPDSAディッキン・メダルが授与された。カナダからは唯一の受賞となった。

表彰式にはフレッド・ケリーら、ガンダー軍曹と同じ部隊に所属していた20人の生存者が出席した。「その話をするだけで感無量です」。ガンダーと一緒に戦い、日本軍の捕虜収容所で3年間過ごしたフィリップ・ドッドリッジはそう語っていた。「みんなからとても愛されていました。彼は私たちについて香港に行き、戦死したのです」。この元兵士たちの何人が、ガンダーがかつてパルという名でまったく違った生活を送っていたことに気づいていただろうか。

Heroic Animals

29

ガリア人の侵攻からローマの危機を救ったガチョウ

さて、時代をローマ帝国（帝政ローマ）以前の共和政ローマに移そう。物語の舞台はローマの七丘〔イタリア・ローマのテヴェレ河畔に点在する7つの丘。古代ローマ時代に都市が築かれた〕のうち最も小さく、最も重要なカピトリヌスの丘だ。城壁の内部にはローマを守る神々の神殿があり、主神ユーピテルの妻で、結婚と出産の神ユーノーを祀《まつ》った神殿もその1つだった。

ユーノーの神殿を守っていたのは神聖なガチョウたち（巻頭口絵p.05下参照）。ローマ人は、この鳥たちが大切にすべき存在だと信じていた。それもそのはず、ガチョウは知能が高く、人や状況をよく覚えている。自分の家の境界線をよく知っており、とことん守り抜く。また、誰が敵で誰が味方かも知っていて、自分の子どもに危害が及びそうになると猛然と立ち向かう。

紀元前390年、ガリア人〔ガリア〔主に現在のフランス〕に居住していた民族〕の一団がローマに向かって進軍してきた。彼らは残忍でしたたかな武装集団で、テヴェレ川とアッリア川の近くで繰り広げられた戦いでローマ軍は惨敗した〔アッリアの戦い。大敗したローマは、戦後、城壁の建設や軍隊の再編制を行い、一層の勢力拡大を図った〕。多くの兵士が命からがら逃げ出し、重武装のまま川を渡ろうとして溺れ死んだ者も大勢いた。ガリア人は1日でローマ郊外まで迫った。

ガリア人の侵攻があまりに急速だったため、この戦いで生き残り、街を守るために戻ってこられたローマ兵はごくわずかだった。多くの市民が逃げ出し、神殿の神官や巫女は大急ぎで貴重な聖像などの遺物を安全な場所に運び出した。

ガリア人は城壁を襲撃し、街中で暴れまわり、行く手を阻む者を皆殺しにした。連戦の勝利で自信をつけたガリア人は、取り残されたローマ人の大半がカピトリヌスの丘に逃げ込んだと知ると、すぐに攻撃を開始した。このまま戦闘で優位に立てると考えたのだ。

ところが、ローマ軍は丘という高所の利点を活かして、反撃を開始した。ガリア人は攻撃を立て直すために退却したが、丘は包囲されたままだった。残されたローマ人は身動きがとれず、助けに来てもらうか脱出しなければ飢え死にするのは目に見えていた。そんななか、神聖なガチョウたちはなんとか食べられずに済んでいた。

ある満月の夜、ガリア人たちは崖を這い上がってカピトリヌスの丘に侵入することにした。ローマ人の護衛は寝てしまい、イヌもいびきをかいて眠っている。ガリア人は簡単に警護をすり抜けた。しかし、すぐに神聖なガチョウたちに出くわした。この鳥たちは侵入者が味方でないとわかると、大声で鳴きながら羽をばたつかせ、全力で襲いかかった。

その音で眠っていたローマ人たちが目を覚ました。マルクス・マンリウス（・カピトリヌス）〔共和政ローマの政治家で救国の英雄。のちに王位を狙ったかどで崖から突き落とされ処刑された〕は真っ先に崖にかけつけ、頂上までたどり着いたガリア人兵士の1人を剣で刺し、もう1人を盾で突き落として敵を迎え撃った。ガチョウも、味方の部隊が目覚め、加勢に来るまで警告音を発し続けた。こうして、崖を登ってきたガリア人兵士はすべて殺された。頂上に向かって登り続ける者、助かろうと岩にしがみついている者も死ぬまで石や槍を投げつけられた。帝政ローマ期の歴史家プルタルコス〔西暦46年頃〜120年頃〕は次のように書き残している。

> 人間もイヌも〔ガリア人の〕接近に気づかなかったが、ユーノー神殿の近くに神聖なガチョウが何羽かいた……この生き物は生まれつき聴覚が鋭く、あらゆる物音に対して警戒する。当時、ガチョウたちは空腹で眠れず、いつもより覚醒していた。彼らは、ガリア人の到来を感知すると敵に向かって大声で鳴きながら飛びかかった。その騒ぎですべての護衛たちが目を覚ました……おかげでローマは危機を免れた。

それでも包囲は続いたが、もはや侵入者がローマを制圧するのは誰の目にも不可能だった。ガリア側は厳しい状況を認め、結局、ローマが金を支払って彼らを平和裏に撤退させることで両者が合意した。

ローマは再建され、やがて世界を征服するまでになった。ローマ市民はユーノー神殿のガチョウに対する恩を忘れなかった。毎年、街を救った神聖なガチョウを称えるために、黄金を身にまとった1羽を先頭にして、壮大な行列が行われるようになった。

神聖なガチョウ、すなわちローマン・グース（Roman Goose）は頭頂部に房状の冠羽をもつのが特徴で、今日も「ガード・グース（guard goose）」として使われている品種である。このほか、番犬の代わりとして、農場のニワトリやヤギの見守り、軍事施設のパトロール、さらにはスコットランドのウィスキー倉庫の警備などに中国産やアフリカ産のガチョウが使われている。

Heroic Animals

30

第二次大戦下のイタリア戦線で あまたの米兵を救った伝書鳩

G・I・ジョー

動物版のビクトリア十字勲章〔英国の軍人に授与される最高の武功勲章〕として知られるディッキン・メダルを授与された動物たちはこれまでに71頭（羽）〔2018年11月現在〕にのぼる。そのうちイギリスの動物以外で初の受賞となったのが「G・I・ジョー（G. I. Joe）」という名前のアメリカ軍の伝書鳩だ。

ジョーは1943年にアルジェ〔アルジェリアの首都〕で孵化し、「USA43SC6390」というコード名がつけられた。彼は、アメリカ・ニュージャージー州で双方向通信を行えるようにする訓練を受け〔ハトの帰巣本能を利用した通信では、情報の発信場所から着信場所までの単方向通信が基本。これに対し、餌場と寝床を別々にする訓練を重ねると、その2点間で双方向通信が可能とされる〕、その年のうちに実戦投入された。

行き先は、第二次世界大戦下のイタリアの戦線だった〔第二次大戦に枢軸国として参戦したイタリアは、1943年7月の連合国軍によるシチリア島上陸作戦を受けて同年9月に無条件降伏。その後連合国側に立ち、ドイツに宣戦布告した〕。ナポリの北30マイル（約48キロ）に位置するカルヴィ・ヴェッキア（Calvi Vecchia）村はドイツの占領下に置かれていた。1943年10月、連合国軍はこの村を解放すべく、ある作戦を立てていた。それはアメリカ軍機が村を空爆したあと、イギリス軍が進軍し、ドイツ防衛軍の部隊を一網打尽にするというものだった。ところが、第169（第3ロンドン）歩兵連隊が村を包囲している間に、ドイツ防衛軍が不意に撤退を始めた。これで連合国側は予定より早く村を解放できる。通常なら、これは朗報となるはずだった。しかし、そんな事情を知らない味方の爆撃機は、解放されたばかりの村に爆撃に向かおうとしていた……。

アメリカ軍にすぐに空爆の停止を要請しなくては。だが無線機がつながらない。このままではカルヴィ・ヴェッキアにいるイギリス軍部隊と多くの住民の命が危ない。そこへ、メッセージを託されたG・I・ジョーが放たれた。彼は20マイル（約32キロ）離れた空軍基地にわずか20分で引き返し、間一髪で爆撃機の離陸を中止させたのだ。彼のおかげで、その日1日で1000人前後の命が救われたと言われている。G・I・ジョーの英雄的活躍は「アメリカ軍の伝書鳩による、第二次世界大戦中で最も優れた飛行」として認められ、ディッキン・メダルを授与された。授賞式は1946年、ロンドン塔で執り行われた。

終戦後、ジョーはニュージャージー州フォート・モンマスに戻り、戦争中に大きな功績を残したほかの軍鳩《ぐんきゅう》たちとともに過ごした。ジョーはデトロイト動物園で18年の生涯を閉じた。彼の亡骸はフォート・モンマスに移され、その剝製はアメリカ陸軍電気通信博物館（US Army Communications Electronics Museum）に展示された。

Heroic Animals

31

亡き飼い主の墓を14年守り続けたスコットランドの忠犬

グレーフライアーズ・ボビー

人々に愛され語り継がれる物語は時間が経つうちに理想の姿に生まれ変わることがある。かの有名なスコットランドの忠犬の物語も、いつのまにか実話に少しばかり脚色が加わっていったのだろう。たとえそうだとしても、この話を取り上げずにはいられない。

「イヌは人間の最良の友」とよく言われるが、「グレーフライアーズ・ボビー（Greyfriars Bobby）」ほど、この言葉に忠実に生きたイヌはいないだろう。スカイ・テリア種のボビーは1855年、スコットランドのエディンバラで生まれた。飼い主のジョン・グレイを慕い、彼のそばを片時も離れることはなかった。グレイは「オールド・ジョック（Auld Jock）」（「Old John」を意味するスコットランド語）の愛称で知られ、エディンバラ市警の夜間警備員として、いつもボビーを連れて見回りをしていた。

1858年2月、オールド・ジョックは結核で亡くなった。

ボビーは葬列の先頭を歩き、エディンバラ市街にあるグレーフライアーズ教会の敷地内にある墓地に主人が埋葬されたときも、墓のそばから頑として離れようとしなかった。管理人が追い払っても、ボビーはすぐに戻ってきて主人の墓のそばに座り、墓を守った。やがてそれは習慣になり、昼も夜も、ボビーはオールド・ジョックが眠る場所を守り続けた。スコットランドを襲った記録的な積雪や豪雨の日でさえ、ボビーはそこにいた。

ボビーの強い忠誠心に地元の人々は心を打たれた。その墓地では動物を入れることは禁止されていたのだが、人々はボビーのために特別な犬小屋をつくり、雨風をしのぎながら主人の墓を見守れるようにした。

ボビーは1日のうちで1度だけ、食事のために墓前から離れた。エディンバラ城の午後1時の号砲が聞こえると、それを合図にオールド・ジョックといつも食べていた場所に行き、食事をした。それ以外では、自分の持ち場から動こうとはしなかった。

この忠誠心あふれる小さなイヌのうわさはすぐに広がった。ボビーが昼ごはんを食べに出かけ、墓に戻ってくるところを見ようと、大勢の人がやってきた。エディンバラ市長のウィリアム・チェンバーズ卿は、このテリアの献身的な姿に心を打たれた。オールド・ジョックが亡くなってから9年後の1867年、市長はイヌの鑑札代〔飼い犬の登録料〕を自腹で払い、ボビーに新しい首輪を贈った。その首輪にはこんな文字が刻まれていた。「グレーフライアーズ・ボビーへ——市長より。1867年登録済み」

ボビーの亡き飼い主に対する追悼は、1872年に亡くなるまで14年間続いた。ボビーはグレーフライアーズ墓地の、主人の墓から数メートルしか離れていない場所に埋葬された。1981年に花崗岩《かこうがん》の墓碑が完成し、イギリス王室の成員であるグロスター公爵による除幕が行われた。そこにはこんな文字が刻まれている。

グレーフライアーズ・ボビー
―1872年1月14日没―
享年16歳
彼の忠誠心と献身を私たちの教訓とする

ボビーの物語は、女性篤志家《とくしか》のアンジェラ・バーデット＝クーツの目にとまった。ボビーが亡くなってからまもなく、クーツは彫刻家のウィリアム・ブロディにボビーの銅像の制作を依頼した。それは1873年に完成し、噴水式の水飲み場の上に飾られた。この水飲み場はグレーフライアーズ教会の入り口から、ジョージ4世橋（George Ⅳ Bridge）とキャンドルメーカー通り（Candlemaker Row）の交差点を挟んで向こう側に設置された。噴水は上下二段式で、上が人間用、下がイヌ用の水飲み場になっていた。のちに衛生上の不安からこの噴水は1957年に撤去された。ボビーの銅像部分は1985年に修復され、エディンバラ市公認の最も小さなモニュメントになっている。その銘板には「グレーフライアーズ・ボビーの愛情あふれる忠誠を称えて」と書かれている。

今では、このスカイ・テリアの像を見ようと各地から観光客が訪れている。「グレーフライアーズ・ボビー・ウォーキング・シアター（Greyfriars Bobby Walking Theatre）」が主催するガイド付きツアーもある。ボビーの映画やおもちゃもつくられた。彼の銅像は忠誠と幸運のシンボルにもなっている。たくさんの観光客に触られて鼻の部分がすり減ってしまったため、実際には過去に2回ほど修復が行われている。

グレーフライアーズ・ボビーの銅像
（ウィリアム・ブロディ作）

亡くなった飼い主に忠誠を誓ったイヌの記録が残されているのは、ボビーだけではない。

第二次世界大戦中の1941年、イタリアのトスカーナ州ボルゴ・サン・ロレンツォ（「コムーネ」と呼ばれる基礎自治体の1つ）に住むレンガ職人、カルロ・ソリアーニは、けがをして側溝のなかで動けなくなっていたイヌを見つけた。当時、戦争が原因で多くのペットが家族と離れ離れになり、路上で生きることを余儀なくされていた。ソリアーニはその迷い犬を家に連れて帰り、元気になるまで世話をした。

イヌは助けてもらって本当にうれしかったのだろう。毎朝ソリアーニのあとについてバス停に姿を見せ、ラテン語で「忠実な者」を意味する「フィド（Fido）」というニックネームで呼ばれるようになった。フィドは毎日、夕方になるとバス停に現れ、ソリアーニの帰りを待っていた。このような生活が2年ほど続いたあと、1943年12月のある日、連合国軍の爆撃で街の多くの工場が破壊され、数千人の市民が犠牲になった。そのなかにソリアーニもいた。

その日、フィドは夜になってもバス停でご主人の帰りを待ち続けた。それから2週間、毎晩バス停で待っていたが、ソリアーニの姿はなかった。

やがてその様子は人々の知るところとなり、亡くなった飼い主を待つフィドのことをマスコミが取り上げるようになった。彼の忠誠心を称え、銅像も建てられた。フィドは1958年6月に亡くなった。

32

文豪ディケンズの愛鳥。またはロンドン大空襲を生き抜いた唯一のカラス

グリップとグリップ

ワタリガラスを見ると不気味だと思うのは私だけではないだろう。一方で、鳥類のなかでも特に頭がいいと主張する真面目なファンもいる。確かに、ワタリガラスは多才で抜け目がなく、ユーモアのセンスも持ち合わせているようだ。

ワタリガラスはカラスのなかでも最大の種で、翼を広げると全長4フィート（約1・2メートル）にもなり、空を飛ぶ姿はなかなか貫禄がある。黒光りした羽に獲物を射るような目、大きく、先の部分がカギのように曲がったくちばしは、見る者を怯えさせる。ヨーロッパでは昔から、ワタリガラスは死を連想させる鳥とされてきた。

そんなワタリガラスが人に愛着をもつこともある。明るく、おしゃべりなワタリガラスのグリップ（Grip）は、チャールズ・ディケンズのお気に入りのペットで、彼の小説『バーナビー・ラッジ』〔1841年刊。1780年に実際に起きた反カトリック感情からくる騒乱を扱った歴史小説。バーナビー・ラッジは主人公の青年の名〕にも登場する。ディケンズは、1841年1月、友人のジョージ・キャタモール宛ての手紙でこうつづっている。

私は、〔バーナビー・ラッジの〕お供のペットをラッジよりはるかに物知りなワタリガラスにしようと考えている。

そのために自分が飼っている鳥をいろいろ観察しているところだ。とても変わったキャラクターになると思う。

ところが、その同じ月にグリップは悲しい最期を遂げた。どうやら、缶に入っていた白いペンキを食べてしまったのが原因のようだ。ディケンズは画家のダニエル・マクリースに宛てて、「獣医がグリップにひまし油〔トウゴマの種子から採取する植物油の一種。欧米の伝統医療では下剤として使われていた〕を与えたところ、御者に咬みついたり、温かいおかゆを食べたりするくらいに回復はしたが、それもつかの間だった」と書き送っている。

時計が12時を打つと、グリップはやや興奮しているように見えた……〔彼は〕取り乱したように甲高い声で「よう、おねえさん」（彼の口癖）と叫んで息絶えた。グリップは生涯、落ち着きと冷静さを失わず、決して弱音を吐いたりしなかった。彼のことはいくら称賛してもしきれない……子どもたちはむしろグリップが死んで喜んでいるだろう。足首を咬むやっかいなやつがいなくなったのだから。でもあれは、ただのおふざけだったのだ。

アメリカのゴシック小説〔18世紀末〜19世紀初頭に英国で流行した超自然的恐怖をテーマにした小説〕の作家で詩人のエドガー・アラン・ポーは、ディケンズの『バーナビー・ラッジ』に登場したワタリガラスがいたくお気に入りだった。ポーは書評に、このワタリガラスが「実に愉快だ」と書いた。ポーの陰鬱な詩として有名な『大鴉（オオガラス）』〔1845年に発表された『E・A・ポー』〔鴻巣友季子、桜庭一樹編、2016年、集英社〕に収録〕は、グリップからインスピレーションを受けた可能性がある。この詩は、語り手である主人公の問いに、ワタリガラスが「ネバーモア（Nevermore）」の1語だけを繰り返し、主人公を果てしない悲しみに引きずり込んでいく。

ディケンズのペットにちなんで「グリップ」と名付けられた有名なワタリガラスはほかにもいる。それは、ロンドン塔〔ロンドンのテムズ川北岸に11世紀に建造された城塞。複数の塔からなり、宮殿、造幣所、天文台、動物園、監獄などの用途で使われてきた〕の見張り役だったカラスのうちの1羽で、第二次世界大戦下の「ロンドン大空襲（The Blitz）」を生き抜いた唯一のカラスである。

ロンドン塔には何百年も前からワタリガラスが住みついてきた。ある伝説によれば、天文学者で王立天文台長のジョン・フラムスティードは、ホワイト・タワー（中央塔）の北東にあるタレット〔建物上部の小塔〕でカラスたちが天文台の仕事の邪魔をするとイギリス国王チャールズ2世

〔ステュアート朝第3代イングランド王。在位1660〜85年〕に訴えた。チャールズ2世はカラスの駆除を命じた。ところが、宮廷の占い師がこう警告したのだ。「カラスがいなくなれば、ホワイト・タワーが倒壊し、王国に災難が降りかかる」。結局、カラスたちは駆除を免れ、天文台はグリニッジに移転することになった。また、ロンドン塔では常時、少なくとも6羽のカラスを飼育しなければならないとする勅令が下された。ここから「カラスがいなくなると王室も国も滅びる」という言い伝えが生まれた。

それから長い間、この言い伝えは言い伝えでしかなかった。ところが第二次大戦に突入するとロンドン塔のワタリガラスたちに危機が訪れる。敵の爆撃を予測するという優れた才能を発揮したワタリガラスたちだったが、爆撃の音があまりに大きすぎて大半がショック死したと言われている。そのなかで1羽だけ残ったのがグリップだった。グリップは、仲間の一羽であり、つがいのパートナーでもあったメーベル（Mabel）がロンドン塔から姿を消した（うわさでは何者かに誘拐されたという）後も塔を守り抜いた。それは、ときのウィンストン・チャーチル首相がロンドン塔のワタリガラスを最低でも6羽に増やすよう命じるまで続いた。

ロンドン塔では今も6羽かそれ以上のワタリガラスが飼われており、イギリスの正式な軍用動物として扱われている。いたずら好きな鳥なので、人間の兵士と同じく素行不良でクビになることもある。過去にジョージという名前のカラスがテレビのアンテナを攻撃して破壊したため、王室の護衛の任務から外され、ウェールズの動物園に送られた。

現在ロンドン塔を守っているワタリガラスたちは、行儀の良いカラスたちだ。ジュビリー（Jubilee）、ロッキー（Rocky）、ポピー（Poppy）、そして2つの「P」がつくグリップ（Gripp）である。彼らは特別な繁殖計画のもとに誕生したカラスたちで、「レイブンマスター（Ravenmaster）」と呼ばれる公式の飼育係から餌をもらっている。餌はレバーやラム、ブタなどの生肉や血に浸したビスケットとゆで卵（週1度）などで、ときにはウサギを丸ごと1羽与えられることもある。

ロンドン塔のワタリガラスは人をつつくことがあるので、見学者には「カラスに近づかないように」と注意喚起が行われている。もっとも、カラスたちは、花形オペラ歌手のような華やかさとは対照的に、沈鬱《ちんうつ》な姿を見せることもあるようだ。仲間のカラスの死を嘆き悲しむことが知られているし、ある牧師が亡くなったときは塔のチャペルのまわりに静かに集まってきたという。たとえそういう一面があるにせよ、私にはどうしてもワタリガラスが不気味に思えてしまう。

Heroic Animals

33

ノルマンディー上陸作戦開始の第一報を味方側に伝えた伝書鳩

グスタフ

戦場の英雄ランキングで、イヌに次ぐ2位の活躍ぶりを見せてきた動物がハトだというのはご存じだろうか？　勇敢な動物に贈られる最も栄誉あるディッキン・メダルを授与されたハトは、これまでに32羽にものぼる。

第二次世界大戦中、20万羽以上のハトがイギリス陸軍や空軍（ＲＡＦ）、市民防衛隊、通信社などで使用された。ハトは貴重な通信手段として利用され、王室による保護が行われてきた。かつてはイギリス空軍省（１９１８年から１９６４年までイギリス空軍を統括した行政機関）の鳩部隊（Pigeon Section）や軍鳩《ぐんきゅう》作戦委員会（Pigeon Policy Committee）という特別な組織が軍隊におけるハトの使用について規定していた。また、飛行中のハトが攻撃されないようにＲＡＦ飛行隊が海岸沿いに生息する猛禽類を撃ち落とし、ハトに対して「危害を加えたり虐待したりした」者には１００ポンド（現在の価値で約63万円）の罰金もしくは実刑が科された。

ハトの多くは敵陣の後方に投下され、諜報員から託された機密情報をもって戻ってきた。コードネーム「コロンバ（Columba）」という情報収集作戦に従事したハトもいた。この作戦では、ナチス占領下のヨーロッパ各地にアンケート用紙を投下し、ハトは市民が記入したアンケートを持ち帰る役目を果たした。

ウェスト・サセックス州ソーニー島にある国家鳩部隊（National Pigeon Service NPS）の鳩舎では、ハトに重要な極秘任務を遂行させるための訓練が行われていた。グスタフ（正式なコード名はNPS.42.31066）はそのうちの1羽だった〔国家鳩部隊［NPS］は、イギリスで1938年に創設された民間組織で、戦争用の伝書鳩を飼育していた〕。

グスタフは生後8週間で諜報活動のための「スパイ鳩」として地元の愛好家であるフレッド・ジャクソンから供出された。グスタフもほかの伝書鳩と同じように、最初は自分のすみかの周囲を飛び、徐々に飛距離を伸ばしていく訓練を受けた。ハトは太陽の位置と角度だけでなく、見慣れた地形や目標物を頼りに方角を判断する。また、アメリカの地球物理学者による2013年の研究結果では、伝書鳩が「インフラサウンド（infrasound）」（人の耳には聞こえない超低周波音）を頼りに帰巣する可能性も示唆されている。

グスタフは当初、ナチス占領下のベルギーのレジスタンスから連合国軍にメッセージを運ぶために使われた。信頼できる伝書鳩としての実績が認められると、他の活動の候補に選ばれ、ロイター通信のモンタギュー・テイラー記者に譲渡された。ハトは重要な情報をできるだけ早く届けるために、兵士だけでなく、従軍記者にも利用された。グスタフもすぐに報道用の伝書鳩として活躍するようになった。

ノルマンディー（D－デイ）上陸作戦〔第二次大戦末期、連合国軍が北フランスのノルマンディー海岸に上陸した、同大戦で最大規模の作戦。約90日でドイツ占領下にあったフランスを解放〕が始まった1944年6月6日、戦車揚陸船に乗っていたテイラー記者はグスタフに、一世一代の特別任務を授けることにした。そして、連合国軍のノルマンディー海岸への上陸開始を伝える第一報をグスタフに託し、籐《とう》のかごから空に放ったのだ。このときの有名なメッセージは次のようなものだ。「我々はまだ海岸から20マイル（約32キロ）の地点にいる。7時50分、最初の突撃部隊が上陸。信号によると海岸での敵の砲撃はないとのこと……編隊を組んで安定航行中。5時45分からライティング（Lightnings）、タイフーン（Typhoons）、フォートレス（Fortresses）〔米ボーイング社が開発した大型爆撃機。通称B－29〕が上空を飛行中。敵機は見当たらず」

テイラー記者のメモを携え、グスタフは時速30マイル（約48キロ）の向かい風のなかを150マイル（約240キロ）超の旅に出発した。途中、沿岸を飛ぶ鳩を攻撃するようドイツ軍に訓練されたタカを回避しながら、5時間16分後にソーニー島の空軍基地に到着。第二次大戦を終結させるための作戦がついに始まったことを伝えた。グスタフに続いて仲間の伝書鳩パディもノルマンディー上陸作戦成功のニュースを届けた。

1944年9月、この2羽にディッキン・メダルが授与され、海軍大臣夫人エスター・アレクサンダーから熱いキスが贈られた。

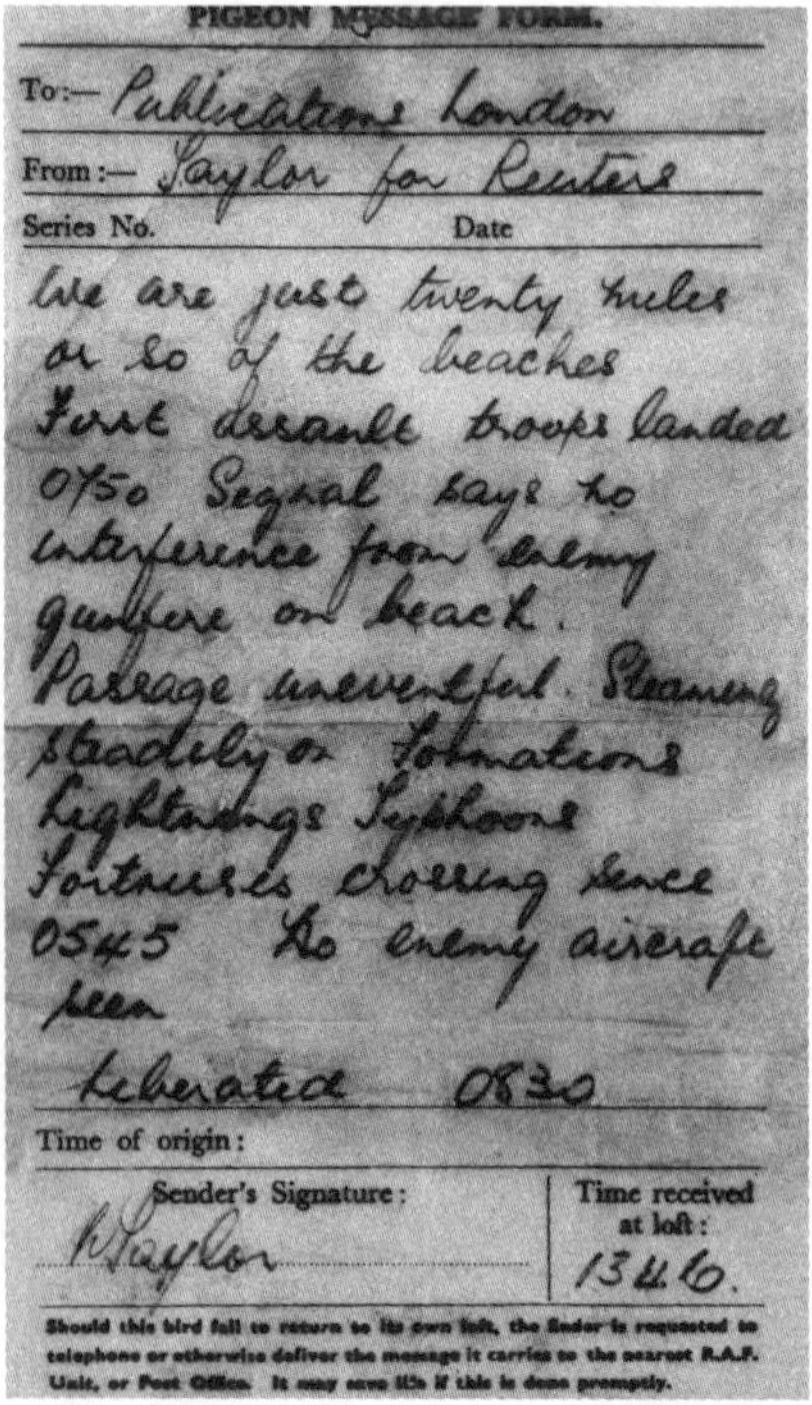
PIGEON MESSAGE FORM.

To:— Publications London

From:— Taylor for Reuters

Series No. Date

We are just twenty miles
or so off the beaches
First assault troops landed
0750 Signal says no
interference from enemy
gunfire on beach.
Passage uneventful. Steaming
steadily in formation
Lightnings Typhoons
Fortresses crossing since
0545 No enemy aircraft
seen

Liberated 0830

Time of origin:

Sender's Signature: M Taylor

Time received at loft: 1346.

Should this bird fail to return to its own loft, the finder is requested to telephone or otherwise deliver the message it carries to the nearest R.A.F. Unit, or Post Office. It may save life if this is done promptly.

グスタフが運んだ、ノルマンディー上陸作戦の開始を伝えるモンタギュー・テイラー記者からの第一報（1944年6月6日）

Heroic Animals

34

9年間、毎日渋谷駅で主人を待ち続けたイヌ

ハチ公

忠誠心は日本の文化から切り離せないものの１つであり、最高の美徳とされている。第二次世界大戦が終わるまで、日本の子どもたちは天皇陛下とお国のために忠誠を尽くすよう教育を受けてきた。戦後、その対象が企業や上司に代わったと思われた時代もあった。

主人に対する献身と忠誠心の象徴として日本でいちばん有名な物語は、おそらくある１頭のイヌにまつわるものだろう。そのイヌの名は「ハチ公」。東京帝国大学農学部教授の上野英三郎博士に飼われていた秋田犬だ。

秋田犬は東北地方の山間部を原産地とする使役犬だ。子イヌは小さなテディベアのように厚い毛で覆われ、成長すると力強さと威厳を備えた優れた猟犬になる。日本では封建時代の昔から貴族や豪商などの屋敷で番犬として飼われてきた。１９３１年、秋田犬は「国の天然記念物」に指定され、近年は、海外でも人気の犬種になっている。勇敢で誠実なイヌとして広く知られている秋田犬だが、ハチ公ほど忠誠心のシンボルとして全国に知れ渡ったイヌはいない。

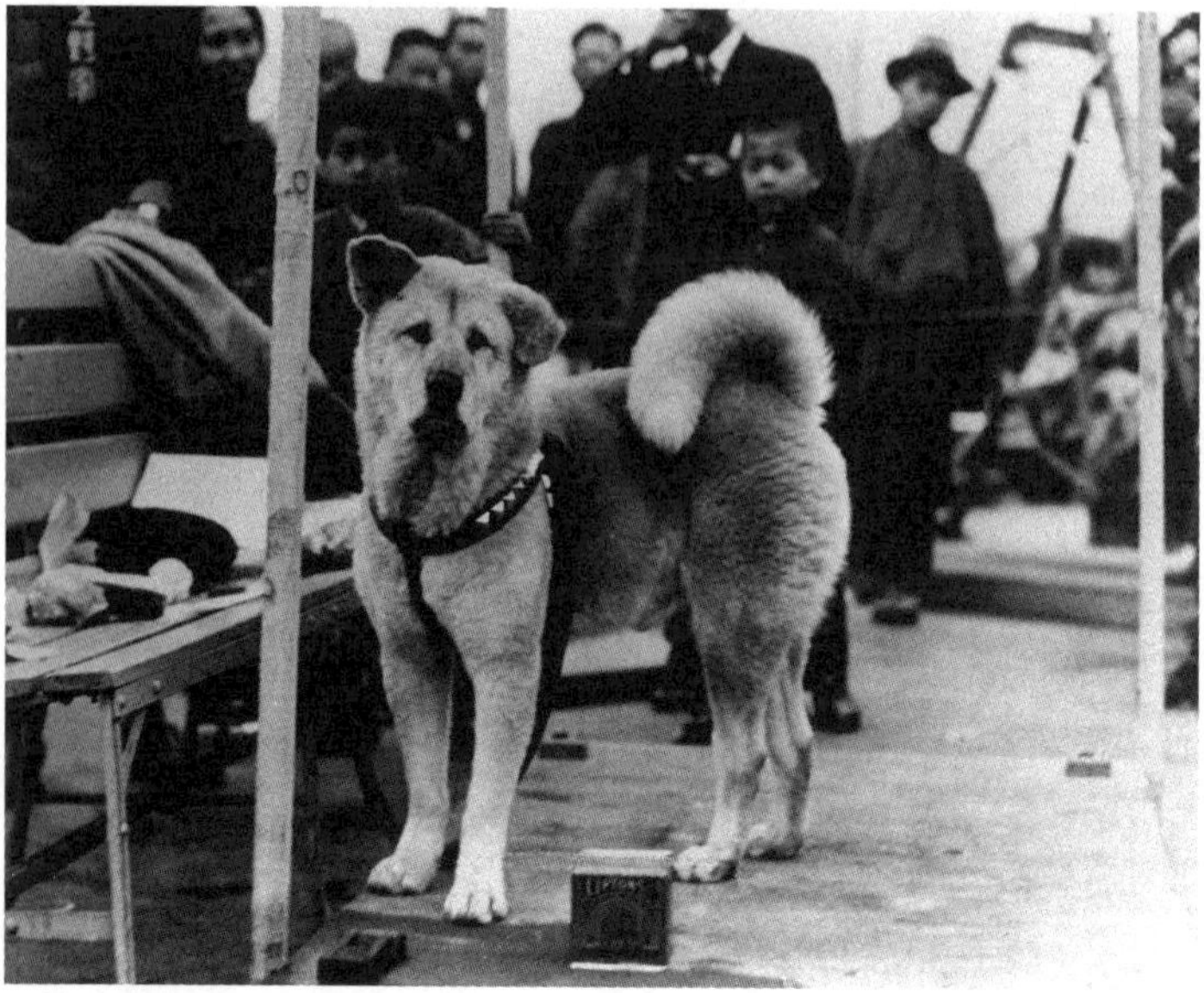

主人の帰りを待つハチ公（東京・渋谷駅）

1923年11月、秋田県大館市で生まれたハチ公は、生後まもなく東京渋谷区に住む上野博士のもとで飼われるようになり、「ハチ」と名付けられた。上野博士は、毎朝、成犬になったハチを連れて渋谷駅まで歩いて行き、そこから勤務先まで電車で通っていた。そして夕方、帰宅時間になると、渋谷駅に迎えに来たハチと一緒に歩いて帰宅した。

この時計のように規則正しく繰り返された習慣は1925年5月21日に突然途絶えた。上野博士が勤務中に脳溢血で倒れ、亡くなってしまったのだ。ハチはそれから9年間、朝夕に渋谷駅に現れては愛する主人の姿を待ち続けた。ほどなく、その姿が駅を行きかう人々の注意を引くようになる。もちろん、通行人はハチが帰らぬ人となった主人を待ち続けているとは知る由もなかった。そんなある日、日本犬保存会の初代会長だった斎藤弘吉が偶然、ハチの存在を知ることになる。

　秋田犬に強い関心があった斎藤は、ハチが上野宅に出入りしている植木職人のもとで暮らしているのを知る。ハチがなぜ毎日のように渋谷駅に現れるのか、その理由を突き止めた斎藤は、ハチのことを連載記事にした。その最初の記事が1932年に新聞に掲載されると、ハチは一躍全国に知られるようになった。

　ハチの主人に対する深い忠誠心に日本中の人々が感動した。渋谷駅で待つハチに、おやつを差し入れてくれる人もいた。学校の先生たちは、子どもたちの模範にしようとハチの話を教材に取り入れた。

　ハチは1935年3月に11歳で亡くなり、多くの国民がその死を悼んだ。ハチの遺体は解剖後、剝製にされた。ハチの剝製は、現在も東京・上野の国立科学博物館に展示されている。また、東京港区の青山霊園にある上野博士の墓の傍らには、ハチを祀った小さな石の祠《ほこら》がある。

　渋谷駅前にハチの銅像が建てられたのは、まだハチが生きていた1934年のことだ。しかし、太平洋戦争中の金属類回収令により撤去され溶かされてしまった。1948年に再建された銅像近くの改札口は「ハチ公口」と呼ばれ、観光名所になっている。ハチの銅像は、生まれ故郷の秋田県大館市にある秋田犬会館前にも設置されている。

ハチ公の没後80年にあたる2015年3月には、東京大学（旧帝国大学）農学部の前に「ハチ公と上野英三郎博士像」が建てられた。また、揺るぎない忠誠心で日本人の模範となったイヌのことを人々の記憶にとどめるため、渋谷駅では毎年4月にハチの慰霊祭が執り行われている。

Heroic Animals

35

さまざまな議論を呼んだチンパンジーの宇宙飛行

ハム

この物語には、たばこ製品のパッケージに表示されているような健康警告表示が必要かもしれない。なぜなら、読んでいて不愉快になるかもしれないからだ。人間はときに嫌悪すべき存在になる。特に、科学の名の下に動物を利用する場合は。いわゆる人類の「進歩」に貢献するためだけに、何の選択肢も与えられていない動物たちの功績を認め、敬意を表するのは大切なことだと私は思う。

チンパンジーのハム（Ham）もそんな動物たちのうちの1頭だ。ハムの名は宇宙飛行訓練が行われたニューメキシコ州にあるホロマン宇宙医療センター（Holloman Aerospace Medical Center）の略称からつけられた。研究室の室長のハミルトン（通称「ハム」）・ブラックシアー中佐にちなんでつけられた名前でもある。

1957年生まれのハムは、赤ちゃんのときにカメルーンで捕獲された。1959年にアメリカ空軍が457ドル（現在の価値で約62万円）で購入し、ロケットの搭乗候補としてホロマン空軍

宇宙に飛び立つ前のハム
（フロリダ州ケープカナベラル、1961年）

基地に連れてこられた40頭のチンパンジーのうちの1頭だった。その時点でまだ名前はなく、「65番」と呼ばれていた。万が一、ロケットの打ち上げが失敗して、名前のついたチンパンジーが犠牲になってしまったらマスコミに悪い印象をもたれてしまう。最初に名前をつけなかったのも、当局がそのリスクを恐れたからだと言われている。そもそも地球に無事帰還できるかどうかもわからなかったのだ。

訓練は、さまざまな光や音に反応するだけの簡単なものから始まり、続いて、青い光が点滅したら数秒以内にレバーを押す、といったものにステップアップした。それが正しくできたときはおやつがもらえた。反対に間違えると、足の裏に軽い電気ショックが与えられた。

ひと通りのテストを通過したハムは、宇宙飛行の候補に選ばれた。1961年1月31日、フロリダ州ケープカナベラルからハムを乗せたロケットが弾道飛行に打ち上げられた。おむつに防水ズボン、チンパンジーのために特別にデザインされた宇宙服を着せられていた。ハムはカプセル内のシートにストラップで固定され、マーキュリー・レッドストーン2号（MR-2）ロケットのノーズ・コーン（ロケットや航空機などの円錐《えんすい》形の先端部分）にカプセルごと格納された。

飛行中は心拍数や呼吸がモニタリングされ、レバーを押すのは訓練のときよりわずかに遅い程度だった。しかし、ごほうびのバナナが出てくるはずの装置が故障してしまい、訓練どおりに正しくレバーを押しても電気ショックを与えられるというひどい目にあった。

彼がレバーを正しく押す様子は、宇宙飛行中にこうした作業をきちんとこなせることを証明しただけではない。無重力状態が続いても生命維持システムが機能するかどうかが初めて試され、「宇宙船内の環境制御と復旧システム」の点検と改良につながった。この歴史的な実験の成果は、それから3カ月後のアメリカ初の宇宙飛行士アラン・シェパードが搭乗した「フリーダム7」のテスト飛行に活かされた。

一方で、テスト飛行のリスクを何も知らないまま動物たちが宇宙ロケットに乗せられていることについて、さまざまな方面から批判の声が上がった。16分39秒にわたる高度155マイル（約250キロ）の飛行を終え、大西洋に着水したハムは、カプセルから元気な姿で現れたが、鼻には打撲のあとがあった。訓練士はカプセルを回収した際のハムの様子について、「あれほど恐怖でひきつったチンパンジーの顔は見たことがない」と話した。こうした世論を代弁するように、タンザニアでチンパンジーの生態を調査していた生物学者のジェーン・グドールも声をあげた。飛行中の映像を確認した彼女は、ハムの顔が「極度の恐怖にゆがんでいる」と指摘した。

ハムはその後17年間をワシントンD.C.の国立動物園で唯一のチンパンジーとして孤独に過ごした。のちにノースカロライナ動物園に移され、他のチンパンジーとともに過ごし、1983年に25歳で亡くなっている（飼育下のチンパンジーの平均寿命は31歳と言われている）。

アメリカ陸軍病理学研究所（AFIP）で検死解剖が行われたものの、ハムを剝製にしてワシントンの国立航空宇宙博物館に展示する計画は世論の反発を招き、棚上げになった。『ワシントン・ポスト』紙は社説で、「尊厳のない死について語ろう。ひどい経験をさせられた（宇宙動物の）先例について話をしよう。人間ならば不安になることを動物たちに押しつけていいのだろうか」と批判した。

結局、ハムはニューメキシコ州の国際宇宙殿堂（International Space Hall of Fame）に埋葬されたが、その骨格は「科学的価値」のために保管された。人間の安全な宇宙飛行を成功させるために貢献した動物にとって、最も輝かしい最期とは言えないものだった。

*

1961年11月、アメリカ航空宇宙局（NASA）はハムに続く2代目のチンパンジーを宇宙に送り出し、初めて地球を周回することに成功した。イーノス（Enos）というこのチンパンジーは、ホロマン空軍基地とケンタッキー大学で1000時間以上の集中訓練を受けてから「アトラス5（Atlas 5）」で飛行した。すでに有人宇宙飛行を成功させていたユーリイ・ガガーリンとゲルマン・チトフと同じように、イーノスもまた宇宙に行くときと、帰ってくるときのGと無重力を体験したのだった。

とはいえ、イーノスの場合もハムのときと同様、給餌システムの誤作動で必要以上に多くの（計76回）電気ショックをかけられてしまった。ほかにも技術的な問題が発生し、3周目の軌道に入る前にミッションは中止された。

こうした、ハムをはじめとするチンパンジーたちによるテスト飛行があったからこそ、のちの有人宇宙飛行が可能になったのである。1962年2月、宇宙飛行士のジョン・グレンはアメリカ人として初めて地球を周回することに成功した。

イーノスは1962年11月、赤痢で亡くなった。彼の様子を観察していた科学者らは、死因は宇宙飛行と無関係であると結論づけた。

36

人間そっくりにおしゃべりするアザラシ

フーバー

1971年5月、アメリカ・メイン州カンディーズ・ハーバーの海岸でゼニガタアザラシの子どもが見つかった。見つけたのはスコティ・ダニングという人物で、そばにいた義理のきょうだいジョージ・スワローと一緒に、そのアザラシの子どもの母親を探し始めたところ、海岸沿いの岩陰で母親の遺体を見つけた。

「自分たちがここから立ち去ってしまったら、この子も母親と同じ運命をたどってしまう」と2人は心配になった。地元の漁師だったジョージは、いろいろ考えあぐねてアザラシの子を家に連れて帰ることにした。最初の2日ほどは家のバスタブで飼っていたが、家族の反対に遭い、庭の湧水池〔地表に湧き出た地下水でできた池〕に移した。寝床にするための特別な小屋もつくってやった。

ジョージはアザラシの子に哺乳びんでミルクを与えてみたが、なかなか飲んでくれない。「魚のすり身なら食べるだろう」と近所の人に勧められ、そのとおりにしてみたら、アザラシの子は吸い込むようにしてよく食べた。その様子を見ていた人が「まるで掃除機のよう」だと言うので、名前は「フーバー（Hoover）」〔英語の「hoover」は「掃除機で吸う」の意。掃除機で有名なHoover社の名に由来〕になった。

フーバーはスワロー一家にとてもかわいがられた。彼と一家とのきずなは日に日に強くなっていった。家族の運転する車に乗って出かけるときは、フーバーが車のウィンドウから顔を出す。その姿はまるでイヌのようだった。

ジョージと妻のアリスは毎日仕事に出かけるときには、欠かさずフーバーに声をかけた。おかげでフーバーもクラクションのような声を出して応じるようになった。そしてびっくりすることが起きた。フーバーを連れ帰ってから2カ月ほど経ったある日、庭の湧水池で一緒に遊んでいた近所の子どもたちがジョージのもとに走ってきた。「フーバーがしゃべった」と教えに来たのだ。

家族は半信半疑だった。しかし、ジョージが池に来てみると、フーバーが腹の底からしわがれ声で「ハロー・ゼア（Hello they-ah）」とあいさつしたのだ。ジョージは耳を疑った。しかも自分そっくりのニューイングランド訛りだったから、なおさらだった。

フーバーがジョージとアリスとともに過ごした時間は、人間そっくりに言葉を発するだけでなく、どのフレーズをいつ使うべきかを理解するのにも十分だったようだ。フーバーは飼い主とかくれんぼをして遊ぶのも好きで、ジョージが呼ぶとよちよち歩きで彼のところに近づき、濡れた口で魚臭いキスをした。

フーバーはどんどん大きくなり、食欲も増していった。その結果、自宅の池では狭苦しく、ジ

ジョージ・スワローとアザラシのフーバー（ボストン、1971年）

ョージが捕まえてくる魚だけでは足りないことに一家は気づいた。だが、地元の業者から餌の魚を買ってやる経済的余裕はない。仕方なく、自分たちの愛するペットをボストンのニューイングランド水族館に引き取ってもらうことにした。

フーバーを新しいすみかとなる水族館に残し、立ち去ろうとしたジョージは、踵《きびす》を返して水族館の職員にこう言った。「ところで、こいつは話をするんだ」。彼らはうなずいていたが、信じていないのは明らかだった。実際、フーバーはしばらくの間、声を発することもなくおとなしく過ごしていた。やがて新しい環境に慣れてきた頃、メスのアザラシに興味をもつようになった。普通、オスのアザラシはメスを引きつけるために歌を歌う。

しかし、長いこと人間と一緒に暮らしていたフーバーには歌の歌い方がわからなかった。そんな彼が誘惑のテクニックに使ったのは、「ワダヤ・ドゥイン？（What are you doing?　何してるの？）」「ゲット・オーバ・ヘア（Get over here.　こっちにおいで）」と叫ぶことだった。しかも、相変わらずジョージ・スワローに不気味なほどそっくりの声で。

水族館の職員たちも耳にしたことのない、フーバーの奇妙なおしゃべりを研究するために科学者が雇われた。はじめのうちはアザラシがしゃべるという主張に異を唱えていた科学者たちだったが、ジョージ・スワロー本人から話を聞き、彼独特のニューイングランド訛りを耳にして、ようやくフーバーの驚くべき才能が天性のものだと理解した。

足ヒレのついたおしゃべりな動物のうわさは広がり、その姿をひと目見ようと大勢の見物客が訪れた。フーバーは『ニューヨーカー』誌や『リーダーズ・ダイジェスト』誌でも取り上げられた。有名なテレビ番組『グッドモーニング・アメリカ』にスワロー一家とともに出演したこともある。フーバーは、「こんにちは（Hello there）」「こっちにおいで（Come over here）」「元気かい？（How are you?）」といったお得意のキャッチフレーズで多くの視聴者を楽しませた。

科学者たちはフーバーがどうやって人間そっくりのしゃべり方を真似できるようになったのか説明できず、頭を抱えた。ようやく2019年になって、スコットランドのセント・アンドルーズ大学の生物学者によって、アザラシがヒトの発声を模倣し学習できるのは、社交性や知性をはじめとするさまざまな要因が関係することが明らかになった。特に、アザラシの発声の仕組みがヒトのそれと非常によく似ている点が注目された。実はアザラシも声を出したり、「歌ったり」するときに、ヒトと同じように咽頭を使っているのだ。

長期にわたる根気強い研究の結果、セント・アンドルーズ大学の科学者たちは3頭のアザラシの訓練に成功した。最初に普通のアザラシが発する音を真似させ、次に人間の会話で使われる特徴的な音の構成要素であるフォルマント〔音声の周波数スペクトルに現れる、周囲より大きな周波数帯域のこと〕を変化させて新しい音を真似させた。最終的に3頭はいずれも一連の音のつながりを真似できるようになった。そのうち「ゾーラ（Zola）」と呼ばれるメスはメロディを覚え、「きらきら星」の出だしから10個の音符を復唱するだけでなく、映画『スター・ウォーズ』のテーマの一部を繰り返せるようになった。

セント・アンドルーズ大学スコットランド海洋研究所所長のビンセント・ジャニクは、この研究によって「人間の言語の習得に欠かせない、音声学習〔動物が耳で聞いた音や音声に類似した音声を生成すること。発声学習ともいう〕の進化について理解を深めることができる」と説明する。

加えて、フーバーには天賦の才能があったからこそ、あれほど注目を集めたのだということもはっきりした。フーバーのように人間そっくりに言葉を真似られるアザラシはおそらく二度と現れないかもしれない。ニューイングランド水族館でフーバーを見た人はこう話していた。「あんな小さなアザラシが本物の船乗りも顔負けの悪態をついていたのでびっくりしました。しかも人間そっくりの口調で。……まるで口の悪い子イヌが水に浮かんでるみたいでしたよ」

フーバーは6頭の子どもをもうけたが、どれも人間の言葉をしゃべる兆候はなかった。しかし、孫のチャコダ（またはチャック）にはフーバー譲りの才能が期待されているので、今後のニュースに注目したい。

フーバーは1985年7月に亡くなった。彼は今なお『ボストン・グローブ』紙に追悼記事が掲載された唯一のアザラシである。一方、フーバーがスワロー一家に与えた影響の大きさは1997年に亡くなったジョージ・スワローの墓碑に残されている。そこにはジョージと彼を見つめるフーバーの姿が刻まれている。

37

3年間で１６００キロを自力で旅したカバ

フーベルタ

そのカバは生前「フーバート」と呼ばれていた。１９２０年代にズールー族〔南アフリカ共和国最大の民族。入植してきたボーア人と戦い、19世紀初めにズールー王国を築いた〕の人々から英雄視され、人気者となったこの野生のカバが実はメスだったとわかったのは、彼女が死んだときだ。それ以来、女性名の「フーベルタ」として歴史に名を残すことになった。

フーベルタがなぜズールーランド〔南アフリカ共和国東部、インド洋沿岸部にあるクワズール・ナタール州の一部。19世紀初めにズールー王国が存在した〕のセント・ルシア河口の水場《みずば》〔野生動物が水を飲みに集まる水辺〕から南の東ケープ州まで１００マイル〔約１６１キロ〕もの旅をしたのか、本当のところはわからない。だが、あちこちに出没するこのカバの姿は話題になり、行く先々で人だかりができた。

フーベルタの壮大な旅は１９２８年11月に始まった。『Natal Mercury〔ナタール・マーキュリー〕』紙の記事には、「１頭のカバが当地に現れて、畑のサトウキビを堪能した」とある。この記事には生前の彼女が写った唯一の写真も掲載されていた。

フーベルタが次に現れたのは、ダーバン〔クワズール・ナタール州の都市。ヨハネスブルグに次ぐ人口を擁する〕から9マイル（約14・5キロ）ほど北上した、オヒャンガ川（Ohlanga River）の河口付近を走る鉄道の近くだった。彼女は、自分を捕まえてヨハネスブルグの動物園に連れていこうとする人間たちをなんとかかわして、インド洋沿岸を南下する旅を続けた。

カバはアフリカ大陸で最も危険な動物の1つとして知られている。常に自分の子どもを守り、縄張りを侵す者に対しては猛然と排除しようとする。草食動物のわりに獰猛なので、人間がうっかりタイミングを間違えて入ってはいけない場所に入ろうものなら、たちどころにカバに狙われて巨大なあごで真っ二つに食いちぎられてしまう。

それだけに、フーベルタがダーバン・カントリー・クラブのベランダに侵入したときはちょっとした騒ぎになった。ちょうどエイプリルフールのパーティーの最中だったので、はじめは何かの冗談かと思われていた。しかし、カクテルが好みでなかったのか、それとも社交界になじめなかったのか、彼女はゴルフコースを通って立ち去り、その後、街の中心部にある薬局の入り口で目撃された。

どんなに富や名声を得た人でも、その華やかさの裏にはさまざまな苦悩があるものだ。フーベルタも自分の旅にまつわる出来事を話すことができたなら、おそらくいろいろな苦労を語っていたに違いない。フーベルタのまわりにはファンやジャーナリストもいたが、それよりはるかに彼女を悩ませたのは、南アフリカでいちばん有名になっていた動物を捕獲しようと必死にあとを追ってくるハンターたちだった。

フーベルタは主に夜間に移動し、大勢の人間を避ける達人になっていた。それでも、道中でいくつもの集団の人々に畏敬の念をもって迎えられた。先住民は太鼓を叩いて彼女を祝福し、ヤギをいけにえに捧げた。ムポンド族〔南アフリカ共和国に住むバンツー語系民族〕は彼女をシャーマン（呪術師）の生まれ変わりだと信じ、ズールー族は彼女が偉大な王シャカ〔19世紀初めに存在したズールー王国の初代国王〕とつながりがあると信じていた。1931年には、ナタール州議会がフーベルタを「ロイヤル・ゲーム（royal game）」〔行政官の特別な許可がない限り狩猟してはいけない動物〕として、法律で保護することを宣言した。

カバは餌を探して陸上を6～7マイル（約10キロ前後）ほど移動するのが普通だ。ところが、フーベルタの壮大な旅は3年間で1000マイル（約1600キロ）にも及んだ。その途中、大都市やいくつもの街を歩き、線路や道路を横切り、122もの河川を渡り、ときには庭園や原野を通り抜けた。先祖の足跡をたどろうとしたのか、悲劇から逃れようとしたのか、それとも行方不明の仲間を探そうとしていたのか、単に冒険したかっただけなのかはわからない。いずれにせよ、1931年3月、旅の最終地点となった南アフリカ南東部（東ケープ州）の海岸にあるイースト・ロンドンに到着するまでに、彼女は国民的なヒロインになっていた。

悲しいことに、彼女の物語はハッピーエンドで終わらなかった。最終地点に到着してからわずか1カ月後、ケイスカンマ川を渡っていたフーベルタは3人の農民に撃たれて死んだ。農民たちは、彼女が保護動物だと知らなかったと主張した。しかし、世論の激しい批判を受け（南アフリカ議会でも取り上げられた）、3人は逮捕され、それぞれ25ポンド（現在の価値で18万3000円）の罰金を科された。

フーベルタの旅とその非業の死は世界中の人々の心を打った。彼女の記事は、イギリスの諷刺漫画誌『パンチ』やアメリカの新聞『シカゴ・トリビューン』などさまざまなメディアで取り上げられた。彼女の遺体はロンドンで活動する世界的に有名な剥製師のもとに送られた。

1931年に出版された
『The Saga of Huberta（フーベルタの物語）』
（G・W・R・ル・メア作、未邦訳）の表紙

1932年、剥製になって故郷に戻ってきたフーベルタを推計2万の人々が出迎え、ダーバン博物館に展示されるのを見守った。現在彼女の剥製は、東ケープ州のキング・ウィリアムズ・タウンにあるアマトール博物館（Amathole Museum）に展示されている。

野生のカバを保全するため、フーベルタが生きていた当時よりもはるかに厳しい法律が定められているも

ものの、密猟や病気、森林伐採などの影響でその生息数は減少を続け、現在世界で15万頭未満とみられている。そんなカバたちのなかでもフーベルタの存在はひときわ輝きを放っていた。彼女は、カバが物語の主人公になれることを証明してみせたのだ。

38

第一次大戦で敵味方問わず兵士を救った看護師とその飼い犬の悲話

ジャック

イギリスの看護師イーディス・キャベルは第一次世界大戦中、連合国軍と同盟国軍の区別なくたくさんの兵士の命を救ったことで有名だ。彼女はまた、ドイツ軍占領下のベルギーから２００人の連合国軍兵士を脱出させる手助けをしたことでも知られている。偉大な女性の傍らにはたいてい偉大な動物がいるように、イーディス・キャベルの傍らにもジャック（Jack）というイヌがいた。

キャベルはホワイトチャペルにあるロンドン病院で看護師としての経験を積んだあと、ベルギーの看護学校で教師を務めた。第一次大戦が勃発すると、母親のいるイギリス・ノーフォークを訪れたが、自宅にとどまることなく勤務先の病院があるブリュッセルに戻ることにした。その病院は赤十字〔戦争や自然災害による傷病者の救護活動を行う人道支援団体〕が運営を引き継いでいた。

１９１４年11月ドイツ軍が侵攻し、ブリュッセルを占領した。キャベルは連合国軍の兵士だけでなく、前線に召集される年齢のベルギー市民をかくまい、オランダに脱出させる手助けをするようになった。

キャベルはドンとジャックという名の2匹のイヌを飼っていた。ドンは戦争が始まる前に亡くなり、キャベルのもとにはジャックが残った。ジャックはシェルティ（シェットランド・シープドッグ）ほどの大きさの雑種犬だった。占領下のベルギーでジャックはおとりの役目を果たした。かくまわれていた兵士たちが脱出する間、散歩に出かけていたのだ。しかし、あまりに頻繁に散歩に行くので敵に疑われ始めた。結局、キャベルとジャックは内通者によって密告されてしまった。キャベルは1915年8月にドイツ軍に捕えられ、反逆罪で起訴された。2カ月後、彼女は銃殺刑に処された。

ブリュッセルの自宅の庭で飼い犬のドン（左）とジャック（右）とともにポーズをとるイーディス・キャベル

キャベルは亡くなるその日まで、ジャックのことが頭から離れなかった。獄中で裁判を待つ間、彼女はことあるごとに必ずジャックの様子を尋ね、病院から面会に来たシスターに、「毎日ブラッシングをしてあげてほしい」と指示した。そのノートにはジャックのことを第一に考えて、運動から食事、被毛の手入れに至るまであらゆることが事細かにつづられていた。

キャベルを失ったジャックはひどく悲しんだ。気性が荒くなって看護師に咬みつき、亡くなったご主人を求めて吠えるようになった。ジャックは大戦中にさまざまな人に預けられ、最後にキャベルの知人で、ベルギー貴族のマリー・ド・クロイに引き取られた。

マリー・ド・クロイは、キャベルとともに連合国軍兵士をドイツ軍の手から逃す手助けをしていた。ジャックはその余生をクロイ家の田舎の屋敷で過ごし、1923年に亡くなった。ジャックの亡骸は剥製にされ、イギリス赤十字のノーフォーク支部に送られた。その後、帝国戦争博物館（IWM）〔第一次大戦に関する記録を保管する博物館として1917年にロンドンに設立〕にキャベルのノートとともに収蔵された。

39

第一次大戦に従軍したヒヒと、鉄道の信号手を務めたヒヒ

ジャッキーとジャック

続いてもう1頭、第一次世界大戦で活躍した動物を紹介しよう。名前はジャッキー。チャクマヒヒ〔アフリカの乾燥地帯に生息するサバンナヒヒの一種。体長約1メートル〕で、第3南アフリカ歩兵連隊とともに塹壕で活動していた。

ヒヒはサルのなかで最も大きく、真っ赤なお尻に突き出た額、それに長くて目立つ鼻やあごが特徴的だ。ジャッキーは、お尻を丸出しにするより好んで制服を着るなど、いろいろな意味で変わったヒヒだった。

ジャッキーの軍隊でのキャリアは期せずして始まった。飼い主のアルバート・マール二等兵が1915年に入隊したとき、ペットのジャッキーを家に置き去りにできず、一緒に連れてきたのだ。幸い、ジャッキーは水を得た魚のように軍隊の生活に慣れ、連隊のほかの兵士たちと同じように訓練に参加した。

仲間の兵士たちはジャッキーを歩兵連隊の公式マスコットにすることにした。ジャッキーには

配給の食事が与えられ、彼はそれをナイフとフォークで食べた。ジャッキーは、ほかの兵士のたばこの火もつけてやった。きちんと制服に身を包んだジャッキーは、上官に敬礼することも教わった。また、夜警のときはその優れた聴覚が役立ち、兵士たちから頼りにされていた。

すべてが順調にいっていたが、ついに第3南アフリカ歩兵連隊が前線に出発するときがきた。ジャッキー二等兵もついていった。最初の赴任先のエジプトで、マール二等兵が肩を撃たれたが、ジャッキーは戦闘が終わるまで彼のそばから離れず、痛みをやわらげようと傷口を舐めてあげた。

その後、2人は西部戦線に送り込まれ、ジャッキーはマールとともに夜警にあたった。ジャッキーには敵の攻撃をいち早く察知する能力があったため、軍に欠かせない存在になっていった。

1918年4月、ベルギーでの敵の砲撃に怯えたジャッキーは、自分の身を守るために石を積んでまわりを囲もうとしたが、集中砲火を浴びて腕と足に榴弾〔弾体内に火薬を充填した砲弾。到達点で炸裂させる〕の破片を受けた。

戦後、ジャッキーとマールは赤十字と協力し、負傷兵のための募金活動を行った。ジャッキーは伍長に昇格した。軍役に就いたヒヒのなかで兵卒より上の階級に昇格したのはあとにも先にもジャッキーただ1頭である。彼は軍を除隊になり、軍人恩給が支給された。また、戦争での貢献が認められ、南アフリカのプレトリア市民従軍記章（Pretoria Citizens Service Medal）〔第一次大戦に従軍し功績が認められた市民を表彰するための勲章〕が贈られた。

1921年、ジャッキーは不運にも火事で亡くなった。彼とマールが南アフリカに帰国してか

ジェームズ・ジャンパー・ワイドとその助手、ジャック

らわずか1年後のことだった。

南アフリカで、人間と同じ職業に就いて有名になったヒヒはジャッキーだけではない。人間の駅員に代わって鉄道の信号手を務めたヒヒがいた。

1870年代後半のこと、ケープタウン港湾局にジェームズ・ジャンパー・ワイドという鉄道職員が勤務していた。彼は列車の屋根に乗り、車両と車両の間を飛び越える習慣があったため、「ジャンパー」というニックネームで呼ばれていた。ジャンパーは列車が走行中でも平気で列車の屋根に登っていたので、いつ事故が起きてもおかしくなかった。ある日、ジャンパーは目測を誤って線路に転落し、列車にひかれて両脚を失った。

ジャンパーは意気消沈したが、すぐに立ち

直り、オイテンハーヘ駅〔オイテンハーヘは南アフリカ共和国・東ケープ州にある町。主要都市ポートエリザベス郊外に位置する〕で信号手の仕事に就いた。ジャンパーは木製の義足をつくり、杖代わりに台車を押して駅の構内を自力で移動できるようになった。とはいえ自由が利かない体では負担が大きく、誰かに信号手の仕事を手伝ってもらおうと考えた。

意外なことにジャンパーが助手に選んだのは地元の市場で見かけたヒヒだった。「ジャック（Jack）」と名付けられたそのヒヒは、すぐに仕事の段取りを理解し、信号を切り替え、車掌にカギを受け渡し、ジャンパーの乗る車いすを押して駅の構内を移動することも覚えた。ヒヒの信号手のうわさはたちまち広まり、見物客が集まることもしばしばだったが、ジャックは脇目も振らずによく働いた。

無理もないが、「鉄道の安全管理をヒヒに任せるなんて」と眉をひそめる人もいた。特に駅員の助手がヒヒだと知った当局は管理者を派遣し、2人をすぐさま解雇しようとした。しかし、ジャンパーが説得しようとすると、その管理者は「ヒヒがどれだけできるか様子を見よう」と同意してくれた。仕事を失わずに済んだジャックは正式な鉄道員として認められ、1日20セントの賃金と、週に1度、ボトル半分のビールをもらえるようになった。彼は9年間、信号手として働き、その間1度もミスをしなかったという。

40

9・11テロやハリケーンに遭った人々の探索・救出に尽くした救護犬

ジェイク

この本の主人公である動物たちの多くが不幸な生い立ちを経験しているのは、驚くべきことだ。これから紹介するジェイク（Jake）の物語も、人間がどんなにひどい行いをしても、動物たちは私たちを見捨てないということを証明している。動物たちの勇気や忠誠心、そしてやさしさは、私たちによりよい人間になるにはどうすればいいかを教えてくれるはずだ（巻頭口絵p.06上参照）。

私は、新型コロナウイルスによるロックダウンは、人生において何が大切なのかを思い出すきっかけになったと思っている。散歩に出かける、料理や掃除、庭の手入れといった家事に集中する、パートナーのことを思いやる、1つの冒険から次の冒険の間に適度な休息をとる、といった基本的なことが何よりも重要だと私たちは気づいた。人間もイヌたちを見習って、食事に睡眠、運動に愛情の4つに心を砕くようになったのだ。

黒のラブラドール・レトリバーのジェイクは、子イヌのときに捨てられ、路上をさまよい歩いているところを保護された。足は骨折し、股関節は脱臼していた。食事、睡眠、運動、愛情の4

つのうちどれ1つとしてまともに与えられていなかった。ジェイクは生後10カ月でメアリー・フラッドという女性に引き取られると、けがの手当てを受けてすっかり元気になった。メアリーは、アメリカ・ユタ州のソルトレイクシティを拠点とするユタ・タスク・フォース1（Utah Task Force 1　UT－TF1）〔倒壊した建築物等に埋もれている人たちの救出を主とする都市捜索救助隊［US&R］の1つ。アメリカ各地の消防本部などに設置され、大規模災害時に連邦緊急事態管理庁［FEMA］の要請を受けて出動する〕のメンバーだった。

メアリーは子イヌのジェイクを見て、ただのけがをした迷い犬ではないと感じていた。ジェイクには強い生存本能と、物事をやり遂げようとする強い意志がある。それに勇敢で、幼くしてすでに、どんな危機にも立ち向かう覚悟ができているとメアリーは確信した。

ジェイクがすっかり元気になると、メアリーは彼をエリート救助犬にすべく訓練を開始した。捜索救助犬は災害発生から24時間以内に被災地に送り込まれて、生存者を発見する任務を担っており、そのための専門的な訓練を受けている。

ジェイクにとって生涯で最も過酷な任務となったのは2001年9月11日、ニューヨークで起きたアメリカ同時多発テロ（9・11テロ）の直後、倒壊した世界貿易センタービル（WTC）のがれきを掘り起こす作業だった。彼は300頭のイヌと1万人の救助隊の一員として2週間を超える救出活動にあたった。

救助作業は想像を絶する厳しい状況のなかで行われた。ジェイクを含め救助犬たちは、鋭利な刃物のようにとがったがれきのなかを12時間交代で捜索し続けた。彼らは定期的に獣医師に目や鼻や足を洗ってもらい、再び現場に戻された。

ツインタワーの倒壊から27時間後、最後の生存者であるジェネル・グズマン・マクミランが救出された。それからは救助作業が収容作業に代わり、救助犬たちは遺体の発見に努めた。イヌたちのおかげで、身元が特定できない遺体の一部や遺品も発見された。世界貿易センタービルのツインタワーの倒壊で2600人以上が命を落とした。

被害者の捜索、救助、遺体の発見にあたったイヌたちはヒーローと称えられた。捜索救助犬のベストを着たジェイクがマンハッタンのレストランに入っていくと、シェフたちがステーキのディナーを無料でごちそうしてくれた。

ジェイクは「いつでも出動できる状態だった」とメアリーは話す。彼は1日24時間待機していたため、国内で洪水や地震、雪崩、ハリケーン、ビルの倒壊などの災害が発生するとすぐに呼び出しを受け、現地にかけつけた。

2005年8月末、メアリーとジェイクはユタ州からミシシッピ州まで車で30時間かけて移動した。ジェイクは「ハリケーン・カトリーナ」の被害地域で浸水した家屋に取り残された住民の捜索にあたった。それから1カ月も経たない9月下旬、今度はニューメキシコ州にかけつけ、「ハリケーン・リタ」の被害地域の救助活動に参加した。メキシコ湾沿岸地域を襲ったこのハリケーンでは120人が犠牲になった。ジェイクはどんなに危険で困難な状況にあっても決してためらわず、常に最高のレベルで任務をこなした。

ジェイクは教え上手で、後輩の救助犬たちの育成にも貢献した。たとえば、雪の下や木の上など、においをたどるのが難しい場所でも追跡を続けられるよう手助けした。また、プレッシャーのなかでも落ち着いていられたので、お年寄りや病気の人を元気づけるセラピー犬としても活躍した。ユタ州でやけどを負った子どもたちのキャンプに参加したり、老人ホームや病院で患者たちに寄り添ったりした。メアリーによると、ジェイクは人々の食べ残しをつい失敬してしまうお茶目なところがあったが、まわりの人たちを「鼓舞する素晴らしい」存在だったという。

ジェイクは2007年に血管肉腫のため12歳で亡くなった。彼の死は世界中で報じられた。ツインタワーの崩壊現場での救助活動が血管肉腫の原因となったのではないか、とする憶測もあった。しかし、科学者らは、がれきのなかでの過酷な救助活動と死因となった血液がんとの関連性はないと考えている。ジェイクの遺灰は、彼が泳いだり走り回ったりするのが好きだったユタ州の川や丘に撒かれた。

9・11テロで救助にあたったイヌたちのなかで、最初にがれきのなかに入ったのは、ツインタワーの倒壊からわずか15分後に到着したアポロ（Appollo）だった。がれきが降り注ぎ、炎が燃え盛るなかでの想像を絶する危険な救出活動だったが、それでもアポロは任務を遂行した。

世界貿易センタービルの倒壊現場で最後の生存者を発見したのは、ジャーマン・シェパードのトラッカー（Trackr）だった。トラッカーは救助の際に吸い込んだ煙とやけど、さらには疲労が原因で倒れ、点滴治療を受けた。２００９年に14歳で亡くなったが、彼のＤＮＡはクローン犬として誕生した5匹の子イヌたちに受け継がれている。

全米からかけつけた捜索救助犬のなかで、ニューメキシコ州から来たセージ（Sage）というメスのボーダーコリーは、やはり９・11テロの標的となったバージニア州アーリントンの米国国防総省（ペンタゴン）の爆発炎上現場で生存者の捜索にあたった。このときわずか2歳だったが、セージにとって初めての最重要任務になった。

セージは1週間にわたる捜索活動で、ペンタゴンに激突したアメリカン航空77便を操縦していたとされるテロリストの遺体も発見した。彼女は連邦緊急事態管理局（ＦＥＭＡ）に認定された最高レベルの資格をもつ50頭あまりのイヌたちの1頭で、その後イラク戦争にも派遣されたが、２０１２年に亡くなった。「ACE Awards for Canine Excellence（ＡＣＥ優秀犬賞）」捜索救助部門で表彰を受けてから3年後のことだった。

Heroic Animals

41

第二次大戦下の英国で爆撃跡からの生存者発見を諦めなかった救助犬

ジェット

ジェットはイギリス・リヴァプール出身の純血種のジャーマン・シェパードで、第二次世界大戦真っただ中の1942年に生まれた。血統書名はジェット・オブ・アイアダ（Jet of Iada）といい、生後9カ月でグロスター〔イングランド・グロスターシャーの州都〕の軍用犬訓練所（War Dog School）に、飼い主でブリーダーのバブコック・クリーバー夫人によって預けられた。ジェットは敵の妨害工作を未然に防ぐための訓練を受け、18カ月間飛行場で任務に就いた。その後、捜索救助犬としての訓練も積んだ。

ジェットはハンドラーのウォードル伍長とペアを組むことになり、市民防衛局所属の初の救助犬として訓練を受けるためロンドンに送られた。ジェットは訓練の途中で何度も体調を崩し、運搬用のバンやトラックの荷台に乗るのを嫌がるなど、当初から順調にいったわけではなかったが、戦火にまみれたロンドンですぐに存在価値を認められるようになった。

ジェットは恐れ知らずで、ときには燃え盛る建物に入ろうとするジェットを、火の勢いが収まるまでウォードルが引きとめなければならないこともあった。また、強い意志の持ち主で、まわりが捜索をやめても、生存者が見つかる望みを簡単に捨てようとしなかった。

たとえば、チェルシー地区のホテルの爆撃跡では、すでに何度もがれきが調べられ、救助隊は生存者がいる見込みはないと判断していた。それでも、崩壊した建物から離れるようジェットを説得できるものはいなかった。彼はかろうじて残されていた壁の部分に集中し、12時間そこから離れようとしなかった。最後に救助隊の1人が注意深く壁の上部にあるアーチの上まで登り、年老いた女性を発見した。女性はがれきに挟まれ身動きができない状態だったが、生きていた。女性が地上から離れた高い場所にいたため、ほとんどのイヌはそのにおいに気づかなかったが、なぜかジェットだけはそこに女性が取り残されていることに気づいたのだ。

ロンドンの帝国戦争博物館（ＩＷＭ）の学芸員で歴史家のイアン・キクチは、こう述べている。「たとえ有害な薬品や有毒ガスが充満した工場跡だろうと、［ジェットは］その驚くべき嗅覚を使ってがれきのなかに取り残された生存者を見つけることができたのです」

このときの捜索活動でジェットが発見した行方不明者は合計で１５０人にのぼった。１９４５年1月、「ロンドンの市民防衛局の救助隊とともに、空襲で破壊された建物の下敷きになった人々の救出に努めた」として、ジェットはディッキン・メダルを授与された。

大戦後、故郷のリヴァプールに戻ったジェットだったが、彼の英雄的な偉業はその後も続いた。１９４７年、カンブリア州ホワイトヘブンに近い炭坑で起きた爆発事故で、ジェットは生存者の捜索にあたり、RSPCA（王立動物虐待防止協会）から「勇気のメダル（Medallion of Valour）」が授与された。

ジェットは1949年に亡くなった。リヴァプールのカルダーストーンズ・パークの花壇には、彼の勇敢さを称える記念碑が建てられている。

42

優れた狩猟犬にして、超能力を有した稀代のイヌ

ジム

イヌはさまざまな方法で私たちに驚きと感動を与えてくれる。ありとあらゆるにおいを嗅ぎ分け、人間をはるかにしのぐ聴力をもち、犬種によっては視力も抜群だ〔たとえば、狩猟犬であるハウンド種のなかには、優れた視力で獲物を見つける「サイト〔視覚〕ハウンド」と呼ばれる犬種グループがある〕。しかし、イヌが車の色やメーカー、ナンバープレート〔自動車登録番号票〕を識別できるなんて驚きだし、さすがに珍しいと言えるだろう。7年連続でケンタッキー・ダービーの優勝馬を的中させるのも、とても賢いイヌでなければできない。これから紹介する名犬ジム（Jim the wonder dog）も、かなり特殊な才能をもったイヌだった。

ジムが今も生きていたら、『トップ・ギア（Top Gear）』〔1977年に放映開始され、現在も続くイギリスBBCの自動車番組。過去のシリーズでラブラドール・レトリバーのマスコット犬が登場〕のプレゼンターに起用され、週末は競馬予想家としてスカイスポーツレーシング（Sky Sports Racing）〔イギリスの競馬専門の有料テレビチャンネル〕に出演しているかもしれない。

ジムは1925年にアメリカのルイジアナ州で生まれた、白黒のイングリッシュ・セター（厳密にはルーウェリン・セター）である。同じ親から生まれたきょうだいのなかでいちばん小さく、きょうだいたちには25ドル（現在の価値で約5万6000円）の売値がついたのに、ジムだけはその半額だった。このお買い得犬を手に入れたのはミズーリ州マーシャルに住むサム・ヴァン・アーステールだった。

飼われてまもない頃のジムはあまり優秀なイヌに見えなかった。日陰で寝そべってほかのイヌたちが狩猟犬としての訓練を受けているのを眺めるだけだったからだ。おそらくジムはとても賢くて、走り回って疲れるより、観察している方が効率よく学べたのかもしれない。

彼の本当の実力はすぐに明らかになった。主人のヴァン・アーステールが5000羽以上の鳥（そこから先は数えるのをやめてしまった）を仕留めるのを手助けしたのだ。『Outdoor Life（アウトドア・ライフ）』誌はジムを「国民的狩猟犬」と評した。

ジムにはもう1つ、自慢の特技があった。それは、飼い主が「日差しが強いからヒッコリーの木の下に行こう」と言ったときに偶然わかった。まわりにいろいろな種類の木が生えていたが、ジムは一発でヒッコリーの木を選んだのだ。まぐれではないのは明らかだった。

ヴァン・アーステールはジムの理解力をさまざまな方法でテストしてみることにした。ジムは通りを行きかう車の色やメーカー、それにナンバープレートを識別できた。「看護師」「金物屋」などと言うと、大勢のなかからそれに該当する人物を探し当てることができた。

モールス信号を含め、どんな言語で指示されたことも実行できた。書かれた文字まで理解できているようだった。1936年のMLBワールドシリーズでヤンキースの優勝を予言したかと思えば、7年続けてケンタッキー・ダービーの優勝馬を当てた。さらには妊娠中の赤ちゃんの性別まで予言することができた。

ミズーリ大学の獣医学部長、A・J・デュラントがジムの生理機能を調べたが、特別なものを見いだせず、ほかの科学者たちも困惑した。学生たちのチームがジムの能力をテストしてみたところ、彼はすべての課題をパスした。デュラントは、ジムには「おそらく今後何世代経っても現れない、たぐいまれな超能力が備わったイヌである」と結論づけた。

ジムはまさに「不思議なイヌ（wonder dog）」だった。この呼び名は1935年にワイオミング州で行われたイベントに先立ち、マスコミにジムが紹介されたときに使われた。彼は「リプリーズ・ビリーブ・イット・オア・ノット！（Ripley's Believe It Or Not!）」〔作者のロバート・リロイ・リプリーが世界中の奇妙な事物を紹介する漫画。日本では『リプレーの世界奇談集』として知られる。1918年から『ニューヨーク・グローブ』紙に掲載され、のちにテレビ番組にもなった〕の連載に取り上げられ、たちまち有名になった。

ジムは1937年に12歳で亡くなった。彼の墓はマーシャルにあるリッジパーク墓地でいちばんの人気スポットになっており、墓石には絶えず硬貨や花などが捧げられている。「ジム・ザ・ワンダー・ドッグ（Jim the Wonder Dog）」はマーシャル出身の最も有名な「ペット」の歴史を残すために設立された組織だ。この組織の呼びかけで、ジムを称える銅像と公園を設置するための資金が集められた。現在その銅像と公園は、かつて彼が暮らしていたラフ・ホテル（The Ruff Hotel）〔ジムの飼い主のヴァン・アースデールがオーナーだったホテル〕の跡地にある。

43

聴覚障がい者の生活を支え、人生との向き合い方さえ変えた聴導犬

ジョヴィ

ここで現在のヒーローに話を移そう。私は世界最大のドッグショー「クラフツ（Crufts）」（著者クレア・ボールディングは２００９年から同イベントのライブ中継で司会を務めている）での仕事を通じて、「Hearing Dogs for Deaf People（聴覚障がい者のための聴導犬協会）」（聴覚障がい者にさまざまな音を知らせるようイヌを訓練するイギリスの慈善団体）の活動についてたくさん学んできた。また、昼下がりの居眠りからイヌに起こしてもらったこともある（念のため言っておくが、私は番組の収録中に居眠りしたことはない。このときはあくまでも番組の演出として「居眠りしているふりをした」という意味である）。

聴導犬協会は、盲導犬協会（ＧＤＢＡ）より50年近く遅い１９８２年に創設された。そのせいか、慈善団体としての知名度は今ひとつだが、イギリス国内では約１０００頭の聴導犬が同団体とのパートナーシップの下で活動している。聴導犬は耳の不自由な人がアラームや玄関のドアベルに反応できるように手助けするだけでなく、その人の人生との向き合い方をがらりと変える存在でもある。耳が聞こえないという状況はとても孤独であり、会話に加われず、引きこもりにつなが

ることも珍しくない。しかし、適切なイヌを飼うことでそうした状況を変えられるのだ。

グレアム・セージが聴力を失い始めたのは15歳のときだった。はじめのうちはゆっくりと症状が進行していったが、大学に進学する頃には聴力がかなり悪化し、授業についていくのがやっとの状態だった。講義室が広すぎて教授の口の動きを読み取ることが困難になり、とうとう、自分が問題を抱えていることを認めざるを得なくなった。

専門医の診断は、メニエール病と耳鳴りだったが、グレアムの聴力はその後も悪化する一方だった。20歳になるまでに、すっかり聞こえなくなってしまった。補聴器を着けるのは恥ずかしいが、もし煙探知機の警報音が聞こえなかったりしたら大変なことになることもわかっていた。日常生活は徐々に困難になっていった。玄関のドアベルの音が聞こえない。朝の目覚ましのアラームを聞き逃してしまうのが心配で、ろくに眠れなかった。勉学にも社会生活にも支障をきたし始めた。何か手を打たなければならないのは明白だった。

こうして、Hearing Dogs for Deaf Peopleから聴導犬のジョヴィ（Jovi）が派遣されると、グレアムの生活は一変した。一時は内向的で引きこもりがちだったが、他の人たちと一緒にいるのが楽しくなってきた。「［ジョヴィのおかげで］ほかの人と接する不安を克服できました。彼がいると、やりとりが弾むのです」とグレアムは話す（巻頭口絵p.06下参照）。

たくさんの人が、彼（ジョヴィ）のことを聞きにやってきました。ジョヴィが僕の聴導犬だと知ると、さらに質問を投げかけてきました。おかげで自分の耳が聞こえないことを受け入れられるようになり、むしろ誇れるようになったんです。

ジョヴィと出会って、グレアムは自分の好きな職業を選べるようになった。子どもたちの声や始業終業のチャイムや警報が聞こえない人に教師は務まらないと思われてきたが、ジョヴィのおかげで、グレアムは自分の情熱を貫くことができるようになった。授業の終わりを知らせるタイマーが鳴るとジョヴィはグレアムに注意深く伝えた。また、職場に新しい教員が採用されるたびに、その教員に聴覚障がい者の存在を知らせ、理解してもらおうとした。そして、グレアムが読唇術を使ってその教員とやりとりできるよう促した。

ジョヴィがグレアムを手伝う姿を見て触発された学校関係者は、Hearing Dogs for Deaf Peopleのために全校で2万ポンド（約320万円）の募金を集めた。ある同僚は、ロンドンマラソンに犬の着ぐるみ姿で出場した。その同僚は、着ぐるみを着て完走した女性ランナーとして、なんと世界最速記録を達成した。

何年間か聴導犬と過ごすうちに、グレアムは他者の介助、特に妻のアンナの介助に頼らずに済むようになってきた。それとともに新しい家族を迎える心のゆとりも出てきた。「赤ん坊の泣き声を僕に知らせるようにジョヴィを訓練できるし、彼のおかげで僕たち家族がより安全でいられると思うと安心できます」

ジョヴィのおかげで、好きなスポーツを楽しむ自信もついた。グレアムは「イングランド聴覚障がい者ラグビー連盟（England Deaf Rugby Union）」チームのキャプテンを務め、その後、アシスタントコーチになった。「ジョヴィのおかげで『普通の』生活を送れるようになってとても感謝しています」。そうグレアムは語った。

44

第二次大戦で世界初の「動物戦争捕虜」になりつつも生き抜いた奇跡のイヌ

ジュディ

戦時中に捕虜収容所から生きて帰るだけでも大変なことなのに、同じ収容所にいる仲間の捕虜たちの士気を奮い立たせていたイヌがいたとは驚きだ。香港出身の白と茶褐色のポインターのジュディ（Judy）がまさにそのイヌであり、第二次世界大戦中の数々の修羅場をくぐりぬけた奇跡のイヌだった。

彼女のストーリーは1936年、極東で始まった。ジュディは小型砲艦「HMSグナット（HMS Gnat）」〔HMSは「国王［女王］陛下の船［His（Her）Majesty's Ship］」を意味する略語で、英国海軍の艦艇の名前につけられる接頭辞〕のマスコット犬だった。ポインターは普通、猟犬として育てられるが、ジュディは獲物を仕留める仕事には向いていなかった。水兵たちは獲物の鳥の代わりのものを投げてジュディに取りにいかせたが、彼女は何度も海に落ちてしまい、そのたびに船を旋回させて戻り、救い出さなければならなかった。このイヌにはむしろ、海賊や敵機の襲来を知らせる見張り役の方が向いていた。

1942年、ジュディが乗ったイギリス海軍の河用砲艦「HMSグラスホッパー（HMS Grasshopper）」が南シナ海を航行中に日本軍の爆撃機の攻撃を受けた。船は損傷がひどく、乗組員全員が船を捨てて陸地まで泳がなければならなかった。

ジュディと水兵たちは、別の砲艦「HMSドラゴンフライ（HMS Dragonfly）」の生存者たちとともに離島にたどり着いた。そこは敵地だった。飲み水はなく、のどが渇いて死んでしまうのではと思われたが、水兵たちはジュディが掘った大きな穴から湧き水が出ているのを見つけた。ジュディのおかげで生きながらえることができたのだ。

水兵たちはジュディを連れて5週間にわたり、ジャングルを数百マイル〔100マイルは約160キロ〕も歩き続け、スマトラ島のパダン〔西スマトラ州の州都〕から出る最後の避難船に乗ろうとしたのだが、間に合わなかった。

日本軍がスマトラ島に侵攻したあと、ジュディと水兵たちは捕らえられ、島の北部にある捕虜収容所に連行された。ポーツマス出身の23歳の空軍兵、フランク・ウィリアムズはジュディになけなしの食料を分け与えた。これがこのペアの深い友情の始まりになり、2人はいつも一緒に行動するようになった。

収容所の生活は過酷で、看守は残忍なことで有名だった。ジュディは捕虜に懲罰を与えている看守の注意をそらしたり、捕虜たちに看守が近づいてくるのを知らせたりして、命がけで彼らを守ろうとした。

捕虜たちがシンガポールに移送されるとき、日本軍はイヌを連れていくことを拒否した。しかし、ジュディを置き去りにするわけにはいかなかった。捕虜たちはジュディに米袋のなかに隠れることを教え、その袋を担いで船に乗った。ポインターは大型犬である。それにもかかわらず、ジュディは袋から出してもらえるまで3時間以上も、逆さになったまま身動きもせず、音も立てずにフランクの肩からぶら下がっていた。

ジュディの冒険は続いた。ある日、連合国軍の捕虜を乗せて航行していたオランダの商船「SSヴァン・ワーウィック（SS Van Warwyck）」に向けて、そうとは知らないイギリスの潜水艦が魚雷を発射したのだ。船は撃沈され、乗っていた700人の捕虜のうち500人前後が犠牲になった。運よく船の舷窓《げんそう》〔採光と換気のために船体に付けられた小窓〕から押し出されたジュディは、甲板を走って脱出に成功した。もちろん、まわりの仲間への忠誠を忘れなかった。彼女は、必死に泳ぐ彼らに流木を押しやり、何人もの命を救ったのだった。

ジュディを含む生存者は日本のタンカーに乗せられたが、やはりイヌは看守たちに嫌われた。看守たちから「陸に着いたらイヌを処刑する」と宣告されたものの、日本軍の指揮官で、以前スマトラの収容所にいたときの所長だった人物のとりなしでジュディは命を救われた。ジュディは戦争捕虜として正式に登録され、配給の食料が与えられた。「捕虜番号81A」で呼ばれたジュディは、第二次大戦で唯一の、動物の捕虜となったのだ。

生き残った捕虜たちは、終戦までの時間をジャングルでの過酷な労働に費やした。「死の鉄道」

と呼ばれたスマトラ横断鉄道の建設作業である。この建設作業で10万人以上の捕虜と現地労働者が亡くなった。フランク・ウィリアムズはのちに、彼に生きる理由を与えてくれたのはジュディだったと振り返った。「私がしなくてはならなかったのは、ただ彼女に目を向けて、その疲れて充血した目を見つめ、自分の心にこう問いかけることでした。『私が死んだら彼女はどうなるのか?』と」

ジュディとフランクは、野犬やワニの襲撃を含むさまざまな苦難を乗り越え、終戦後無事イギリスに帰国した。勇敢なジュディのうわさは、すでにイギリス本土にも届いていた。彼女は英雄として迎えられ、ディッキン・メダルが贈られた。ジュディとフランクはその後、1年かけてイギリス各地を旅し、「死の鉄道」建設で命を落とした仲間たちの遺族を慰問して回った。2人はジュディが1950年にタンザニアで亡くなるまで一緒に過ごした。フランクは彼女が成し遂げた数々の偉業を記念碑に刻んだ。並外れた勇気と知性で戦争を生き抜いた立派なイヌだった。

45

視力を失い自死をも考えた医師に安らぎと生活を取り戻させた盲導犬

キカ

アミット・パテルは外傷専門医〔交通事故など、重度の外傷を受け救急搬送された患者に対し、迅速かつ横断的に検査や治療の優先順位を判断する専門医〕として病院に勤務していたとき、視力を失った。たった一晩で世界が変わってしまったのだ。パテルはケンブリッジ大学医学部の最終学年のときに、角膜の形状が変化する「円錐角膜《えんすい》」と診断されていた。通常、この症状が原因で失明することはないが、角膜移植を拒み続けていたところ、1年半後に眼の奥の血管が破裂してしまったのだ。

ある朝、目を覚ますと目が見えなくなっていた。パテルはロンドンの病院の救急外来での仕事をあきらめなければならなかった。常に苦痛に苛まれるようになり、視力を失った絶望感は「計り知れない」ものだったと言う。自分ができなくなったこと、それればかり考えていた。人生の夢も計画もすべてがだめになり、自暴自棄になったパテルは、自ら命を絶とうとしたこともある。

妻のシーマの変わらぬ支えがあったとはいえ、目の見えない生活に慣れるのは不可能に思えた。明るい未来など考えられなかった。パテルは、視覚障がい者用の白杖の使い方や点字の読み方を覚えるなど、実践的な課題に打ち込んだが、盲導犬を飼うことは考えなかった。自分の身の安全を、なぜあんなオオカミに近い動物に委ねなければならないのかとパテルは自問した。

杖があれば自分でコントロールできる。（イヌと違って）杖ならリスを追って4車線の道路に人間を引きずり込むこともなければ、ドーナツに気を取られることもない。動物に安心して命を預けるなんて本当にできるのだろうか？

パテルには、動物を飼うことになったら、自分もシーマもうまくやっていけないんじゃないかという不安もあった。

失明してからは自分のことだけで精いっぱいなのに、イヌを世話するなんて考えられなかった。何をしないといけないかもわからないし、余計大変になるだろうと思っていた。

一方、シーマには別の考えがあったようだ。盲導犬協会でボランティアを始めた彼女は、エンゲージメント・オフィサー〔盲導犬申請者の自宅などを訪問し、盲導犬を迎えるための環境確認や職場への説明などを担当する職員〕のデイブ・ケントに会ってみてはどうかとパテルに提案した。ケント自身も視覚障がい者だった。ケントはパテルと盲導犬の両方の面倒を見てくれると約束し、パテルに4カ月間の共同訓練を受けてもらうことにした。

パートナーにふさわしいイヌが見つかるまでには、長くて2年かかることもある。しかし、2カ月も経たずにパテルとシーマのもとに、「個性の強い若いイヌがいるけれど、会ってみてはどうか」と打診があった。そのイヌはラブラドールのメスで、名前は「キカ（Kika）」といった。ただし、1つだけ問題があった。彼女は人間の好き嫌いがはっきりしているというのだ。

パテルは嫌われたらどうしようと思いながら待っていた。初めて会ったときの反応はまずまずだった。彼女はパテルに対してうなり声をあげたり、そっぽを向いたりすることもなかった。だがまだ先は長い。

盲導犬は縁石や段差の手前で止まり、歩道の真ん中を歩き、障害物を避けるよう訓練されている。飼い主がいつも通るルートや好きな場所の特徴を覚え、指示がなければ曲がらないように教え込まれている。新米の飼い主は、盲導犬がそれまで訓練されてきた特定の合図の仕方を学び、実際にいろいろな場面で、それらを使って盲導犬に指示を出す練習をしなければならない。

それはデートのようなもので、新しい関係はお互いが幸せでなければ続かない。最初の1週間は自宅でキカと一緒に過ごしたが、なんとかうまくいった。それでも、パテルはイヌを信頼していいものか不安だった。何度かキカに引っ張られそうになり、再三彼女を引き戻した。このままうまくいくとは言い切れなかった。

次のステップは、自宅以外の場所で過ごす訓練だ。2人はホテルに宿泊した。パテルは早く目覚めてトイレに行こうとしたが、キカが立ちふさがって邪魔をする。何を言っても動こうとしない。苛立ったパテルは、インストラクターの1人に電話し、「キカがこんな風に私の言うことを聞かないのなら、あなたが責任者なのだから、キカを引き取りに来てほしい」と念を押した。なんとかバスルームにたどり着いたとき、パテルは初めてキカが邪魔をした理由がわかった。「床に1インチ〔約2・5センチ〕以上の水がたまっていて、滑りやすくなっていました。キカはバスルームのドアの向こうが大変なことになっているのを知っていて、私をそっちに行かせないようにしてくれたんです」

その瞬間、パテルのなかですべてが変わった。キカが自分の安全を最優先に考えてくれているのがわかり、彼女の行動を謙虚に受け入れられるようになった。そして見事、4カ月の訓練に合格。キカを自宅に連れて帰ることが許されたとき、パテルは大喜びだった。これでようやく、前向きな気持ちで物事に取り組めるようになった。

初めて盲導犬の訓練が行われたのは18世紀のパリの病院だったと言われているが、古代ローマのヘルクラネウム〔現在のイタリア・カンパーニャ州エルコラーノ〕の遺跡には盲目の男性を導くイヌが描かれた壁画があるそうだ。ただし、今日よく知られている盲導犬が誕生したのは、第一次世界大戦で榴弾の破片や有毒ガスで失明した兵士たちが前線から帰還するようになってからだ。

イヌが患者と接するときのふるまいを観察した、医者のゲルハルト・シュターリング博士は、

1916年、ドイツのオルデンブルクに世界で初めての盲導犬の訓練施設を開設した。その後10年間にドイツ各地に支部ができ、年間600頭ものイヌが訓練を受け、欧米の各地で活躍した。この事業がもとになり、ドイツ、アメリカ、スイスに「ロイユ・キ・ヴォワ（L'Oeil qui Voit）」や「シーイング・アイ（the Seeing Eye）」〔どちらもアメリカ人のユースティス夫妻が設立した盲導犬訓練学校。L'Oeil qui Voit はフランス語で「［神のようにすべてを］見通す目」を意味し、英訳するとSeeing Eye になる。なお、アメリカで盲導犬はSeeing Eye dogs とも呼ばれる〕と称する盲導犬訓練学校が誕生した。

ユースティス夫妻の活動に触発され、イギリスでも1931年、ミュリエル・クルックとロザモンド・ボンドという2人の女性が国内初となる盲導犬4頭の訓練を、マージーサイド州〔イングランド北西部の州で、中心都市はリヴァプール〕のウォラシーで開始した。そして3年後、イギリス盲導犬協会（GDBA）が設立された。現在、4700頭の盲導犬が目の不自由な人たちを支えている。

パテルの話に戻そう。彼は救急外来の仕事を辞めなければならなかったが、現在、ダイバーシティ・インクルージョン・コンサルタント〔ダイバーシティ・インクルージョンとは、男性・正社員中心の企業文化に多様性の受容と活用を推進する取り組みのこと〕として働いている。毎日の通勤ではキカが危険を回避する手助けをし、彼女の嫌いな人もしっかり避けながら飼い主のパテルを守っている。彼女はパテルに自由と自信を与えている。

移動中、パテルが指示を出すと、キカは安全に目的地にたどり着けるように最善のルートを見つけ出す。電車の乗り換えがあるときは、手伝ってくれる駅員をキカに探してもらっている。パテルはこう話す。「駅員は高視認性ジャケット〔蛍光生地と再帰性反射材でつくられた安全服の一種〕を着ているので、彼女が見つけるのは簡単なんです——もっとも、間違えて同じようなジャケットを着ている工事現場の作業員のところに私を連れていってびっくりされることもありますが」

2016年にパテルとシーマの間に第一子が誕生した。キカは恐る恐る赤ちゃんのにおいを嗅いでいたが、それからというもの、彼女は立派な保護者役を務めてくれるようになった。キカがいるおかげで、パテルはベビーカーを押して出かけられるようにもなった。

ありがたいことに、僕はこの驚くべき能力をもったイヌのおかげで普通の生活を送れるようになりました。今は父や夫として、同僚や友人として、そして隣人として生活しています。キカの助けがあれば、少しばかり違ったやり方でもそれが可能になるのです。もちろん、私たちはいつも一緒ですが、結局、生きるというのはそういうことなんですよね。

46

2000語を理解し、1000以上の手話を使い分けたゴリラ

ココ

半世紀近くの間、ゴリラのココ（Koko）は、動物と人間のコミュニケーションの方法だけでなく、ある種の動物に深くて豊かな感情表現があることを私たちに教えてくれた。ココは賢くてやさしく、創造力があり、いたずら好きで生意気で、ユーモアのセンスもあった。それに、大のネコ好きだった。

野生のゴリラは、姿勢や身振り手振り、顔の表情、それに20種類以上の鳴き声など、さまざまな方法を用いて仲間と心を通わせる。たとえば、満足しているときは歌を歌い、怒っているときは叫んだり吠えたりする。マウンテンゴリラは胸を叩いて危険を知らせ、自分の強さを誇示して異性を引きつけようとする。また、相手と抱き合ったり、鼻を触ったりしてあいさつもする。

ヒトを含む霊長類には共通点が多い。たとえば、相手と親密なきずなを形成するのもその1つで、そのためには愛情や友情の理解が不可欠だ。子どもの発達段階も似ているが、ヒトの脳は大きいため、理論上は知能も高く、複雑な言語を洗練された方法で使いこなせる。ヒトをヒトらし

くするものは何なのか。その解明に貢献するのが、類人猿の行動やコミュニケーション手段の研究なのだ。

1971年にサンフランシスコ動物園で生まれたゴリラのココ（Koko）は、ずば抜けて優れた研究対象だった。彼女は人間の飼育下で生まれた50頭目のニシローランドゴリラである。ココはその人生の大半を心理学者のフランシーヌ・ペニー・パターソンと過ごし、霊長類のコミュニケーションに関するパターソンの研究に不可欠な存在になった。

ココのトレーニングは1歳のときに始まった。パターソンはあらゆる機会を使って彼女に話しかけた。ココは2000語を理解し、そのなかには、「よい」「わるい」といった概念も含まれていた。「ゴリラ手話」（GSL Gorilla sign languageの略）（一般的なアメリカ手話ではなく、ココが独自につくり出した手話をパターソンが命名した）で1000種以上のサインの意味を理解し、使い分けることができた。知能指数を表すIQは70〜90の間（ヒトの平均は100）とされていたが、ココの言語発達が人間のそれにどこまで近づけるのかは、専門家の間でも意見が分かれた。「子どもの言語発達とよく似ている」とする見方がある一方、「ココは言葉の意味を理解しているわけではなく、条件づけされた報酬学習でしかない」とする見方もあった。

ココの手話は基礎的なレベルを超えていた。感情の深みを表すだけでなく、話の論理も理解して応用しているようだった。パターソンによれば、ココは「指」と「ブレスレット」をくっつけて「指輪」を意味するといった具合に、新しいサインまで考え出していたという。博士が19

フランシーヌ・ペニー・パターソンとココ
（カリフォルニア、1964年）

78年に論文を発表したとき、ココの行動はもっぱらクレバー・ハンス効果、つまり動物（あるいは人間）が周囲から期待されていることを察知して反応する現象に過ぎず、どのサインも意図的ではないと指摘する声もあった。

　1983年、なんとココはクリスマスプレゼントに本物のネコをおねだりした。もちろん、このニュースは大きな反響を呼んだ。『ロサンゼルス・タイムズ』紙のインタビューで、パターソンの研究協力者である生物学者のロン・コーンは、ココはクリスマスにもらったプレゼントのネコのぬいぐるみにまったく興味を示さなかったので、翌1984年7月4日の誕生日に、捨てられていた本物の子ネコのなかから1匹選ぶことが許されたと語っている。彼女が選んだのはグレーの毛色のオスで、毛玉のような子ネコに自分で「All Ball《オール・ボール》」と名前をつけた。彼女はこの子ネコを赤ん坊のように抱っこしてかわいがっていた。

　残念なことに、このネコは同じ年の12月に車にひかれて死んでしまった。パターソンがネコの死をココに伝えると、彼女は明らかに取り乱し、手話で「わるい」「悲しい」「泣く」と表現したあと、「眠るネコ」という意味のサインをしてみせた。

ココは44歳のとき、2匹の子ネコを選び、母親のように世話をした。その様子は、彼女のユーチューブチャンネル「Kokoflix」で公開されているが、とてもほほえましい。

ココはメディアの人気者だった。ただし、「乳首（nipple）」という言葉にご執心のココを生放送でインタビューするのはリスクがあった〔2005年、パターソンが設立したゴリラ財団［Gorilla Foundation］でココの飼育を担当した女性職員が、ココに「乳首を見せるよう」強要されたとして博士を訴えていたが、のちに和解成立〕。多くの有名人が彼女に会いに来た。特に、俳優でコメディアンのロビン・ウィリアムズとは親密な友情で結ばれていたようだ。

パターソンの研究が終了したあと、ココはカリフォルニア州ウッドサイドにあるゴリラ財団の保護区に移り、最初はココと同様、手話を教えられた「マイケル（Michael）」というオスのゴリラと、のちに「ンドゥメ（Ndume）」というオスと暮らした。彼女は2018年、睡眠中に亡くなった。46歳だった。ゴリラ財団は次のような声明を発表した。「（ココが与えた）影響はとてつもなく大きく、私たちにゴリラがもつ豊かな感情表現力と認知能力について教えてくれたことは、これからの研究の礎となることでしょう」

47

第二次大戦下のソ連で食料や荷の運搬に努めたフタコブラクダ

クズネチク

数年前、私はイギリスＢＢＣのラジオ４（24時間編成でニュースやドキュメンタリー番組からドラマまで放送する総合チャンネル）でラクダレース用のラクダについて紹介した。そのために、ドバイに行ってレース用の優秀なメスのラクダを現役のまま（たとえば競走馬の場合、繁殖は通常、引退後に行われる）繁殖させる最新技術について取材した（メスのラクダはオスより優秀なことが多いのだ）。その技術とは、要するに人工授精と胚移植なのだが、繁殖プロセスの詳細をリスナーにわかりやすく説明しなければならなかった。おそらく、朝の番組にしては生々しすぎる部分もあったと思う。実際、番組には苦情も寄せられたようだ。

それはさておき、私が言いたいのは、優秀なレース用ラクダはとても価値があるということだ。ラクダは力が強くてスタミナがあるため、常に重宝されてきた。ときには1日25マイル（約40キロ）の道のりを９００ポンド（約４０８キログラム）もの荷物を載せて歩き、必要ならばスピードを出して走ることもできる。

ラクダは哺乳類のなかでも特に我慢強くたくましいことで知られている。たとえば、砂嵐のときは鼻孔が閉じ、3重のまぶた〔上下のまぶたとは別に「瞬膜」という水平方向に動く膜がある〕と2列に生えた長いまつ毛で眼を保護している。水分を補給するときは一度に40ガロン〔約151リットル〕も飲んで、何週間も水を飲まずに移動することができる。また、こぶのなかに脂肪を蓄えておき、餌が見つからないときはその脂肪を栄養に変えて生き延びることができる。膝や胸の皮膚が分厚くできているので、熱い砂地の上に膝をついて座り、大きく硬い唇を使ってトゲのある植物も器用に食べる。

ラクダは何世紀にもわたって、戦場でも利用されてきた。ラクダには、戦争で従来使われてきたウマと比べて多くの利点がある。兵士を乗せ、その補給品や装備一式を余裕で運ぶことができる。しかも時速6マイル〔約9・7キロ〕の速さで移動する。大胆な性格で、銃や大砲に怖気づく可能性は馬よりもずっと低い。

紀元前853年、アラブの王ギンディブはメソポタミア〔現在のシリアやイラク〕のカルカルの戦いに1000頭のラクダを送り込んだ。1798年、ナポレオンはラクダ部隊を編制し、エジプト・シリア戦役に投入した。1916年には、イギリス帝国〔イギリスとその植民地や海外領土を合わせた総称。第一次世界大戦後の1931年、ウェストミンスター憲章で植民地に本国と対等の地位が認められると、「イギリス連邦」と呼ばれるようになった〕が5000頭近くのラクダを中東に派遣することにした。これを受け、オーストラリアから2個、ニュージーランドとグレート・ブリテン〔イギリス本国の主要部を占める島。イングランド、スコットランド、ウェールズの3地域からなる〕から各1個の計4個大隊で帝国ラクダ隊旅団（ICCB Imperial Camel Corps Brigade）が編制された。この旅団はエジプト遠征軍に所属し、1919年に解散した。

第二次大戦中、ソビエト赤軍〔ソビエト連邦軍の前身〕は、補助車両の不足とカルムイク草原〔カルムイクはロシア連邦に属する共和国で、カスピ海北西沿岸に位置〕の急峻な地形に行く手を阻まれた。そこで、燃料や弾薬などの物資の運搬だけでなく、スターリングラードの戦い〔1942年6月、ソビエトの工業都市スターリングラード［現ヴォルゴグラード］にドイツが電撃戦を仕掛けて市の大半を占領したが、ソビエトは兵士や市民が反撃に転じ、翌年2月にドイツがソビエトに降伏。第二次大戦の転換点とされる〕で負傷した兵士たちの搬送にもラクダを使った。クズネチク（Kuznechik）はそのなかの1頭で、戦場で人間と物資を運んだラクダたちのシンボルになっている。

フタコブラクダのクズネチクは、1942年にソビエト第308ライフル師団〔のちに第120狙撃師団に改称〕に徴集され、食料や炊事用具の運搬にあたった。体高があるので、遠くからでも師団の野営地を特定するのに役立った〔フタコブラクダは中央アジアのゴビ砂漠に生息し、体長2～3メートル台〕。名前のクズネチク（ロシア語で「кузнечик《クドゥニィチェ》」）は昆虫のバッタを意味している。第308ライフル師団が東プロイセン攻勢〔1945年1～4月、東部戦線におけるソビエト赤軍によるドイツ国防軍に対する戦略的攻撃のこと〕をはじめとする数々の戦闘を戦いながらドイツに向けて進軍するなか、クズネチクは列の最後尾について任務を遂行した。

従軍した350頭のラクダの多くは戦死した。動員を解かれて東欧の動物園に預けられたラクダもいた。一方、クズネチクのその後については諸説ある。「1945年にバルト海沿岸部の空襲で死んだ」とするものもあれば、「敵地ベルリンにまでたどり着き、乗り手に連れられて国会議事堂（Reichstag《ライヒスターク》）〔1894年に帝国議会議事堂として完成。第二次大戦末期のベルリンの戦いでソビエト赤軍に破壊された。現在はドイツ連邦議会議事堂の通称〕まで行き、破壊された建物につばを吐いた」という勧善懲《かんぜんちょう》悪《あく》的なものまである。

いずれにせよ、クズネチクは軍に対する勇敢で忠実な貢献が認められ、「スターリングラード防衛」記章と3本線の戦傷記章〔戦闘で負傷した兵士に与えられる記章。通常は軍服の上につけられた〕が与えられた。

48

ソ連の宇宙船スプートニク2号に搭乗したイヌ

ライカ

これまで、有人宇宙飛行の道を開くために宇宙に送り出され、無事帰還した動物たちの物語をいくつか取り上げてきた。ここからは、史上初めて地球の周回軌道に乗った動物について紹介する。残念ながら、この物語もやはり物議を醸すもので、しかも不幸な結末を迎える。

1950年代後半、モスクワの路上から連れてこられたメスの野良犬「ライカ（Laika）」（ロシア語で「吠えるもの」の意）は、世界の宇宙開発競争のなかで重要な役割を果たした。この血統書とは無縁の雑種犬の活躍は世界中の人々の心を打ち、宇宙実験に動物を使用することの倫理性について世界的な議論を巻き起こした（巻頭口絵p.07上参照）。

1957年、旧ソビエト連邦（ソ連）の科学者たちは「スプートニク1号」と名付けた世界初の人工衛星の打ち上げに成功した。旧ソ連最高指導者のニキータ・フルシチョフは、この成功を足がかりに、できるだけ短期間で次のミッションを成功させることに強い意欲を示していた。こうして、1カ月も経たずに「スプートニク2号」が打ち上げられることになり、史上初めて動物を宇宙に送り出す「壮大な宇宙ショー」に期待が集まった。

科学者たちは、凍てつく冬のモスクワの街頭で生き残ってきたイヌなら極限の環境にも耐えられるだろうと考えた。ライカはほかの2匹のイヌとともに訓練を受けた。このイヌたちは、何日も何週間も狭い与圧室〔与圧とは、大気が希薄または存在しない空間で、人間が生存できるように室内の気圧を高く保つこと〕に入れられ、生き残ることができたイヌたちだった。そして、ライカが選ばれた。その体の大きさと気質が、人間の代わりに地球の周回軌道に向かうという、あまりありがたくない栄誉を受けるのにふさわしいとみなされたのである。

スプートニク2号は回収を前提とした設計にはなっていなかった。つまり、宇宙に行ったきり帰ってこられない片道切符だったのだ。ライカがスプートニク2号の小さなカプセルのなかに固定されたとき、技術者の1人は「よい旅を」と言って彼女にキスをした。本当は彼女が生きては帰れないのを知りながら。しかも、ソ連政府はパラシュートで安全に帰還できるとまで宣伝していた。ライカの体内には心拍数や血圧、運動量、呼吸数を測定するセンサーが埋め込まれていた。

11月3日、ライカが地球軌道の周回に入ると、カプセルの周囲の断熱材がはがれ始めた。内部の温度は40度に達し、センサーは安静時の2倍以上の心拍数を示していた。ライカの運命がどうなったのか本当のところはわかっていない。当時、ソ連側は、地球軌道に数日間滞在したあと、ライカは毒入りのドッグフードを食べさせられ、苦しまずに死んだ〔スプートニク2号は大気圏再突入が不可能だったため、安楽死させた〕と発表していた。しかし一方で、ライカが生きていられたのはほんの数分間だったと主張する人もいた。そして、2002年に真実が明らかにされた。ヒューストンで開催された世界宇宙会議で、スプートニク計画に携わっていた科学者の1人が、「ライカは暑さとストレスで打ち上げから数時間もしないうちに亡くなった」と話したのだ。

真実がどうであるにせよ、このミッションでソ連は最初からイヌを見殺しにするつもりだったのだろう。ライカは科学の進歩のために犠牲になったのだ。1961年、ユーリイ・ガガーリンが宇宙飛行を成功させたとき、ソ連はついに人類を宇宙に送り出す競争に勝利したのだった。

各地のソビエト大使館や国連前での抗議行動にもかかわらず、ライカに続き4頭のイヌがソ連のロケットで宇宙に送り込まれて亡くなった。ソビエト政権崩壊後、ライカの飛行訓練を担当した科学者の1人、オレグ・ガゼンゴは、不幸な最期を遂げたこのイヌに対する悲しみを公の場でこう語っている。

実験に動物を使うことは私たち全員の悩みでした……時が経つにつれ気の毒に思う気持ちは強くなっています。あんなことをすべきではなかった。ライカの死を正当化できるほど、あのミッションから学んではいないのです。

ライカの名前やその愛らしい姿は数々の本や漫画、切手に描かれ、今も生き続けている。また、たばこのブランド名にもなった。彼女の記念碑は、モスクワ郊外のスターシティにあるガガーリン宇宙飛行士訓練センター内にある。

Heroic Animals

49

18世紀の英国の見世物で数々の知的芸を披露したブタ

ラーネッド・ピッグ（教養のあるブタ）

「ブタ」という言葉を使うのは、たいてい相手を侮辱するときだ。「強欲なブタ」や「汚いブタ」とは言うが、「聡明なブタ」「ハンサムなブタ」とはまず言わない。警察官や露骨な男性優位主義者を揶揄《やゆ》するときはストレートに「ブタ（pig）」。自分本位な運転をする輩には「路上のブタ（road hog）」。信用できない、不誠実、あるいは不親切な人間には「ブタ野郎（swine）」。こんな使われ方をするなんて、ブタが気の毒すぎる。ブタは臭くて汚くて、おまけにばかだなんて、いったい誰が決めたのか。事実はむしろその逆なのだ。

とにかく、誤った先入観を捨ててほしい。ブタはきれい好きなのだ。十分なスペースが与えられれば、寝床や食事をする場所は常に汚さないようにしている。泥浴びをするのは、皮膚に体を冷やすための汗腺がないからだ。そういえば、「ブタのように汗をかく（sweat like a pig）」という表現があるけれど、そもそもブタは汗をかかないのだから、論理的に考えてあり得ない。

そして、ブタは知能が高い。1990年代にジョージア州アトランタのエモリー大学で行われた研究によると、ブタはコンピューターの画面上でカーソルを動かし、以前見たことのある画像と初めて見る画像を区別できたという。しかも、見分けるスピードはチンパンジー並みに速かったそうだ。

ブタは鏡に映った自分の姿を頼りに、隠された場所にある餌を見つけることもできる（研究チームが行ったテストでは、障害物の向こうに餌のボウルを置き、ブタからはボウルが鏡に映っているのは確認できても、餌は直接見えないようになっていた。このように動物が鏡を利用できる能力は、複雑な認知処理とある程度の自己認識の目安と考えられている）。記号を使って協力したりコミュニケーションをとったりできる。記憶力も優れており、特定の個人を見分ける力がある。たとえば、同じ服装をした複数の人たちのなかからでも、また服装以外の外見的要素を変えても、惑わされずに特定の個人を見分けることができた。

ブタには豊かな感情がある。2015年、オランダのヴァーヘニンゲン大学の研究者は、ブタがさまざまな感情を共有できることを明らかにした。ブタは他者に対して共感や同情を抱くだけでなく、相手を思いやれる生き物なのだ。

抜群の賢さで有名なブタを挙げるなら、1780年代にジョージ王朝時代のイギリスで観客をあっと言わせた、その名も「ラーネッド・ピッグ（Learned Pig）」（教養のあるブタ）だろう。このブタは旅まわりの見世物興行師サミュエル・ビセットに訓練され、アイルランドのダブリンで大成功を収めた。インターネットのウェブサイト「All Things Georgian（オール・シングス・ジョージアン)」によると、ビセットが亡くなったあと、ラーネッド・ピッグはジョン・ニコルソンという男の手に渡ったという。

(ニコルソンには)動物をうまく手なずける特異な能力があった。たとえば、カメに物を取ってくることを、ウサギには後ろ足で太鼓を叩くことを教えた。また6羽のオンドリにはカントリーダンス〔男女が2列に分かれ、対面して踊る伝統的なフォークダンス。17〜18世紀にイギリスのカントリー・ハウス〔貴族の館〕で踊られていた〕を、さらに3匹のネコには前足でダルシマー〔台形の木の箱に鉄の弦が張られた楽器で、木のバチで弦を叩いて音を出す〕を叩いてメロディを弾くことを教え、イタリアオペラのまねごとをさせた。

ところがラーネッド・ピッグの芸は、ニコルソンがそれまでに動物たちに教え込んだすべての芸をしのぐものだった。

ニコルソンはラーネッド・ピッグに時計の読み方や、部屋にいる人数の数え方を「教えた」。ラーネッド・ピッグは名前のスペルや、質問に直接答えることもできた。当時の新聞にはラーネッド・ピッグについてこう書かれていた。

この愉快で賢い動物は、植字工が活字を拾うようにして、数字のカードを1枚ずつ取っては並べて計算の答えを示した。同じように大文字のアルファベットのカードを並べて人の姓をつづってみせた。また、その場にいる観客の人数や、紳士の時計が何時何分を示しているかを答え、さらには女性の心を読み取り、あらゆる色を見分けられた。

ニコルソンはこの「不思議なブタ」をイングランド各地の巡業に連れて歩いた。リーズ、ウェイクフィールド、ダービー、ノッティンガム、ノーサンプトンでは彼らの珍しい見世物を見ようと人だかりができた。ニコルソンは、この「ブーブー鳴く賢者」から週に100ギニー（現在の価値で約145万円）以上の儲けを得た。新聞は滑稽なほど大げさな褒め言葉を書き立てた。サミュエル・ジョンソン（18世紀後半のイングランドの文学者で、英語辞書の編纂《へんさん》で知られる）は、ラーネッド・ピッグを見たことはなかったが、ノッティンガムでの興行の記事を読み、こう語ったと言われている。「ブタはいわれなき中傷を受けてきた種族だ。頭が足りないのはブタではなく、人間の方かもしれない」

すべてがうまくいっていた。1785年4月、ブタとその飼い主のニコルソンは、ロンドンの名門紳士クラブの1つ「ブルックス（Brooks's）」に招かれ（紳士クラブは、17世紀後半から18世紀にかけて、イギリスで流行したコーヒー・ハウスが発祥と言われ、共通の趣味や話題をもつ仲間同士の社交の場として広まった。特に高級紳士クラブは、貴族や政治家など地位の高い男性だけが入会を許された。近年では女性が入会できるクラブもある）、私的な鑑賞会に出演することになった。当時の新聞には次のように書かれている。

この思慮深いブタに投げかけられた想定外の質問は、ブタの所有者とその場にいた客たちを少なからず困惑させた。その場にいる客の人数を数えるまではよかったが、「このなかに愛国者は何人いますか？」と問われると、「ほかの質問を出して」と言いたげに鼻を鳴らしながら全員の顔を見回した……「ここに幸運にも負債が一切ない人は何人いますか？」と問われると、ブタは立ち尽くしてしまった。追い打ちをかけるように「誠実な紳士は何人？」と聞かれても、ブタは微動だにしない。主人は客に平謝りしたあと、取り乱した様子でブタを鞭打ち、そそくさと退散した。

そもそも、ラーネッド・ピッグが観客の心を読み取っていたかは疑問だ。それでも彼は、ニコルソンが思っている以上に賢かったのかもしれない。ラーネッド・ピッグはベーコンにされずに済んだ。そして今度はヨーロッパ大陸に飛び出し、各地を回り、満員の観客の前で賢さを披露したという。

ラーネッド・ピッグがその後どうなったかは憶測の域を出ない。1788年に死んだとする説もあれば、1789年のフランス革命を生き延びてイギリスに凱旋し、「封建制度や王の権利、バスティーユ牢獄の破壊〔フランス革命勃発時に民衆により襲撃され、革命後解体された。共和制への移行の象徴〕について演説する用意があった」とする説もある。

ラーネッド・ピッグは流行の先駆け的存在になった。彼のあとに続いたブタのなかに、19世紀初頭ロンドンで話題になったトビー・ザ・サピエント・ピッグ（Toby the Sapient Pig）がいる。飼い主の奇術師ニコラス・ホアによると、トビーは「人が何を考えているかを理解」し、それは「ブタ科の動物では前例のないこと」だったという。トビーは1817年に本人が書いたとされる自伝を出版している。

Heroic Animals

50

日中戦争、第二次大戦下を生き、戦後台湾の発展に貢献したゾウ

リン・ワン

ゾウは陸上動物のなかで最大の脳をもっている。その大きさは人間の実に4倍だ。ゾウの認知能力のレベルについては数多くの研究がなされているが、それらの結果から、ゾウに共感能力があること、離れたところにある食べ物を取るために道具を考え出すこと、鏡に映る自分の姿を認識することなどが明らかになっている。

サセックス大学の研究では、ゾウは人の声を聴くだけで民族、性別、年齢を識別できることがわかっている。セント・アンドルーズ大学で行われた行動学研究でも、ゾウが驚くべき記憶力をもち、最大30頭もの群れの仲間を追跡したり、認識したりできることが証明されている。

心理学者のリチャード・バーンは、ゾウの作業記憶〔脳が情報を処理するために一時的に記憶する仕組み〕が「すでに作業記憶の存在が確認されているほかのどの動物よりもはるかに進化している」とし、さらにこう付け加えている。「家族で混雑したデパートに行き、クリスマスセールをやっているところを想像してほしい。4人あるいは5人の家族全員がどこにいるかを常に把握するのはひと

苦労だ。一方、優れた作業記憶をもつゾウは、移動中に30頭の仲間の位置を互いに把握している」

「ゾウは決して忘れない」ということわざは、ゾウが長生きする動物だからこそ説得力がある。ゾウの平均寿命は50〜70歳だ。なかでも、特に長生きし、波瀾万丈の生涯を送ったゾウがいた。名前はリン・ワン（林旺）。台湾で国民的英雄と称されるオスのゾウだ。

1917年にビルマで生まれたリン・ワンは、日中戦争（1937〜45年）の最中に日本軍の捕虜になった。日本軍はリン・ワンに銃砲や物資などの重たい荷物を運ばせて、ジャングルを抜け、山を越え、川を渡った。

1931年に満州事変が勃発すると、日本と中国の対立は激しさを増していった。日本軍は北京、南京、上海を占領し、中国軍はソ連と連合国の支援を得てこれに抗戦した。1941年、真珠湾攻撃を受けて米国が日本に宣戦布告すると、日中戦争も第二次世界大戦という大きな戦いのなかに組み込まれていった。

日本軍がイギリスの植民地であるビルマに侵攻すると、抗日戦争のために孫立人《そんりつじん》将軍〔中華民国〔台湾〕の軍人〕率いる中国遠征軍（CEF）が組織された。遠征軍は、連合国軍から物資の補給を受けるため、また、連合国軍にビルマに入って作戦に協力してもらうため、インドのアッサム州と中国の雲南省を結ぶレド公路（Ledo Road）の建設にあたった。

台湾のリン・ワンと孫立人将軍

1943年、中国遠征軍は日本軍のキャンプを襲撃し、13頭のゾウを押収した。そのなかにリン・ワンもいた。2年後、遠征軍にビルマからの退去命令が下されると、13頭のゾウたちも一緒に中国広東省広州〔香港の北西の港湾都市〕まで移動することになった。1年半にわたる旅の途中で6頭が死んだ。目的地に到達する頃には終戦を迎えていたが、生き残った7頭のうち4頭は中国国内の複数の動物園に送られ、リン・ワンを含む3頭は広州を流れる川、珠江沿いにある公園に一時的に預けられた。

1947年、孫立人将軍は台湾に派遣された。広州に残っていた3頭のゾウたちも一緒に連れていった。

リン・ワンは新天地の台湾で4年間、鉄道建設の現場で資材運びの仕事に精を出した。１９５１年には、ビルマから連れてこられた13頭のうち、リン・ワンが唯一の生き残りとなった。台湾の国民党軍はリン・ワンを軍務から解くことに決め、１９５２年にリン・ワンは台北市立動物園に寄贈された。そこで、伴侶となる日本からきた4歳のメス、マー・ラン（馬蘭）と出会った。

35歳になったリン・ワンは、戦場での活躍や公共事業への貢献が評価され、人々から一目置かれる存在になった。彼はすぐに、台湾で最も人気のある動物になり、また文化的な象徴として慕われた。台湾が戦後の貧しさから抜け出し、新たな繁栄の時代を迎えるなかで、人々は戦争を生き抜いたゾウの人生に自らの姿を重ね合わせ、敬慕の念を募らせていった。毎年、10月末に台北市立動物園でリン・ワンの誕生日を祝う会が催されると、地元台北の名士たちがお祝いに訪れたほか、たくさんの来園者が詰めかけた。

やがて高齢になったリン・ワンは人々から「林旺爺爺（リン・ワンおじいちゃん）」というあだ名で呼ばれるようになった。１９９７年、80歳になったリン・ワンのために台北市立動物園は熱帯雨林を模した飼育施設を新設した。しかし、２００２年にマー・ランに先立たれ、ふさぎ込むようになったリン・ワンは、かつてのような元気な姿を見せることなく、２００３年2月に亡くなった。

台湾の国民的アイデンティティーの一部になったリン・ワンの死に、国中が喪に服した。数週間にわたる「慰霊祭」には18万人もの人々が参列した。陳水扁《ちんすいへん》総統は「永遠の友、リン・ワンへ」とつづられたカードと花輪を捧げた。台北市の馬英九《ばえいきゅう》市長は亡くなったリン・ワンに名誉市民の称号を贈り、次のように称えた。「リン・ワンは、4世代にわたって私たち台湾人の記憶に残っています。彼は私たちが成長する姿を見守り、私たちは彼の年老いていく姿を見守ってきたのです」

51

ガラパゴス諸島で天涯孤独に生きた「最後のピンタゾウガメ」

ロンサム・ジョージ（ひとりぼっちのジョージ）

カメはどこかユーモラスで親しみやすく、みんなに愛されている。なかでもゾウガメは大の人気者だ。

「ロンサム・ジョージ（Lonesome George）」（ひとりぼっちのジョージ）は自然保護活動のシンボルになった異色のゾウガメだ。南米エクアドル領ガラパゴス諸島では島ごとに固有の亜種のゾウガメが存在し、ジョージはピンタ島に生息していた最後の「ピンタゾウガメ」として知られている（巻頭口絵p.07下参照）。死亡時の推定年齢は１１２歳（ただし、イギリスの動物学者で野生生物のドキュメンタリー制作者として有名なデイヴィッド・アッテンボロー卿によれば、ジョージはまだ80代だった可能性があるという）。

ピンタ島はかつて、大きな鞍《くら》のような甲羅と長い首をもつピンタゾウガメの楽園だった。しかし島に持ち込まれ野生化したヤギが大繁殖したため、ピンタゾウガメは絶滅寸前に追いやられた（個体数の減少は、人間がピンタゾウガメを食用として乱獲したせいでもある）。１９５９年にピンタ島に持ち込まれた3頭のヤギは10年でその数が4万頭にまで激増。総面積23平方マイル〔約59・6平方キロメートル〕ほどの島の草木を食いつくし、ピンタゾウガメの生息域は激減した。

一度は絶滅したと思われていたピンタゾウガメだったが、1971年、ピンタ島のカタツムリを研究していたハンガリーの生物学者ヨーゼフ・ヴァグヴォルギー（József Vágvölgyi）によって1頭が目撃された。それが「ジョージ」〔アメリカのコメディアン、ジョージ・ゴベルのあだ名「ロンサム・ジョージ」からついた名前〕だった。1972年春、チャールズ・ダーウィン研究所から派遣されたガラパゴス国立公園の職員によって再び発見されたジョージは、繁殖保護のため、サンタ・クルス島のチャールズ・ダーウィン研究所の飼育施設に移された。

さっそくピンタ島内だけでなく、あちこちの動物園でピンタゾウガメ探しが始まった。しかし、ほかの個体は見つからなかった。ジョージが同じ種のメスと交配できる可能性はなくなり、ピンタゾウガメは個体数を維持できないレベルに陥った「機能的絶滅」状態と宣言された。

こうしてピンタゾウガメのDNAの一部を受け継ぐため、遺伝的に近い近縁種のメスとの繁殖が試みられることになった。肥満気味だったジョージの減量作戦が開始され、イサベラ島〔ガラパゴス諸島最大の島。面積4588平方キロメートル〕から連れてこられたベックゾウガメ（*Chelonoidis becki*）のメス2頭と同居が始まった。さらに、エクアドルが資金援助しているエスパニョラ繁殖プログラムからエスパニョラゾウガメ（*Chelonoidis hoodensis*）のメス2頭も送られてきた。

人間たちの期待をよそに、ジョージはメスを寄せ付けなかった。孤独でいる方が幸せだったのだ。結局卵を受精させることはできず、繁殖は失敗に終わった。

そして2012年6月24日、ついにピンタゾウガメ絶滅のときがやってきた。天涯孤独のジョージが息絶えているのを発見したのは、40年以上も彼を世話してきた職員のファウスト・ジェレナだった。死因は老衰による自然死と言われている。ロンサム・ジョージの死は世界中でトップニュースとして報じられた。

冷凍保存されたジョージの死骸は米国ニューヨーク市に輸送された。剝製になったジョージはアメリカ自然史博物館で行われた展覧会の呼び物として公開されたが、その後、エクアドルの首都キトで展示すべきか、ガラパゴス諸島に戻すべきかをめぐって関係者の意見が対立したまま5年近くが経ち、ようやくサンタ・クルス島に戻された。

最後にガラパゴス自然保護組織の理事長ヨハンナ・バリー（当時）の言葉を紹介しておこう。

ジョージは生物多様性が世界中で急速に失われつつあることの象徴でした。ゾウガメの生息数を回復させ、ガラパゴス諸島で絶滅の危機に瀕しているその他の野生動物を救うためにエクアドル政府のみならず、世界中の科学者や自然保護活動家たちが連携し、生態系を取り戻すという壮大な取り組みを後押しするきっかけとなったのです。ジョージはまた、1つの共通の目標のもと、科学と環境保全に関する専門知識、そして政治的意思の3つがそろったときに成し遂げられる目覚ましい進歩の象徴でもありました。

ロンサム・ジョージの姿を見ようとサンタ・クルス島を訪れる人は今も絶えない。彼は、1972年から亡くなるまで過ごした飼育施設があるチャールズ・ダーウィン研究所の展示室にたたずんでいる。

Heroic Animals

52

銃乱射事件や災害の被災者の心のケアにあたる「セラピー・ポニー」

マジック

ウマ科の動物には共感力とやさしさがあることが知られている。たとえば、障がい者乗馬のクラスで毎日、体の不自由な子どもたちを乗せ、常に安全と安心に気を配る従順なウマを思い浮かべてほしい〔障がい者乗馬〔Riding for Disabled RDA〕という言葉は、20世紀初頭にイギリスの整形外科病院の創設者D・A・ハントと理学療法士のO・サンズが最初に用いた。サンズが自分のウマをオックスフォード病院へ持ち込み、患者たちを乗せるようになったのがはじまり〕。ミニチュアホース〔体高90センチ前後までの小型の成長馬〕はやんちゃなところがある反面、その小さな体に大きな心を秘めている。

「ストレボーズ・ブラック・マジック・オン・デマンド（Strebors Black Magic On Demand）」（通称「マジック」）はその好例だ。

黒い胴体に白面《はくめん》〔ウマの額から鼻筋を通って鼻まで続く白い斑のこと〕で青い目のマジックは、体高が27インチ（約69センチ）程度のミニチュアホースだが、人が大勢いるところでもよく目立つ。フロリダ州北部を拠点に全米各地に出かけ、助けを必要としている人々を癒し、励ましてきた（巻頭口絵p.08上参照）。

2012年にコネチカット州ニュータウンで起きた「サンディフック小学校銃乱射事件」のときは、児童と初期対応者〔現場に最初にかけつけた警察官、消防士、救急隊員などの緊急対応要員〕の心のケアにあたり、2013年にオクラホマ州を襲ったムーア竜巻の被災者、そして2015年にサウスカロライナ州で起きたエマニュエル・アフリカン・メソジスト監督教会襲撃事件の生存者の支援にあたった。

ウマを使った精神医学的な治療は数千年前にさかのぼる。医学の父であり、「ヒポクラテスの誓い」〔医師の任務や倫理について書かれた宣誓文。16世紀ドイツの大学医学部で初めて医学教育に採用された〕を著したヒポクラテス（紀元前460年頃〜同375年頃）は、乗馬療法（Hippotherapy. *hippos*は古代ギリシャ語でウマ［ιππος］を意味する）について言及している。

ウマは本来、群れで生活する社交的な動物であり、私たち人間はウマと接することで大きなメリットが得られる。ウマとのふれあいやウマの世話を通して自己肯定感や幸福感が芽生え、自信を深められるだけでなく、集中力や協調性を高め、心身を整え、リラックスできる。ウマは人間の行動を映し出す「鏡」でもある。つまり、ウマに対して心を開き、穏やかな気持ちで接するほど、ウマもそれに応えて人間の役に立とうとするのだ。

乗馬療法が一般に認知されるようになったのは20世紀半ばのことだ。1969年、イギリスを拠点に体力や機能が十分ではない子どもや大人に乗馬のレッスンを提供する慈善団体「障がい者乗馬協会（Riding for the Disabled Association）」が設立された。私自身、彼らの活動を何度も見てきたが、それまでウマとふれあう機会のなかった人たちが乗馬を通して自信を取り戻し、喜びを分かち合っているのがよくわかった。また、北ロンドンにある「ストレングス・アンド・ラーニング・スルー・ホーシズ（Strength and Learning Through Horses）」と呼ばれる施設に取材で滞在したときは、ウマが学習困難や疎外感を抱える若者といかに効果的にふれあえるかを目の当たりにした。さらに、不安やうつ、PTSD、摂食障害、脳損傷、筋骨格系の問題、薬物濫用などの治療に効果がある「馬介在療法」（EAT　equine-assisted therapyの略）〔ウマやイヌなどの伴侶動物の力を借りて行われる補完医療の1つ〕というものもある。

一般的にウマは人間より大きいので、近寄るのが怖いという人も少なくないだろう。しかし、その怖さを克服することが、自信につながる大きな力となる。一方、ミニチュアホースのマジックは、体は小さくても、セラピーホースとしての資質をすべて備えた、いわば小さな活力源だ。

彼女はフロリダ州を拠点とする慈善団体「ジェントル・カルーセル・ミニチュア・セラピーホース（Gentle Carousel Miniature Therapy Horses）」の一員である。この団体は、2006年にホルへ・ガルシアーベンゴチアとデビー・ガルシアーベンゴチア夫妻によって設立された。夫妻は、自分の子どもたちをミニチュアホースに乗せた経験から、この小さなウマに人とのきずなをつくる特別な力があることに気づき、ホースセラピーのボランティア団体を立ち上げた。今では26頭のミニチュアホースを抱え、どんな緊急事態でも対応できるようにしている。

2012年12月、銃乱射事件のあったコネチカット州のサンディフック小学校に向かう旅は、1000マイル（約1600キロ）を超える、マジックにとってそれまでいちばんの長旅になった。コネチカットの厳しい冬の寒さにもかかわらず、ニュータウンの図書館にはセラピーホースの癒しを求めて人々が列をつくり、その数は600人以上にのぼった。マジックは2週間以上、サンディフック小学校の児童とその家族、そして緊急対応要員として活動した初期対応者たちに寄り添った。彼女は子どもたちのもとに小走りで駆け寄ると、膝の上に頭をもたせかけ、これから直面する困難な日々に立ち向かう強さを与えたのだった。そして、それは子どもたちに大きな変化をもたらした。

マジックは「ジェントル・カルーセル・ミニチュア・セラピーホース」の拠点があるフロリダ州の介護施設や病院、ホスピスを訪れては、高齢者や患者の心のケアにあたっている。介護施設に暮らすある女性に再び声を出すきっかけをつくったこともある。キャスリーン・ルーパーという女性は3年間まったく言葉を発することができなかったが、青い目のミニチュアホースのマジックを見て、「とってもきれいね（Isn't she beautiful?）」と言ったのだ。その日以来、この女性は再び会話ができるようになった。

53

英国のドッグレース界に君臨した最初のスーパースター犬

ミック・ザ・ミラー

1920年代にイギリスに持ち込まれた新しいスポーツは、「go to the dogs」の意味を「落ちぶれる」ではなく、「よい冒険をする（a good adventure）」という意味に変えた〔英語で「the dogs」にはドッグレースの意味もある〕。当時の経済不況、そして失業率の上昇を背景に、庶民の娯楽として登場したドッグレース〔競馬と同じように、グレイハウンド犬を競争させて順位を競う。20世紀初頭にアメリカで誕生し、イギリスでは1927年に初開催〕が人々を元気づけたのだ。

イギリスに導入されてまもないドッグレースの人気を牽引したのは「ミック・ザ・ミラー」という名のグレイハウンドだった。ドッグレース界に君臨した最初のスーパースター犬は、その名声にふさわしく何万人もの観客を引きつけた。

この淡い茶色のブリンドル〔トラ柄のように、基本の地色に異なる色の差し毛が混ざったもの〕のグレイハウンドは、1926年6月、アイルランドのオファリー州キリー村で生まれ、教区司祭でギャンブル好きのマーティン・ブロフィー神父によって飼育された。名前は司祭館〔各教区の司祭が居住する建物〕で働いていた使用人の名前をとって「ミック・ザ・ミラー」と名付けられた。

ミックは同じ母犬から同時期に生まれたきょうだい犬のなかでいちばん小さく弱々しい子イヌだったが、それでも「マスター・マクグラス」の直系の子孫だった。マスター・マクグラスは、コーシング〔狩猟の一種で、グレイハウンドなど視覚の優れたサイトハウンドにウサギなどの小動物を追わせるゲーム〕競技の名門「ウォータールー・カップ」で3回の優勝実績をもつグレイハウンド犬で、ウォータールー・カップの優勝は、猟犬として最高の栄誉とされていた〔2005年、イングランドとウェールズでキツネ狩りなどの狩猟を禁止する法律［Hunting Act 2004］が施行されると同大会は違法となり、同年閉幕〕。

ブロフィー神父のもとで働いていたマイケル・グリーンという人物が、生まれたばかりの子イヌたちのなかからミックとそのきょうだい犬「マコマ（Macoma）」を選び、2匹の飼育を願い出た。グリーンは、哺乳びんでミルクをやったり、自分のベッドで一緒に寝かせたりと、2匹につきっきりで世話をした。また、筋肉をつけさせるために数マイルの散歩を日課にするなど、プロのレーシング犬にすることを見据えて布石を打っていた。

そこへ願ってもないチャンスが訪れる。イギリスで「ドッグレース」が開催されることになったのだ。イヌが機械仕掛けのウサギの模型を追って楕円形のトラックコースを走るドッグレースは20世紀初頭にアメリカで誕生し〔米国の発明家オーウェン・P・スミスが、トラックコースの内側のレール上にウサギの模型を走らせる仕組みを考案し、1910年に特許を取得〕、アイルランドでも始まったばかりだった。

実は、早くからミックの将来性を見抜いていたブロフィー神父は、アメリカでグレイハウンドの訓練所を運営していたモーゼズ・リベンシードという、まるで聖書から抜け出してきたような名前の人物に、ミックを買い取ってもらうよう交渉をもちかけていた。

ところが、ミックの将来を狂わせる出来事が起きる。ミズーリ州セントルイスを襲った竜巻でリベンシードの訓練所は犬舎の屋根が吹き飛ばされ、飼育していた27頭のグレイハウンドが死んでしまったのだ。それだけでなく彼の息子が運転していた運搬用のバンが横転し、さらに4頭を失った。リベンシードはブロフィー神父にこう告げた。「これはグレイハウンドをあきらめろという神からの警告だ」。これで、ミックをリベンシードが買い取る話はなくなり、ブロフィー神父は受け取っていた小切手を返した。

結局、運命のいたずらで故郷の近くにいられるようになったミック・ザ・ミラーは、アイルランドの首都ダブリン近郊のシェルボーン・パークのレース場を拠点とする調教師、ミック・ホーランのもとに預けられた。デビューシーズンは5戦4勝となり、きょうだい犬のマコマが達成した500メートル28秒8の世界記録に並ぶタイムで走り抜けたことでも話題を呼んだ。

そして2歳の誕生日を控えた1928年5月、ミック・ザ・ミラーは犬ジステンパー〔犬ジステンパーウイルスによる伝染性疾患〕と診断される。最悪の場合、命にかかわる病気だが、幸いにもシェルボーン・パークの支配人が獣医師の資格をもっていたので、命拾いした。とはいえ、ミックがレースで活躍できるほど回復するかどうかは誰にもわからなかった。

体調が戻り、再びレースに出られるようになると、ミックは病気のブランクを感じさせない走りを見せるようになる。アイルランドであっけなく4勝を遂げたミックを見て、ブロフィー神父は、このイヌならアイリッシュ海の向こうのイングランドに渡っても大成功すると確信した。そして、ロンドンのホワイトシティ・スタジアムで開催される「イングリッシュ・グレイハウンド・ダービー」に向け、調整を開始した。

イングリッシュ・グレイハウンド・ダービーの出場をかけた単独トライアルで、ミックはホワイトシティ・スタジアムのトラックレコードをあっけなく更新してしまった。オッズが26・0（26倍）という無名のアウトサイダーは、突如として1・57（1・57倍）の1番人気に躍り出たのである。

イングリッシュ・グレイハウンド・ダービーの1回戦は8身差の圧勝だった。しかも525ヤード（約480メートル）で29秒8という、30秒の壁を破る世界新記録を樹立した。

無粋にも、これに乗じて一儲けしようとしたブロフィー神父は、アルバート・ウィリアムズという名のウィンブルドンのブックメーカー（賭け屋）に800ギニー（現在の価値で約552万円）でミックを売却してしまった。当時の貨幣価値で、ロンドンの高級住宅地を除けば普通に家が買えるほどの大金だった。しかも、ミックがその日の夜の決勝レースで獲得する賞金に加えて、優勝した場合にはそのトロフィーも自分が受け取るという約束までとりつけた。

午後8時45分、イングリッシュ・グレイハウンド・ダービー決勝のスタートラインに並んだミックと3頭のライバル犬を4万人の観衆が見守った。ミックはスタート直後の最初のコーナーでライバルに接触されて失速し、2位に沈んだが、このレースは無効になった。そして30分後に再レースが行われ、今度は2位に3身差をつけて優勝した。ミックの優勝の知らせは母国アイルランドにも伝わり、地元キリーでは即席の祝賀パーティーが催された。

ミックは1929年末までに32戦中26勝の戦績を挙げたあと、新しい所有者の手に渡った。アランデル・H・ケンプトンというその男性は、夫人のフィリスへのプレゼントになんと2000ポンド（現在の価値で約1314万円）でミックを購入したのだ。

犬舎でマッサージを受けるミック・ザ・ミラー

ミックの快進撃はその後も続き、1930年にはイングリッシュ・グレイハウンド・ダービー（2年連続）、ウェンブリーのスプリング・カップ、ウェストハムのシザーウィッチ、ウェルシュ・グレイハウンド・ダービーでの優勝を含め、23戦中20勝を挙げ、世界記録を4回も更新した。新聞の見出しには「驚異の犬」「無敵の犬」の文字が躍った。

残念ながらミックはその年のレース中に肩を故障してしまった。それ以降は、彼の輝かしい戦績にもかげりが見え始める。故障のあと、初めての3連敗を喫したものの、なんとかイングリッシュ・グレイハウンド・ダービーの決勝に残ることができた。1931年6月27日、7万人の観客が固唾をのんで見守るなか、1番人気で並ぶミックと「ブラック・エクスプレス」こと、ライランド・Rとその他4頭が決勝に臨んだ。この6頭の顔ぶれから、荒れたレースになるのは必至だった。

最初のコーナーを曲がるとき、ライランド・Rが大きくリードし、ミックは最後尾だった。そして、最終コーナーに差しかかるまでライランド・Rの勝利は確実かと思われた。ところがその直後、ライランド・Rがライバル犬に咬みついた。ドッグレースでは、他のイヌに咬みつこうとしただけでも重大な違反であり、即失格になる。すぐさま、レースの無効を知らせるクラクションが鳴り響いた……と同時に、トラックの内側のレーンから追い上げてきたミック・ザ・ミラーの姿にスタジアムがどよめいた。そしてミックが猛烈なラストスパートをかけ、ゴールラインで鼻先を突き出すと、観衆は大歓声で称えた。

ライランド・Rは「走行妨害」で失格となり、場内アナウンスは「レースは無効」と繰り返した。しかし、観客は納得しなかった。ミックの所有者フィリス・ケンプトン夫人は、「ミックが勝った！　私の愛するミックが勝ったのよ！」と叫び、泣き崩れた。

ライランド・Rは退場したが、ケンプトン夫人はミックがすでに完走し、勝利したと主張して再レースを拒否した。グレイハウンド・レーシング協会の理事たちは頭を抱えたが、ケンプトン夫人を説得し、再レースに踏み切った。すでに全力を使い果たしていたミックにとって、若い頃のような回復力は期待できず、再レースに臨むのはどう考えても不利だった。結局、物語のような結末の再現はならず、4位に終わった。

最後は観客からの大ブーイングのなか、優勝したイヌの所有者にトロフィーが手渡された。ミック・ザ・ミラーが3度目で最後のイングリッシュ・グレイハウンド・ダービーを制したことは、おそらく記録には残されていないだろう。しかし、あの名誉ある敗北のなかで、彼の栄光はむしろ最高の輝きを放っていた。

当時の新聞『Greyhound Mirror and Gazette（グレイハウンド・ミラー・アンド・ガゼット）』には次のように書かれている。「ドッグレースの歴史は始まったばかりだが、すでに歴史に残る名馬や映画スター、サッカー選手、ボクサーに引けをとらない人気スター犬を輩出している」

世界的なスーパースターになったミックは、現役最後のシーズンもレースに出場し続けた。最後のレースとなったセント・レジャー・ステークスでは4万人の観客の前で見事優勝し、有終の美を飾った。このレースはのちに「ウェンブリーのエンパイア・スタジアム（現ウェンブリー・スタジアム）で行われた史上最高のレース」と評された。

1931年12月に引退したミックは、お店のオープニングセレモニーや著名な催しに出席し、チャリティ・イベントでは王室のメンバーの横に並んだ。また、種犬としての人気も超一流で、

1回50ギニー（現在の価値で約38万円）の種付け料のほか、イベントの出演料、賞金など、その生涯で2万ポンド（現在の価値で約1億5000万円）を稼ぎ出した。

故郷のキリー村には、地元でいちばんの有名犬になったミックの等身大の銅像が誇らしげに立っている。ミックは今なお、世界一有名なグレイハウンド犬として知られ、イギリスのドッグレースの最高峰であるイングリッシュ・グレイハウンド・ダービー、シザーウィッチ、そしてセント・レジャー・ステークスを制覇した唯一のイヌである。

グレイハウンドの滑らかで特徴的な体形は速く走るためにつくられた。グレイハウンドは世界最速の犬種であり、競走馬を上回る時速45マイル（約72キロ）で疾走し、スタートからわずか3秒で時速30マイル（約48キロ）まで加速する驚くべき瞬発力をもっている。また、左右の目が離れているため、両目での視野は270度もあり（ヒトは180度）、後頭部の一部まで視認できる。体高は30インチ（約76センチ）だが、ほっそりとした体つきで、体重も60〜70ポンド（約27〜32キログラム）ほどだ。

グレイハウンドの歴史は5000年以上前にさかのぼる。古代ギリシャでは狩猟でグレイハウンドが使われていた。1014年、カヌート王〔ノルマン系デーン人の王。イングランドにデーン朝を開き、デンマーク王とノルウェー王を継承して北海を制覇〕は、貴族だけがグレイハウンドを所有できるとする掟《おきて》を定めた。グレイハウンドは農奴〔中世封建社会で領主から借りた土地を耕し、賦役や貢納の義務を負っていた農民〕よりも価値があるとされ、グレイハウンドを殺すのは死刑に値する重罪とみなされた。イギリスでは、ヘンリー8世やエリザベス1世がグレイハウンドの愛好家として知られ、ペットとしても狩猟犬としても気に入っていたという。

54

障害馬術界の頂点に立ち、英国民に愛された芦毛の名馬

ミルトン

「ミルトン（Milton）は特別だった——人生で最高のウマだった」。そう語るのは、史上最高の障害馬術選手の1人と言われるジョン・ウィテカーだ。

　私は若い頃、ミルトンにあこがれていた。部屋の壁にはミルトンのポスターが貼ってあり、大きな障害物のバーを飛び越える雄姿が写っていた。宙に浮かぶ姿はペガサスのようで、ほかのウマにはない存在感と優雅さを備えていた。流れるような走りは、まるで大地を舞うダンサーのようだった。飛越するときは、前脚を勢いよく上へ前へと伸ばす独特の動きをした。たなびく長いたてがみが印象的で、おとぎ話から飛び出してきたような芦毛《あしげ》〔ウマの毛色の1つで灰色に見えるが、皮膚は黒く毛は白いことが多い〕のウマだった（巻頭口絵p.08下参照）。

　ミルトンは1977年4月生まれで子馬のときに、イギリスの著名な障害馬術選手であるキャロライン・ブラッドリーが購入した。キャロラインは、将来ミルトンをオリンピックに出場させるつもりでいた。彼女はミルトンの父馬であるマリウスに騎乗してロイヤル・インターナショナ

ル・ホース・ショー〔英国馬術協会［BHS］主催の公式馬術競技会で、ショーと障害馬術〔障害飛越競技〕で構成される〕の「クイーンエリザベス2世カップ（Queen Elizabeth II Cup）」で優勝した経験があり、ミルトンにも父馬と同じような才能を見込んでいたからだ。しかし、キャロラインは心臓発作で37歳の若さで亡くなってしまう。彼女が全盛期のミルトンに騎乗する夢はかなわなかったが、両親であるブラッドリー夫妻がミルトンの馬主の権利を引き継いだ。

1985年、ブラッドリー夫妻はジョン・ウィテカーにミルトンの騎手を引き受けてもらえないかと打診した。ミルトンは8歳になっていたが、才能豊かな反面、気ままな一面をもっていた。ブラッドリー夫妻は、娘とよく似た安定感のある乗馬フォームと手綱さばきをするウィテカーを見て、彼ならミルトンを乗りこなせると考えたのだ。

ミルトンはなかなか一筋縄ではいかないウマだった。飛越の前に、もともと長い歩幅を「収縮する」（助走の勢いをつけたまま踏切に合わせて歩幅を短くする）のを好まなかった。ミルトンに本領を発揮させるには、彼なりの走りに任せる必要があったのだ。

ウィテカーはライアンズサン（Ryan's Son）というウマと14年間コンビを組んでいた。このコンビは、1984年のロサンゼルスオリンピックの団体戦で銀メダルを獲得していた。ウィテカーがミルトンに抱いた第一印象は、「前脚がぶら下がっている感じがあるものの、スターとしての資質があるのは間違いない」というものだった。初めてミルトンに騎乗したとき、ウィテカーは「ミルトンが踏み切るときは、絶対落馬しない安心感がある」と話し、こう続けた。「前脚に対して足腰が強すぎる。彼には焦らず余裕をもって跳ばせてやらなければならない」

ウィテカーは辛抱強くこの美しい芦毛馬のことを知ろうとした。騎乗するときは、あぶみの長さを短くして腰を浮かせ、ミルトンの背中に重さがかからないようにした。そして、内またできつく締めたり、手綱を強く引いたりするとミルトンが嫌がるのを見抜いた。ミルトンは自分が主導権を握っていると感じたがっていた。やがてウィテカーとミルトンは無敵のコンビとなり、イギリス障害馬術チームの一員として勝利に貢献した。

1986年、ウィテカーとミルトンはカナダのスプルース・メドウズで開催された「デュ・モーリエ・リミテッド・インターナショナル（Du Maurier Limited International）」という、当時世界最高額の賞金が与えられる大会で優勝した。翌年、スイスのザンクト・ガレンで開催された「FEI（国際馬術連盟）ヨーロッパ選手権（FEI European Championships）」では、団体戦で金メダル、個人戦で銀メダルを獲得した。同選手権では、1989年のロッテルダム大会でも同じく団体戦と個人戦でそれぞれ金メダルと銀メダルを獲得した。

ウィテカーとミルトンは、1988年のソウルオリンピックのイギリス代表チームのメンバーに真っ先に選ばれた。しかし、出場を見合わせたため、物議を醸した。馬主であるブラッドリー夫妻が、ミルトンを遠い国に行かせ、高温多湿のなかで競技させるのを望まなかったのだ。ミルトンはその年のFEIジャンピング・ネーションズカップ〔FEI主催の障害馬術競技の国別団体戦シリーズ。成績上位の国が9月に開催されるFEIネーションズカップ・ファイナルの出場権を獲得する〕への出走も許されなかった。ブラッドリー夫妻の決断に多くの批判が集まったが、夫妻はじっと耐えた。おそらく、ミルトンを守ろうとした夫妻の判断は正しかったのだろう。ミルトンは異例の長期にわたって障害馬術競技のトップに君臨することになる。

ミルトンは気の強いウマでもあった。動きたくないときは動かず、やりたくないことがあると、口先でブーっと音を出して抗議する。また、馬房《ばぼう》（厩舎などで、ウマを1頭ずつ入れておく仕切り部屋）に敷いてあるカーペットをはがしてはズタズタに裂く癖があった。幸いこうした悪い癖があっても、彼の才能を邪魔することはなかったが。

ウィテカーとミルトンはメダルを次々に獲得し、障害馬術で世界の頂点に立った。特に、1990年と1991年の「ロンジンFEIジャンピング・ワールドカップ・ファイナル」を連覇したことで、ミルトンは「世界一の名馬」とみなされるようになった。1990年にストックホルムで開催された第1回「FEI世界馬術選手権」では個人で銀メダル、団体戦で銅メダルを獲得した。「ホース・オブ・ザ・イヤー・ショー（Horse of the Year Show）」では、「マスターズ（Masters）」と呼ばれる競技会が行われ、ラウンドを重ねるごとに障害物の高さが徐々に上げられていった。ミルトンはこの競技でも3年連続で優勝。しかも、障害のバーを落下させたことは一度もなかった。

FEIジャンピング・ネーションズカップでは、7年間で35回のクリアラウンド（1回のラウンドを減点0で走行すること）、12回のダブルクリアラウンド（決勝の第1走行と、1位が複数いた場合の「ジャンプオフ」の2回のラウンドでいずれも減点0のこと〉という驚異的な数字をマークした。

ミルトンは何でも跳べた。彼にとって、大きすぎる障害も、難しすぎるコースもなかった。ミルトンは観客に愛され、見事なジャンプでクリアラウンドを達成すると客席から大歓声があがった。ウィテカーはこう語っている。「ミルトンは大舞台で大観衆の注目を一身に浴びるのが好きでした。決めなければならない場面では、会場の歓声が大きければ大きいほど、確実に成功させたのです」

1992年、ミルトンは亡きキャロライン・ブラッドリーが予言したとおり、バルセロナオリンピックへの出場を果たした。しかし、ことは計画どおりに進まなかった。個人戦の1回戦はきれいに跳んだものの、2回戦でダブル障害の1つ目を跳んだあと、深い砂に足をとられてしまい、2つ目の障害の手前でウィテカーがミルトンの飛越を止めなければならなかった。これが飛越拒否となって3点を失い、合計15減点で2回戦を終えたところで、メダルの望みはなくなった。「ほんの一瞬ためらったのだと思います。おそらく慎重になりすぎたのでしょう」。ウィテカーはそう振り返る。「馬場が合わなかったんです。あのあと、彼も私も少しずつ、あきらめが出てきて集中力がなくなり、バーを3つ落としてしまいました」

オリンピックのメダルには縁がなかったものの、ミルトンの並外れた才能と実力は衰えを知らず、馬術競技馬として初の億万長者になり、競走馬以外で史上初めて獲得賞金100万ポンド（現在の価値で約3億3000万円）を突破した。彼はスポンサーも引き寄せた。「ヘンダーソン・ミルトン（Henderson Milton）」「エベレスト・ミルトン（Everest Milton）」「ネクスト・ミルトン（Next Milton）」など、スポンサー名を冠したさまざまな愛称で国民に愛された。

ミルトンは1994年に競技生活を終え、ロンドンのオリンピア（ロンドンの見本市会場。ロンドン・インターナショナル・ホースショーの会場になっている）で盛大なお別れ会が催された。ミルトンは何度か大会にゲストとして出演した。競馬界で活躍した芦毛の名馬「デザート・オーキッド（Desert Orchid）」と共演したこともあった。しかしそれ以外は、ヨークシャー州にあるウィテカーの牧場で、幸せで静かな引退生活を送った。

ミルトンは22歳でこの世を去ったが、障害飛越競技をイギリスで最も人気と収益性の高いスポーツの1つにした才能と経歴は今も語り継がれている。そして、ジョン・ウィテカーは65歳になった今も競技を続けている。

55

第二次大戦下の北ビルマで日本軍と戦う英国兵を癒し、士気を高めたラバ

ミニー

この本の「はじめに」で、私が最初に乗った「ヴァルキリー（Valkyrie）」という名前のシェトランド・ポニーの話をした。ヴァルキリーは小型でぽっちゃりしていて、たてがみがふわふわで、個性豊かなポニーだった。その人生の前半を、ウィンザー城〔ロンドンの西約34キロに位置する、イギリス王室所有の城。女王エリザベス2世が週末を過ごした〕の高貴で優雅な環境のなかで過ごし、子どもの頃のアンドリュー王子やエドワード王子〔女王の次男と三男〕を乗せたこともあった。

そして、私が生まれてまもない１９７１年のこと、ヴァルキリーは女王エリザベス2世からの贈り物として、キングズクリアにある我が家にやってきた。私に乗馬と礼儀作法を教える先生役を務めたあとは、30代で亡くなるまで我が家の牧場で過ごした。女王陛下がご自身が所有する競走馬を見に我が家の厩舎に立ち寄るときは、いつもヴァルキリーに会うのを楽しみにしていらした。美しく手入れされたサラブレッドたちがずらりと並んでいるところに、小さくて丸々としたシェトランド・ポニーのヴァルキリーも一緒に整列した。

「あら、ヴァルキリー！　元気そうね」。女王陛下はそうおっしゃると、うれしそうにお顔を輝かせるのだった。

ヴァルキリーも明らかに女王陛下のことを覚えていて、頭を垂れてごあいさつしていた。女王陛下にとって、ヴァルキリーは間違いなく忘れられないポニーだった。

そしてこれは、もう1つの小さいけれど忘れられないラバ〔オスのロバとメスのウマの交雑種〕の物語だ。第二次世界大戦中、北ビルマ〔現在のミャンマー北部〕ではイギリス軍とインド軍の特殊作戦部隊「チンディット（Chindits）」〔ビルマの仏教寺院の守り神「チンシー」から取られた呼び名〕が日本軍と戦っていた。戦力で圧倒していた日本軍に対し、チンディットの兵士たちはひそかに、日本軍の野営地や基地に繰り返し奇襲をかけては、ジャングルに退避する「幻の部隊」を組織していた。

それは厳しい作戦だった。険しい地形、飢えと病気で弱体化していた部隊は敵の侵攻を阻止するために長く厳しい行軍を強いられ、多くの死傷者が出た。赤痢に苦しむ者は、隊列を止めずにすぐに用が足せるように、ズボンの尻の部分を切って穴を開けていた。士気は低かった。

チンディットが北ビルマの町マウル（Mawlu）に建設した要塞ホワイト・シティ（White City）では、軍用動物の存在が兵士たちの大きな安らぎとなっていた。日本軍から特に激しい攻撃を受けたとき、動物たちの多くが犠牲になったが、雌馬のうちの1頭からラバが生まれた。兵士たちはそのラバを「ミニー（Minnie）」と名付けた。そして、死と破壊の恐怖のなかで、つかの間の心の安らぎができたことを喜んだ。戦いが一段落すると、何人もの兵士たちが、このひょろ長い脚のラバの子を見にやってきた。ミニーはすぐに兵士たちのマスコット的な存在になった。

そんななかも、日本軍の砲撃は続いた。ミニーはあるとき、日本軍の奇襲に驚いてパニックになったほかのラバに目を蹴られ、けがをした。兵士たちはミニーを助けるためにできる限りのことをした。兵士たちがあまりにミニーの具合を心配するので、第77歩兵旅団のマイク・カルバート准将（「マッド・マイク」の愛称で呼ばれた）は、ミニーの様子を定期的に前線に報告するよう命じたほどだった。幸い、順調に回復したミニーは、迫撃砲部隊の兵士たちを訪ねては、あちこちで角砂糖入りの紅茶を欲しがり、1パイント（約570ミリリットル）のティーポットから飲ませてもらうほど元気になった。

最終的にホワイト・シティから部隊が撤退することになったとき、ミニーはまだ幼すぎて、敵の潜む危険なジャングルを長時間歩かせるのは無理だろうと判断された。カルバート准将はミニーが兵士たちの士気を高めたことへの感謝の意を込めて、ミニーをインドまで飛行機に乗せるよう手配した。飛行機で移動するとなると、敵に見つからずに敵地の奥深くまで飛行しなければならず、乗組員も機体も危険にさらされる。しかもそれは、軍の規律に違反する行為だった。危険な賭けだが、チンディットにとってミニーはそれだけの価値があったのだった。

ミニーは、1944年に大隊がイギリスに帰国するまでの間、デヘラードゥーン（インドのウッタラーカンド州の冬の州都）で過ごし、軍曹用の食堂のテーブルクロスを食べるなどして周囲の兵士たちに存在をアピールした。終戦後ミニーはインドに駐在していたイギリス陸軍のランカシャー・フュージリア連隊（Lancashire Fusiliers）に残り、公式のマスコットになった。１９４７年10月、ミニーはイギリスに戻る連隊と一緒に兵員輸送船「ジョージック号」に乗り、海風にあたりながら、スパムの缶詰やコンデンスミルクなど、兵士たちからもらったものを何でも食べた。

イギリスに到着したあと、イングランドのシュロップシャー州に駐屯していたミニーは、特別な頭絡《とうらく》〔ウマの頭部につける革製の馬具〕と鞍敷きをつけて記念式典のパレードに参加した。ランカシャー・フュージリア連隊がウィルトシャー州にあるウォーミンスター駐屯地に異動になったときは、ミニーも一緒だった。彼女は１９４８年には「トゥルーピング・ザ・カラー（Trooping the Colour）」〔軍旗分列行進式。イギリス国王の実際の誕生日とは別に、晴天の確率が高い6月に行われる公式の誕生日を祝うパレード〕にも参加し、その後、１９５１年11月に肺炎で

エジプトのポートサイド
（エジプト北東部の地中海沿岸の都市）に
到着したミニー（1950年）

倒れるまでエジプトに駐在した。

ミニーの遺骸は一部を除いて、エジプト・スエズ運河西岸の都市イスマイリヤにあるイギリス軍駐屯地に埋葬された。彼女の4つの蹄《ひづめ》のうち2つはインクつぼと文鎮に加工されて、しっぽとホース・ブランケット（馬着）とともに、イギリス本国のランカシャー州ベリー区《バラ》（グレーター・マンチェスターの主要都市の1つ）のフュージリア博物館（Fusilier Museum）に展示されている。もう2つの蹄は、ミニーの記念としてベリー区とロッチデール区に贈られた。

56

食肉解体で首を落とされた後も元気に1年半生き続けたニワトリ

ミラクル・マイク

英語では、あたふたと走り回る人をたとえて、こんな表現が使われるのをご存じだろうか。「まるで首なしニワトリのようだ（running around like a headless chicken）」。アメリカには、まさに首を落とされたあとも走り回り、おまけに1年半も生き続けたニワトリがいた。これは「ミラクル・マイク（Miracle Mike）」と呼ばれた若い雄鶏（オンドリ）の物語だ。

1945年9月のこと、コロラド州フルータの小さな農場にニワトリの食肉解体の時期がやってきた。ロイド・オルセンとその妻クララは、1回の作業で40～50羽のニワトリを処理した。ロイドがニワトリの首を落とし、クララは後始末をした。

実は、首を落とされたニワトリが歩き回るのは珍しいことではない。これは、脊髄の回路に酸素が残っていて、神経細胞が自動的に活性化し、足が動くようになるためだ。とはいえ、歩き回ることができるのもせいぜい15分程度だ。頭部を失ったニワトリは目的も理解もなくただ歩き回り、やがて酸素がなくなると死んでしまう。

ところが、オルセン夫妻のニワトリは首を落とされてから1時間どころか、1日経っても、1週間経っても、さらには1カ月経っても生き続けた。彼は死ぬ代わりに、戦後まもないアメリカで一躍脚光を浴びることになった。

オルセンは首なしのニワトリが一晩生き延びるとは思わず、箱のなかに放置した。ところが翌朝になっても、いつもと変わらず元気に動き回っていた。オルセンはこれはチャンスとばかりに、この首なしのニワトリを死んだニワトリたちと一緒に荷馬車に乗せ、市場に行った。そして、首なしで生きているニワトリが荷台にいるかどうかあちこちで賭けをした。そしてすべての賭けに勝ったのである。

この話はすぐに広まり、地元紙の1面で報じられた。そして、ユタ州ソルトレイクシティのホープ・ウェイドという男の目にとまった。ウェイドは見世物の興行師で、今でいう辣腕《らつわん》プロモーター「ドン・キング」のような存在だった〔ドン・キングはマイク・タイソンなど有名ボクサーの試合を数多く手がけたプロボクシングプロモーター〕。

紙袋1つあれば見物客を集めることができると言われたウェイドに、本物の生きた首なしのニワトリを預ければ大儲けできるのは間違いなしだった。出し物の人気が出るかどうかはネーミング次第だと知っていたウェイドは、「首なしニワトリ、ミラクル・マイク」というキャッチコピーを考えた。そして、『ライフ』誌がミラクル・マイクを取り上げ、新たな伝説の誕生と相成った。

ツアーに先立ち、オルセン夫妻はミラクル・マイクをユタ大学の研究室に連れていった。ミラクル・マイクを検査した科学者たちは、ほかのニワトリの頭を切り落として生き続けられるかどうか検証したが、ミラクル・マイクのようなニワトリは皆無だった。

こうしてオルセン夫妻とミラクル・マイク、そしてホープ・ウェイドは西のカリフォルニアに向けて旅立った。行く先々で、25セントの入場料を払って首なしで生きている「ミラクル・マイク」をひと目見ようと大勢の人がやってきた。クララは、このツアーの様子を詳細に記録し、新聞記事を切り抜いて保管していた。

「飲んだり食べたりできないのに、ミラクル・マイクはいったいどうやって生き続けたのだろう？」と誰もが不思議に思うことだろう。

オルセン夫妻は農業従事者なので、必要があれば動物を生かしておく方法を知っていたのだ。彼らはミラクル・マイクの食道にスポイトで液状の餌と水を直接流し込み、たまった粘液は注射器で取り除いていた。この2つの道具がある限り、すべてが順調にいった。ミラクル・マイクは何度も毛づくろいしようとしたり、餌をついばもうとしたり、「コケコッコー」と鳴こうとした。しかし、その声はニワトリの鳴き声というより、のどを鳴らしている音に聞こえた。

ミラクル・マイクが生き続けられたのはほかにも理由があった。ミラクル・マイクは普通のニワトリと同じように思考することができた。というより、少なくとも彼の脳は体の基本的な器官にメッセージを伝達し続けることができたのだ。くちばしと眼、耳を含む顔の部分を斧で落としたとき角度がたまたまよかったのか、脳の大部分が残っていたのである。ニワトリの脳の80％は後頭部の下の方にあるため、損傷を避けられたというわけだ。また、出血多量で死ななかったのは奇跡でもあるが、タイミングよく血液が頸動脈を塞ぐ形で凝固したおかげで、失血が避けられたようだった。

お金は次から次へと入ってきた。巨万の富とはいかないが、オルセン夫妻はミラクル・マイクで稼いだお金で、ウマとラバの代わりになるトラクター2台とヘイベーラー〔刈り取った干し草を寄せ集めて梱包する農業用機械〕1台、そして1946年型のシボレーのピックアップトラックを購入した。それに一生に一度の冒険もした。ミラクル・マイクのツアーがなければ行くこともなかったアメリカ各地を見て回ったのだ。

そして悲劇が訪れる。1947年の春のある晩、アリゾナ州フェニックスでツアー中だったオルセン夫妻は、宿泊していたモーテルでミラクル・マイクの息苦しそうな声で目を覚ました。のどの詰まりをとってやらねば。オルセンは注射器を探したが、ショーの会場にうっかり置き忘れてきたことに気づく。

そうこうしているうちに、ミラクル・マイクは窒息死してしまった。

オルセン夫妻のひ孫、トロイ・ウォーターズはのちにBBCの取材に応じ、彼の曾祖父はどうしても、本当のことを打ち明ける気になれなかったのだと語った。

曾祖父は何年も［ミラクル・マイクを］見世物小屋の男に売ったと言っていました。ところがある晩、あれは曾祖父が亡くなる数年前ですかね……実は自分の目の前で死んでしまったのだと私に話してくれたのです。いわば金の卵を産むガチョウを自分の失敗のせいで死なせてしまったとは、絶対に認めたくなかったんだと思います。

ミラクル・マイクの伝説は、少なくともコロラド州では今も生き続けている。毎年5月第3週の週末は、フルータ市の主催で「首なしニワトリのマイクの日（Mike the Headless Chicken Day）」が開かれる。このイベントには、「ニワトリに頭をつけよう（pin the head on the chicken）」や5キロのミニマラソン「首なしニワトリみたいに走ろう（run like a headless chicken）」といったアクティビティが行われる。2008年には歌もつくられた。ラジオアクティブ・チキン・ヘッド（Radioactive Chicken Heads）〔突然変異で生まれたミュータントチキンと野菜に扮した地元出身メンバーによるバーチャル・バンド〕が2008年に発表した「首なしマイク（Headless Mike）」という曲は、ミラクル・マイクに触発されたものだ。

57

座礁したクジラの親子の命を救ったハンドウイルカ

モコ

この本の目的は、私たちを助け、よりよい人間に変え、わが身の危険も顧みず人間のために尽くそうとした動物たちの功績をたくさんの人に知ってもらうことだ。そしてもう1つ。窮地に陥った「種の違う仲間」を救った動物のヒーローにも賛辞を送りたいと思う。

イルカのモコ（Moko）もそのなかの1頭だ。モコは、2頭のクジラの命を救い出した、イルカの姿をしたライフセーバー（水難救助員）と言えばわかりやすいだろう（巻頭口絵p.09上参照）。

モコはニュージーランド北島のマヒア・ビーチ沖の海域で2年以上暮らしていた。夏の間、観光客と一緒に泳ぐのが好きで、いたずらしてサーフボードやカヤックをかすめ取ることもしばしばだった。

2008年3月、マヒア半島の砂州と浜辺の間でピグミー・マッコウクジラの母子が座礁して動けなくなってしまった。地元の人たちが2頭を沖に戻そうと1時間半にわたって救助活動を行ったが、どうやってもうまくいかない。レスキュー隊は2頭が苦しみながら死なずに済むように安楽死させることも考え始めていた。

そこへ突然、1頭のハンドウイルカが現れた。苦戦する人間たちをしり目に、クジラの親子とやりとりを交わすようなしぐさを見せ、2頭を狭い水路に誘導し、安全に外海へと送り出した。地元の自然保護官は、BBCの取材に対して、そのときの様子を次のように話した。

私はクジラの言葉もイルカの言葉もわかりませんが、明らかに何かしらのやりとりがあったのでしょう。というのも、それまでとてもつらそうにしていたクジラの親子が、イルカの後ろに進んでついていき、ビーチに沿ってあっさりと沖に出ていったからです。

モコは、マヒア半島の岬「モコタヒ（Mokotahi）」にちなんで名付けられ、地元ではよく知られていたが、この一件で広く注目を集めた。彼は人間のそばにいるのが大好きで、ビーチを訪れる人が少なくなる冬場は退屈していたようだ。

これは、冬のある日、たまたま海に遊びにきた女性が苦い経験をしてみてわかったことだ。その女性は夜1人で海に入り、モコと遊び始めた。女性が疲れて岸に戻ろうとすると、モコはもっと遊びたがって彼女の邪魔をした。岸に戻れずにいたところを救助された女性は、モコに悪意はないと話したそうだが、遅い時間に1人で海に出かけたのは賢明ではなかったかもしれない。

2009年9月、モコはマヒア・ビーチを北上してギズボーンに移動した。そこでも海や川で泳ぐ人たちと一緒に遊び、撫でられてとてもうれしそうにしたり、ボールやボディボード〔腹ばいで乗る小型の波乗りボード〕をかすめ取ったりして、ビーチの人気者になった。

しかし、北東部沿岸を旅する間、いろいろな出来事があった。釣り針にひっかかって上あごの右側をけがしたり、船に体をぶつけられたりしたこともあった。漁船のあとについていき、タウランガ〔ニュージーランド北島の北東部の都市〕まで北上してからは、モコの健康状態と環境の変化を心配する声があがった。科学者たちは、人間とのふれあいを求めている「孤独なイルカ」の半数近くが寿命をまっとうできずに亡くなることを突き止めていた。

モコの遺体は亡くなってから数週間後にマタカナ島のビーチで発見された。死因は不明だが、定置網にひっかかり、溺れ死んだのではないかと見られている。モコの死が伝えられると、ニュージーランドの人々は悲しみに包まれた。モコの葬儀は何百人もの人々が参列して執り行われた。その後、彼はマオリ族の伝統に則って、遺体が見つかったビーチに埋葬された。

✸

Heroic Animals

58 行方不明のネコをずば抜けて高い確率で見つけ出す探偵犬

モリー

歴代の犯罪捜査の名コンビ、刑事スタスキー&ハッチ、女刑事キャグニー&レイシー、FBIの男性捜査官モルダー&女性捜査官スカリー（『X-ファイル』）、名探偵ホームズ&開業医ワトソンに、イギリス初のペット探偵社、コリン&モリー（Colin and Molly）が加わった。

コリン・ブッチャーは元警察官で、麻薬取締班に所属する刑事だった。相棒のモリーはコッカー・スパニエルの元救助犬で、現在は迷い猫の捜索で活躍している（巻頭口絵p.09下参照）。

私は以前、世界最大のドッグショー「クラフツ（Crufts）」の会場内の特設スタジオに「コリン&モリー」をゲストに招き、話を聞いたことがある。そのときは、モリーの迷い猫発見率の高さが話題になり、また、「イヌはネコを（獲物と認識して）追いかける」とする従来の定説を覆すような事実が披露され、番組は大きな反響を呼んだ。イギリスではここ10年間に飼い主のもとから失踪したネコは10万匹以上にのぼると報じられており、モリーのような優秀な探偵犬は引っ張りだこだという。

愛猫がいなくなってしまったときの不安は、コリン自身にも経験がある。彼が子どもの頃、飼いネコのミッツィがいなくなったことがある。あちこち探し回っても見つからず途方に暮れていると、飼い犬のジェミニが床の一部をしきりにひっかき始めた。それでようやく家族は、父親が床下の配管を修理している間に、知らないうちにミッツィがそこに潜り込み、閉じ込められてしまったのだと気づいた。

ミッツィはけがもなく床下から救出された。この救出劇でイヌのジェミニが重要な役割を果たしたことが幼いコリンの心に刻み込まれ、そこから行方不明のネコを探す探偵犬のアイデアが生まれた。

警察官を辞め、ようやく長年の夢を実現できるようになったコリンは、2015年、「UKペット探偵社」（UKPD United Kingdom Pet Detectives）を立ち上げ、まずは盗まれたウマやイヌの捜索を専門とする仕事を開始した。そしてまもなく、コリンは探偵社への問い合わせの半数がネコの捜索依頼だということに気づいた。ネコの捜索をするために、特別に訓練された新しいパートナーが必要になった。

コリンはスパニエルが欲しかったのだが、大事なのはネコを追いかけまわさない、賢くて集中力のあるイヌを見つけることだった。コリンは、落ちこぼれの救助犬を引き取り、ネコ捜索犬として新たな生活を送ってもらいたいと考えたが、そんな希望にぴったりのイヌを見つけるのは容易ではなかった。

コリンは12頭のイヌを試したあと、「ガムツリー（Gumtree）」という地元の情報サイトの広告を通じて1歳半のモリーに出会う。その広告には「飼い主の手に負えないイヌ。よい引取先募集」とあった。毛並みの色はブラックにホワイト、そしてマズル〔イヌの鼻先から口にかけた部分〕のあたりがブラウンで、ハシバミ色〔ヘーゼルナッツの表皮の色。黄色がかった薄茶色〕の目とたれ耳のコッカー・スパニエルだが、手に負えない性格らしく、すでに飼い主が3回替わっていた。しかし、コリンは実際にこのコッカー・スパニエルに会ってみて、探偵犬にふさわしいとすぐにピンときた。「今までたくさんイヌを見てきましたが、彼女ほど優れた集中力をもったイヌはいませんでした。有能だし、根気強く捜索を続けようとします」。実のところ、モリーの人懐っこい性格も探偵犬としてとても重要だった。愛するペットが行方不明になったときに、飼い主が抱える不安を軽減するのに役立つのだ。

コリンに引き取られたモリーは、それから数カ月、ミルトン・キーンズ〔ロンドンの北西約80キロにある国内最大規模のニュータウン地区〕にある医療探知犬訓練所で集中トレーニングを受けた。モリーはにおいを嗅ぎ分ける方法を習得し、手信号や指示を理解できるようになった。その後、本物のネコを使った「猫テスト（cat testing）」〔ネコを獲物として追いかけるだけではないことを確認するためのテスト〕など、さまざまな実地試験が行われた。そしてついに、モリーが新しい飼い主と一緒に仕事をする準備が整った。

モリーはにおいを照合しながら、行方不明のネコを見つけ出す。サンプルとしてネコの毛が1

本あれば、そのネコの足取りを追うことができ、しかも、まわりにほかのネコがいても一切無視できる。

探偵犬にふさわしく、モリーもこの仕事のために十分な装備を身に着けている。蛍光素材でつくられたハーネスを着け、彼女専用の懸垂下降用キットもある。これは、必要なときにコリンがモリーを塀の上から降ろすときに使用する。

失踪したネコを見つけたとき、モリーはその場で寝転がってコリンに教える。これは、ネコを怖がらせないようにするためでもある。モリーがネコを見つけたときは、ごほうびに彼女の大好物のブラック・プディング〔ブタの血にオーツ麦やハーブ、スパイス類、脂身などを混ぜてつくるソーセージ〕などのおやつが与えられる。

モリーの嗅覚とコリンの捜査能力を組み合わせたチームワークは、イギリス中の迷い猫の発見に貢献している。一度、ハウスボート〔運河などに停泊して住めるように改造した船〕から飼いネコがテムズ川に落ち、溺れ死んだと思い込んだ飼い主から、そのネコの遺体を探してほしいと依頼されたことがあった。コリンはそのネコは溺れ死んだわけではなく、どこかの川岸に泳ぎついたのではないかと考えた。3日後、コリンの読みは当たり、モリーはトレーラーハウスの下に隠れていたネコを発見。コリンが無事救出した。

モリーの発見率の高さはずば抜けている。しかし一度、捜索で危うく命を落としかけたことがある。森に続く道を進んでいたところ、目の前に立ちふさがった猛毒をもつクサリヘビに2度咬まれ、一瞬にして毒が体に回ってしまったのだ。彼女の体はすぐにマヒして動けなくなってしまった。コリンは急いでモリーを獣医のところに連れていったが、その獣医は解毒剤を持ち合わせておらず、48時間、モリーの様子をただ見守るしかなかった。

モリーは立ち上がり、食事もとれるまでに回復したのだが、相変わらず足を引きずっていた。コリンは、モリーの足がなかなか完治しないことが気がかりだった。モリーはときにその賢さが裏目に出ることがある。というのも、モリーが何食わぬ顔で普通に歩いている姿をコリンの交際相手の女性が目撃してしまったのだ。モリーは、コリンが近くにいるときだけ足を引きずっているのではないか、という疑惑が浮上した。コリンはカメラを設置してモリーの様子をチェックしてみた。案の定、モリーが足を引きずっていたのは演技だったことがばれてしまい、彼女の長期休暇はあえなく終了した。

コリンとモリーのもとには、飼いネコが見つからず取り乱した飼い主から、週に15件以上の電話がかかってくる。コリンは言う。「[モリーが]いなかったら、これほど大きな反響は起きていないでしょう。モリーは私を試し、いつだって私を驚かせ、決して落胆させることはありません。まさに奇跡のような存在なんです」

59

外来種としての殺処分を ケネディ大統領の恩赦で免れたマングース

ミスター・マグー

アメリカ合衆国第35代大統領、ジョン・F・ケネディ（JFK）の恩赦で命拾いした動物はそう多くはないはずだ。そのなかでさらに例外的な動物がいた。マングース〔アフリカ、インド、東南アジアに分布するジャコウネコ科の動物。別称ネコイタチ〕の「ミスター・マグー」だ。

スペリオル湖〔アメリカとカナダにまたがる五大湖最大の湖で、面積で世界最大の淡水湖〕の北西の沿岸に位置するミネソタ州ダルースには、大西洋横断貨物船が停泊する世界でも最も内陸にある湾港、ダルース港がある。ダルース港には現在もたくさんの貨物船が出入りし、石炭や鉄鉱石、穀物、衣類、大型家電製品などが運び込まれている。今から約60年前の1962年11月、この港にインドから1匹のマングースが貨物船に乗ってやってきた。商船の船員たちは長い船旅の間、このマングースと一緒に紅茶を飲んだりして楽しんでいた。しかし、マングースには乾いた土地での生活がふさわしいと考え、ダルース市内にあるスペリオル湖動物園に寄贈することにした。

動物園の園長ロイド・ハックルは、喜んでこのマングースを受け入れ、「ミスター・マグー（Mr

Magoo)」と名付けた。ところが、その後は厳しい現実が待っていた。1960年代のアメリカは、外国からの侵入者を歓迎しなかったのだ。

連邦政府はミスター・マグーを侵略的外来種〔環境に適応し、在来生物に悪影響を及ぼす可能性のある外来生物〕とみなした。しかも、国外追放どころか、殺処分を宣告したのだ。地元の新聞『Duluth Herald（ダルース・ヘラルド）』紙には、「マングース、好ましからぬものとして逮捕」という見出しでこう書かれていた。「ダルース市内の動物園の『紅茶を飲むマングース』は、好ましくない侵入者とみなされ、米政府に逮捕された」

ダルース市民はマグーの殺処分に異議を唱えた。そして、国内で唯一のマングースであるミスター・マグーは将来にわたって繁殖が不可能であり、この生き物がアメリカ全土に増殖する可能性は低いと訴えた。

市民たちは、ミスター・マグーが余生を穏やかに生きられるよう、国に特別の配慮を求めて立ち上がった。嘆願書にはたくさんの署名が集まり、スチュワート・ユードル内務長官、ヒューバート・ハンフリー上院議員、ダルース市長のジョージ・ジョンソンをはじめとする、地元や国の有力者たちに提出された。この運動は、当時世界的に盛んになっていた反核運動（no-nuke movement）にかけて「No Noose for the Mongoose（マングースの死刑反対）」と呼ばれ、1万人を超える市民の支持を得た。なかには、「マングースの檻のカギをもつ唯一の人物であるスペリオル湖動物園の園長がミスター・マグーをかくまうべき」とする意見もあった。

ケネディ大統領が直接介入したかどうかはわからない。しかし、ミスター・マグーは恩赦によって土壇場で死を免れた。ユードル内務長官は次の声明を読み上げた。「動物園、教育、医療、科学的研究を目的とした、マングースを含む禁止哺乳類の輸入を限定的に認める権限に基づき、ミスター・マグーに非政治的亡命を認めることを勧告する」。さらにユードル内務長官は、「これは特例であり、他のマングースに入国の自由を認めるものではなく、あくまで、ミスター・マグーが『独身生活』を貫けるかどうかにかかっている」と付け加えた。

地元の『News Tribune（ニュース・トリビューン）』紙は「（ミスター・）マグーに恩赦。米国への亡命認められる」という見出しで記事を掲載した。動物園に残れることになったミスター・マグーを思い、ハックル園長は報道陣に「晴れ晴れとした気分だ」と語った。一方、ケネディ大統領も次のように述べている。「（ミスター・）マグーを救った物語を、『人民による政治（government by the people）』のよいお手本にしようではありませんか」

ミスター・マグーは新天地で幸せな暮らしを送った。1日1個の卵を食べ、1杯の紅茶をたしなみ、動物園の事務所で運動し、人懐っこい性格で職員を魅了した。動物園を訪れる来園者、特に子どもたちには大人気で、たくさんのファンレターのほかに、クリスマスカードも届いた。

ミスター・マグーは1968年1月、静かに息を引き取った。『Duluth Herald（ダルース・ヘラルド）』紙には、「動物園の人気者、ミスター・マグーが逝く」という追悼記事が掲載された。新しい園長のバジル・ノートンは、二代目ミスター・マグーを動物園に連れてくることはないと誓い、こう語った。「ダルース市民をとりこにし、愛情を一身に集めたミスター・マグーの代わりになるマングースは存在しません」

ミスター・マグーは剝製にされ、スペリオル湖動物園を訪れる大勢の来園者の目に触れる場所に展示された。

60

スマトラ島沖地震による大津波を察知し、少女の命を救ったゾウ

ニン・ノン

私は2004年のボクシングデー〔イギリスの祝日で、クリスマスの翌日12月26日のこと。由来は諸説あるが、クリスマスの日も仕事をしている使用人や郵便配達員のために箱［box］に入れた贈り物を渡したとする説がある〕に起きた出来事を今も忘れることができない。この日、スマトラ島沖地震が発生し、インド洋の島々を大津波が襲った。地震のエネルギーは原爆2万3000発分に相当するとてつもない規模に達し、地球の質量分布を変化させ、地球の自転にも影響を及ぼした。津波は高さ100フィート〔約30メートル〕を超え、ジェット機並みの速さでスリランカ、マレーシアの沿岸を飲み込み、壊滅的被害をもたらした。死者は23万人近くに達した。

イギリスのミルトン・キーンズ〔ロンドンの北西約80キロにある国内最大規模のニュータウン地区〕に住む8歳の少女、アンバー・メイスンは母親と継父と一緒に、休暇でタイのプーケット島を訪れていた。アンバーは毎朝、いそいそとホテルの外にいるゾウたちを見に行った。ゾウの背中に乗せてもらってビーチを散歩し、水辺で一緒に遊ぶのが楽しみだった。

そして、彼女のお気に入りのゾウはすぐに見つかった。ニン・ノン（Ning Nong）という名前の4歳のオスだった。アンバーはこのゾウとすぐに打ち解けた。「ニン・ノンはいつも鼻で私の手を握って、その場にいた子どもたちのなかから私を選んでくれました」とアンバーは話す。彼女がニン・ノンにバナナを食べさせてやると、ニン・ノンは鼻をすり寄せて親愛の情を示した。彼女にとってこの休暇でいちばん楽しかった思い出は、毎日ニン・ノンの背中に乗ることができたことだった。

ボクシングデーの朝は、いつもと同じようにやってきた。午前8時頃に小さな地震があった。それが、このあと起こる大津波の予兆になろうとは誰も思わなかった。朝食後、アンバーはニン・ノンに乗っていつものようにビーチを散歩した。しかし、その日のニン・ノンはいつもとどこか違った。大きく潮が引き、打ち上げられた魚をとろうとみんなが砂浜に走り出した。ゾウの世話係も一緒に走っていったが、ニン・ノンは不安そうにしている。いつもは海に向かうのに、この日はなぜか海に背を向けるようにしていた。ゾウの世話係から距離を置き、浜から離れようとしていた。

ニン・ノンは何かが起きるのを察知していたのだ。そして、彼の直感はアンバーの命を救うことになる。海面が急に盛り上がり、ニン・ノンと世話係は浜辺から一目散に逃げ出した。次の瞬間、最初の津波が浜辺に押し寄せてきた。アンバーは怖くなり、ニン・ノンの背中にしがみついた。ニン・ノンは高台を目指して進み、石壁を見つけて立ち止まると、アンバーが自分の背中から降りて壁によじ登り、安全に過ごせるようになるまで水の流れに耐えた。

アンバーの母親が津波の第一波の到来に気づいたのは、浜辺の方からただならぬ悲鳴を耳にしたときだった。娘のアンバーはニン・ノンと一緒にいるはずだと、母親は急いで浜辺の方に走ったが、ニン・ノンの姿が見えない〔このとき、アンバーを乗せたニン・ノンは先に高台に向かって逃げていた〕。誰かが「ゾウは津波に流されて死んでしまったかもしれない」と言うのを聞いて、母親はパニック状態に陥った。

突然、浜辺から離れたところで壁に挟まれ身動きできないでいるニン・ノンの姿が目に入った。娘のアンバーは安全なところに逃げようとしていた。母親はアンバーを抱きかかえ、間一髪でホテルの上の方の部屋に避難した。数分後、第二波がホテルの一階に流れ込み、部屋の一部が流された。

「もしあのとき、ニン・ノンがいてくれなかったら、自分は今ここにいない」と、アンバーはいつも心のなかで思っている。彼女は『デイリー・メール』紙の取材にこう答えている。「ニン・ノンは私の命の恩人です。彼は何か悪いことが起こる予兆を感じて、私を安全な場所に連れていってくれたのです。私はこれからもずっと、彼への感謝の気持ちをもち続けます」

アンバーの母親は、もう少しで娘を失いかけたあの出来事を決して忘れることなく、毎年、プーケット島のゾウたちのために寄付を続けている。

61

飼い主一家の少女の死を機に家を飛び出し、旅に出たイヌ

パディ・ザ・ワンダラー（さすらい犬パディ）

「ダッシュ（Dash）」は1920年代、ニュージーランドの首都ウェリントンに住むグラスゴー一家が飼っていたエアデール・テリアだった〔エアデール・テリアは、イギリス・ヨークシャー州エア渓谷〔エアデール〕原産の狩猟犬。テリア種のなかで最も体が大きく、独立心が強いとされる〕。主人のジョン・グラスゴーは仕事で航海に出ることが多く、ダッシュはジョンの妻、そして特に幼い娘エルシーにとって大切な伴侶になっていた。ジョンが乗った船が港に帰ってくるときには、妻はエルシーとダッシュを連れて波止場まで迎えにいったものだった。

だが、エルシーは4歳の誕生日を迎える前に肺炎で亡くなってしまった。両親は悲しみに打ちひしがれた。ダッシュは家から飛び出し、エルシーの姿を探しているかのように波止場をさまよい歩き、グラスゴー一家のもとに戻ることはなかった。

ダッシュは〔ウェリントン港の〕いくつかの船着き場を歩き回った。そしてすぐにウェリントン港に出入りする船員や港湾労働者たちに懐くようになった。ダッシュは「パディ（Paddy）」とい

夜間警備犬時代の「パディ・ザ・ワンダラー」
（ウェリントンのクイーンズ埠頭で、1935年）

う新しい名前をつけてもらい、地元のタクシー運転手たちが協力して餌をやった。運転手たちは毎年交代で、誰かがパディの鑑札代金（飼い犬の登録料）を支払った。やがてパディは、ウェリントン港湾局に正式に採用され、「海賊、密輸業者、ネズミ」の侵入から港を守る夜間警備犬に任命された。

やがて、パディはトラム（路面電車）を乗り継いでウェリントン市内へと見回りに行くようになった。大恐慌（1929年、ニューヨーク・ウォール街での株価大暴落に端を発する世界恐慌）の影響がニュージーランドにも波及し始めた頃、パディはオーストラリア行きの船にこっそり乗り込んで、ウェリントンの港をあとにした。そして、ニュージーランドの港を次々に見物したあと、別の船に乗り換え、ウェリントンに戻ってきた。この大胆な旅はたちまち町の話題となり、「パディ・ザ・ワンダラー（Paddy the Wanderer）」（さすらい犬パディ）と呼ばれて評判になった。またあるときは、船でオークランドを訪れたパディを、地元の港湾労働者が誘拐しようとしたが、ウェリントンの同業者たちの仕返しを恐れて、パディを無事に帰らせたと言われている。

1939年7月、パディが体調を崩したとき、ウェリントンのタクシー運転手たちはお金を出し合い、パディを療養させるために犬舎に預けた。しかし、パディはそれを望んでいなかったようだ。ある日、タクシー運転手の1人がパディの様子を見に行くと、パディはこの運転手の車の後部座席に飛び乗り、頑として降りようとしなかった。この運転手は仕方なく、パディをウェリントンの埠頭《ふとう》まで連れ帰った。タクシー運転手をはじめ、パディの面倒を見てきた港湾関係者たちは、埠頭倉庫の一角に寝床を用意した。しかし、それからまもない7月17日、パディは息を引き取った。

地元の『Evening Post（イブニング・ポスト）』紙によると、「パディ・ザ・ワンダラー――ここに眠る」と刻まれたひつぎを運ぶ葬列には12台のタクシーが連なり、パディを見送ろうと人々が集まってきたため、この葬列はウェリントンのダウンタウンで立ち往生したという。

1945年、クイーンズ埠頭の入り口（Queens Wharf Gates）近くに記念碑を建てるための募金が始まった。ブロンズのレリーフ〔浮き彫り細工の肖像〕とロンドンの旧ウォータールー橋の花崗岩を再利用してつくられたこの記念碑は、下の方にイヌ用の水受けを備えた噴水式の水飲み場になっている。

62

サッカーW杯の試合結果を次々と的中させたタコ

パウル

タコは驚異の生き物だ。9つの脳と3つの心臓をもち、青い血液が流れ、見事な擬《ぎ》態《たい》を見せるタコは、無脊椎動物のなかでは驚くほど知能が高く、個性的な生き物なのだ。2008年、ついに未来を予測するタコが登場し、大きな話題を呼んだ。

そのタコの名は「パウル（Paul）」。2006年にイギリスのウェイマス〔イギリス・ドーセット州南部のウェイマス湾に面する街〕にある水族館で生まれ、生涯の大半をドイツの都市オーバーハウゼンのシーライフ水族館で過ごした。2008年のサッカー欧州選手権（UEFAユーロ2008）で数々の試合結果を予想して見事的中させ、サッカー占いの第一人者として一躍有名になった。

その2年後の「2010FIFAワールドカップ南アフリカ大会」では、ドイツチームの試合結果をすべて的中させ、しかも決勝直前にはスペインがオランダを下すと予想。実際に試合は延長戦に突入し、1対0でスペインが優勝した。

この占いはとても簡単で、対戦国の国旗を貼った2つの容器にそれぞれムール貝などの餌を入れたものをパウルの目の前に置き、パウルが最初に蓋を開け、なかの餌を食べた方の国を試合の勝者と解釈する、というものだった。

ある意味当然だが、パウルの予想に疑念を抱き、批判する人もいた。イランのマフムード・アフマディネジャード大統領は、このフィーバーぶりを「西洋の退廃と衰退の象徴」とこき下ろした。「身も蓋もない」とはまさにこういうことだろう。

多くの解説者や評論家が予想を外すなか、パウルは87%以上の確率で予言を的中させたのだから、史上初、それもおそらくは唯一の予言ダコであるのは間違いない。

パウルの「予言」の確かさを裏付ける科学的根拠について、海洋生物学者は、タコははっきりした横縞のパターンに引きつけられるからだと指摘した。また、タコは色盲だが、明るさの違いは見分けられる。つまり、パウルが選んだドイツやスペインなどの国旗がいずれも横縞の帯が太く、色鮮やかなのは、単なる偶然ではないのかもしれない。

一方で、パウルはドイツの旗を繰り返し選ぶうちにそれが習慣になっていったとする意見もあった。それでもパウルのファンは、この頭足類の生き物には予知能力があると信じて疑わなかった。

パウルの勝敗占いは2010年ワールドカップに欠かせないイベントになった。ドイツチームが出場する試合のたびにパウルの予想を待ち望むファンの声を受け、ドイツのニュースチャンネルでその様子が生中継された。ドイツがアルゼンチンに圧勝すると予言したときは（実際に4対0

でドイツが勝った)、アルゼンチンの有名なシェフがフェイスブックにタコ料理のレシピを投稿した。とはいえ、準決勝のドイツ対スペイン戦を前にパウルがスペインの勝利を予言したときは(実際、そのとおりの結果になったのだが)、自国ドイツのファンの恨みを買い、殺害予告が届くなどした。なかには「寿司にしてやる」という脅しまであった。

決勝戦のあとの表彰式で、スペインチームが優勝トロフィーを掲げたとき、スペインのホセ・ルイス・ロドリゲス・サパテロ首相は、パウルのためにボディガードを招集し、国家として正式な保護を与える用意があると表明した(もちろん、ジョークである)。

パウルの活躍に触発され、ドイツのケムニッツ動物園では、さまざまな動物に2010年ワールドカップの試合結果を予想させる試みが行われたが、パウルの予知能力にかなうものはいなかった。ヤマアラシの「レオン」、それにコビトカバの「ペティ」はいずれも、結果を予想するまでに至らず失敗。準々決勝のガーナ対ウルグアイ戦では、タマリン(霊長目キヌザル科タマリン属の小型のサルの総称)の「アントン」がガーナの干しブドウを食べ、「アフリカ勢初のベスト4入りか」と周囲を期待させた。しかし、蓋を開ければガーナはPK(ペナルティキック)戦でウルグアイに敗れ、準々決勝で敗退した。ガーナの干しブドウを食べたアントンは、ガーナがウルグアイの食い物にされると言いたかったのか、それともガーナが勝つと言いたかったのか……それは誰にもわからない。

日本のタコも負けてはいない。「2018FIFAワールドカップロシア大会」では、ミズダコの「ラビオ」が日本代表の1次リーグ3試合の結果を予想し、すべて的中させた。ただし、このタコは決勝トーナメントを待たずに、地元の魚市場から出荷されてしまった。

2010年のワールドカップでスペインの優勝を的中させたパウルのもとに、世界中からオファーがきた。なかには、3万ユーロの移籍金を提示するものもあったが、パウルは静かな引退生活を選んだ。シーライフ水族館の職員からは、ワールドカップのトロフィーのレプリカが贈られた。レプリカには、好きなときに食べてもらおうとムール貝も3個くっつけられていた。

パウルは2010年10月、突然亡くなった。その早すぎる死に、さまざまな陰謀説がささやかれた。パウルは今も「すべての大陸の人々を熱狂させた」タコとして、人々の記憶に残っている。

「2014FIFAワールドカップブラジル大会」の開催期間中、パウルは祝日や記念日などに合わせてデザインが変わるグーグルの検索ページのロゴ「グーグルドゥードゥル」に2回登場した。

1度は天国の雲の上で頭に光の輪をまとった姿が、また、決勝当日は天上界から両チームを応援している姿が描かれた。

63
サッカーW杯の優勝トロフィー盗難事件を解決に導いたイヌ

ピクルス

ＦＩＦＡワールドカップに関連して有名になった動物はタコのパウルだけではない。わがイギリスにも、新聞の大見出しを飾るヒーローがいた。ボーダーコリーの雑種犬、ピクルス（Pickles）だ。シャーロック・ホームズ、ミス・マープル〔アガサ・クリスティの推理小説に登場する老婦人の名探偵。テレビドラマにもなった〕、そして主任警部モース〔推理作家コリン・デクスターの『モース警部』シリーズを原作とする刑事ドラマ〕を生んだこの国では、ＦＩＦＡワールドカップ史上最大のミステリーとされる盗難事件の解決にイヌが大活躍したのだ。

１９６６年のワールドカップは開催国イングランドが初優勝した。イングランド代表チームの主将、ボビー・ムーアがチームメートの肩に担がれ、トロフィーを掲げる有名なシーンは、この国のスポーツ文化史を飾るハイライトとして記憶されている。

実はこの約４カ月前に、イングランドでは開催国の面目をつぶすような事件が起きていた。「ワールドカップのトロフィーを失くした（having lost the World *Cup*）」のだ。英語の「lost」には

「試合に負けた」という意味のほかに「紛失した」という意味もある。

1966年3月、第8回となる同大会を盛り上げようと、「ジュール・リメ・トロフィー」と呼ばれる歴史あるトロフィーがロンドンに運ばれてきた。ギリシャ神話の勝利の女神ニケをかたどった金メッキのトロフィーは、ロンドンのウェストミンスター〔イギリスの国会議事堂であるウェストミンスター宮殿やバッキンガム宮殿などの有名な歴史的建築物が集中する地区〕にあるセントラル・ホールで開催されたスタンレー・ギボンズ社〔1856年創業。英国王室御用達のアンティーク切手、コインなどを扱う老舗〕主催の「スポーツ切手展」の目玉としてお披露目された。

ところが開催2日目の3月20日、カギのかけられたケースからトロフィーが盗まれた。犯人は300万ポンド〔現在の価値で約84億5700万円〕相当の切手類には一切関心を示さず、明らかにトロフィーだけを狙った犯行だった。市民からは警備態勢への疑問が噴出し、誰もが盗難事件に動揺した。このままではイングランドは世界の笑い者になる。そもそもトロフィーを丸2日間も安全に保管できない国に、どうやってワールドカップの開催国が務まるのか。

イングランドサッカー協会〔The Football Association［The FA］の日本での呼称。以下、FAと表記〕は、型どおりに次のような声明を発表した。「われわれは、このきわめて不運な出来事を誠に遺憾に思う。FAとわが国の名誉が傷つくのは避けられないだろう」。国際サッカー連盟〔FIFA〕はトロフィーの複製を禁止していたが、FAは急遽、ジュール・リメ・トロフィーのレプリカの作成を銀細工師に依頼した。

ちょうどその頃、チェルシー・フットボール・クラブ（FC）の会長で、FA会長も兼任したジョー・ミアーズ会長のもとに「ジャクソン」と名乗る男から電話がかかってきた。男は「明日チェルシーFCのスタンフォード・ブリッジのグラウンド（ロンドン南西部ハマースミス・アンド・フラム・ロンドン特別区にあるサッカースタジアムで、チェルシーFCのホームグラウンド）に小包が届く」と告げ、電話を切った。

翌日、発見された小包のなかには、トロフィーケースの蓋から取り外されたライニング（内張り）部分とともに、身代金1万5000ポンド（現在の価値で約4228万円）を要求する脅迫状が入っていた。ミアーズ会長はただちにそれを警察に手渡した。

覆面警察官がこの「ジャクソン」という男とバタシー・パーク（ロンドンのチェルシー地区からテムズ川を挟んで南に位置する広さ83ヘクタールの緑地）で落ち合った。この警察官は新聞紙の束を5ポンド札で覆ったにせの札束を詰めたスーツケースを持参していた。現金の受け渡しに現れた男はその場で逮捕された。男は「エドワード・ベッチリー」という名前の元兵士の三流詐欺師だった。

男はトロフィーを盗んだ容疑を否認し、「自分は『ザ・ポール（The Pole）』の代理人として現金の受け渡しに来ただけ」と主張した（「ザ・ポール」については実在の人物かどうかも含め、詳細は不明である）。ベッチリーは恐喝未遂の罪で2年の実刑が言い渡された。

それでも肝心のトロフィーは見つからなかった。懸賞金がかけられ、刑事はあらゆる手がかりを探った。しかし、トロフィーの行方はわからずじまいだった。

事件発生から1週間、世界一のサッカーチームに贈られるあの名誉あるトロフィーは二度と出てこないのではという悲観的なムードが漂うなか、国中が息を潜めて捜査の行方を見守った。そこへさっそうと現れたのが名犬ピクルスだった。3月27日、ロンドン南部のノーウッドに住むデイブ・コーベットと飼い犬のピクルスは日曜日の散歩に出かけようと家を出た。ピクルスはすぐに近所の車の脇にある茂みのにおいを嗅ぎ始めた。不思議に思ったコーベットが見に行くと、ピクルスは何かの包みが気になるらしく、そこから離れようとしない。その包みは新聞紙にくるまれ、ひもで厳重に縛られている。コーベットはもっとよく調べようと包みに手を伸ばした。彼はのちに取材を受けたとき、当時の様子をこう語っている。

包みの底を少しだけ破ると金属のプレートが見えて、その奥にブラジル、西ドイツ、ウルグアイの文字が刻印されているのが見えました。もう一方の端も破ってみると、それが底の浅いカップを頭上に掲げる女神の彫刻だとわかりました。ワールドカップのトロフィーの写真は新聞やテレビで見たことがあったので、心臓が飛び出るくらいびっくりしました。

コーベットは、その包みをもって近くのジプシー・ヒルの警察署に行き、「ワールドカップを見つけました！」と警察官に告げた。しかし、現物を見た警官から「ワールドカップのようには見えないな」と取り合ってもらえなかった。それどころか、かえって疑われてしまい、ロンドン

世界にセンセーションを巻き起こしたピクルス。

警視庁で事情聴取を受ける羽目になった。無事疑いが晴れ、ノーウッドの自宅に戻ると、世界中から集まった報道関係者が玄関前に待機していた。

ピクルスは世界中でセンセーションを巻き起こした。「ドッグ・オブ・ザ・イヤー」に選ばれ、銀の皿と現金53ポンド（現在の価値で約15万円）とともに、スピラーズ（Spillers）社から1年分のドッグフードが進呈された。コーベット自身も、新居の頭金にできるくらいの賞金を手にした。

そして無事開催されたワールドカップでは、イングランド代表チームが優勝した。トロフィーを掲げたあの写真が撮影された7月30日、ピクルスとコーベットは、優勝祝賀会に主賓として招待された。おそらく大きな注目を浴びたせいなのか、それとも来賓たちの顔ぶれに圧倒されたのか、この日のピクルスは珍しく粗相をした。ホテルのエレベーターの昇降路〔エレベーターが走行する縦穴状の空間〕の前まで歩いていったと思ったら、そこで片脚を上げておしっこをしてしまったのだ。

祝賀の晩餐のあと、選手たちはバルコニーに出た。ボビー・ムーアがピクルスを抱きあげると、観衆から大歓声があがった。

その後、ピクルスは全英犬保護連盟（National Canine Defence League　ＮＣＤＬ。現ドッグ・トラスト［Dog Trust］）から銀メダルを授与された。また、俳優のジューン・ウィットフィールド、エリック・サイクスらとともにコメディ映画『ブルドッグ作戦』（１９６６年作）に出演した。さらに、イギリスの子ども番組『ブルー・ピーター（Blue Peter）』『マグパイ（Magpie）』に登場したほか、世界中からさまざまなイベントへの招待を受けた。２０１８年、ピクルスを記念して、ビューラーヒル（Beulah Hill）通りにプレートが掲げられた。このプレートは、ジュール・リメ・トロフィーが発見された場所のすぐ近くにある。また、ピクルスの首輪は、ＦＡが委託してつくらせたトロフィーのレプリカとともに、マンチェスターの国立サッカー博物館で見ることができる。

１９７０年のワールドカップでは、ブラジルが通算３回目の優勝を果たし、初代ジュール・リメ・トロフィーはブラジルに永久保管されることとなった〔ＦＩＦＡの規定により、最初に３回優勝した国に永久保持権が認められていた〕。代わりに、二代目のトロフィー（今日使われている通称「ＦＩＦＡワールドカップトロフィー」のこと）が新たなデザインで制作された。しかし1983年、リオデジャネイロのブラジルサッカー連盟本部に保管されていた初代ジュール・リメ・トロフィーはまたしても盗難事件に巻き込まれた。犯人は捕まったものの、肝心のトロフィーはいまだに見つかっていない。

64

英国最大の公開オーディション番組での演技で国民を熱狂させたイヌ

パッズィー

ここまでは、がんの発見、爆発物の探知、目の不自由な人の誘導、ビルの崩壊現場での人命救助など、さまざまな場面で活躍するヒーロー犬たちを紹介してきた。本当は、使役犬に限らず、どんなイヌにもちょっとした特技があり、輝く瞬間があり、ドラマがあるはずだ。ここで、ステージ上で音楽に合わせて見事な演技を披露し、観客を総立ちにさせたイヌにスポットライトを当ててみよう。

『ブリテンズ・ゴット・タレント（BGT）』は、イギリスで最も規模の大きな公開オーディション番組だ。優勝すれば賞金50万ポンド（2022年現在の優勝賞金は25万ポンド、約4000万円）の小切手と、イギリス王室の上位メンバーが臨席する「ロイヤル・バラエティ・パフォーマンス」（イギリス国王チャールズ3世が後援する慈善団体の活動資金を集めるために毎年開催され、テレビでライブ放送されるコメディ、音楽、ダンス、マジックなどのバラエティ・ショー）に出演する権利が与えられる。さらに世界的に有名な音楽レーベルからプロデビューを果たすチャンスもある。

BGTには毎年数万件の応募がある。2011年までに開催されたBGTのシーズン1~5の優勝者たちは、いずれも見事な歌唱力や卓越したダンスアクト〔さまざまなジャンルのダンスとパフォーマンスをミックスしたもの〕で勝ち抜いた精鋭たちだった。「(2012年の)シーズン6ではこれまでとまったく趣向の違うものを披露できないだろうか？」。そう考えたのが、イングランド中部ノーサンプトンシャー州ウェリングボローに住む16歳の女子学生、アシュリー・バトラーだった。彼女は芸達者な飼い犬のパッズィー（Pudsey）とコンビでシーズン6にチャレンジすることにした。

パッズィーは6歳（BGT出演当時）で、ボーダーコリー、ビション・フリーゼ〔カナリア諸島原産で、中世ヨーロッパの貴婦人の間で広まった小型犬。「フリーゼ」は縮れ毛の意のフランス語〕、チャイニーズ・クレステッド〔アフリカ原産で、中国で改良された犬種。局所的に毛が生えているヘアレスタイプと全身が細く長い毛で覆われたパウダーパフタイプの2タイプがある〕のミックス犬だ（巻頭口絵p.10上参照）。

飼い主のアシュリーはBGTへの出場を思いつくずっと前から、パッズィーのトレーニングを始めていた。パッズィーがおすわりや伏せがきちんとできるようになると、アシュリーはパッズィーに「おすわりしながら片方の前足を振る」といった簡単な動作から、「寝転がる」「飼い主の脚と脚の間をくぐりぬける」「(後ろ足で立ったまま)回転する」といった動作を覚えさせた。

パッズィーは新しい技を次々にマスターした。飼い主が腕でつくった輪をくぐりぬけ、後ろ足で立ち上がって後ずさりする技も覚えた。「こういう動作は決して簡単ではありませんが、パッズィーは簡単に覚えてしまうんです」とアシュリーは話す。「パッズィーは『アジリティ』〔「アジリティ」はイヌの障害物競走と言われ、ハンドラーがイヌに並走して指示を与えながらゴールまでミスなく走らせてタイムを競う〕で跳び慣れているので、ステージの上でもとても高く跳べるのです。アジリティは柔軟性を高めるだけでなく、〔BGTで見せた〕演技にも役立っています」

アシュリーはパッズィーをしつけ教室とアジリティ教室にも通わせていた。そのほかに、音楽に合わせて踊る「ヒールワーク・トゥ・ミュージック〔HTM〕」〔ドッグダンス競技のカテゴリーの1つ〕について本やネットで調べ始めた。ヒールワーク・トゥ・ミュージックは、いわばイヌの馬場馬術のようなもので、音楽に合わせてハンドラーとイヌが一体となり、正確なポジションを維持しながら、創造性のある生き生きとしたステップを組み合わせた演技を披露しなければならない。

アシュリーは、パッズィーが特に好きな技を見極めながら、一緒に技を習得していった。「イヌが技を覚えるまでにかかる時間は、普段どれくらい練習に時間が使えるか、イヌがどれくらいその技をやりたがっているか、どの程度飲み込みが早いかによると思います」とアシュリーは話す。

アシュリーがBGTの書類審査に応募したところ、番組プロデューサーの目にとまり、「アシュリー&パッズィー」の予選出場が決まった。次はいよいよ、審査員と観客のいる前で演技を披露する番だ。

2012年のシーズン6の予選は、カーディフ、バーミンガム、ロンドン、マンチェスター、ブラックプール、エディンバラの国内6カ所を会場とする番組始まって以来の規模で開催され、過去最多の出場者数を記録した。アシュリーとパッズィーはカーディフの会場で、審査員のサイモン・コーウェル、アリーシャ・ディクソン、そしてデイヴィッド・ウォリアムズが見守るなか、ステージ中央に歩み出た。そして、テレビアニメ『原始家族フリントストーン』のテーマ曲に合わせて完璧な演技を披露すると、観客も審査員も総立ちのスタンディングオベーションを送り、見事予選を通過した。特に審査員のサイモンはパッズィーの才能にほれ込んだ様子で、パッズィーの優勝を心待ちにしているかのようにほめ称えた。

準決勝は5日間にわたって、1日8組ずつで競われる。アシュリー&パッズィーは1日目に登場した。彼女たちの準決勝のテーマ曲は「ペピーとジョージ」〔2011年作の映画『アーティスト』のオリジナル・サウンドトラック収録曲〕。このときも、パッズィーは巧みなステップとジャンプで観客を魅了し、視聴者投票の結果、決勝にコマを進めた。

そして2012年5月12日に決勝の舞台を迎えた。アシュリーは映画『ミッション：インポッシブル』のテーマを選んだが、この選曲は決勝の演技にぴったりだった。「果たして、最有力優勝候補のオペラデュオ『ジョナサン&シャーロット』にアシュリー&パッズィーのコンビは勝てるのか？」。会場とテレビの前の視聴者は固唾をのんで2人の演技を見守った。

この日の決勝は1300万人を超える人々が視聴した。イスに座ってポーズを決めるアシュリー&パッズィーのコンビが、ステージの天井からワイヤーで吊るされた台に乗って登場すると、エネルギッシュなパフォーマンスが始まった。大観衆に大音量の音楽、めまぐるしく変わる舞台セット、そしてステージの背後に設置された巨大モニターに映し出されるエフェクト画像に一切気をとられることなく、2人はこれまでと変わらない正確で息の合った演技を見せた。パッズィーはアシュリーの動きに合わせてターンし、四つんばいになった彼女の腕と腕の間を縫うように歩き、二足歩行で彼女の後ろに立ち、審査員席のデスクの上を端から端まで小走りし、最後に彼女の背中に飛び乗った。その間、パッズィーのステップには1つもミスがなかった。

審査結果の前に、アリーシャは「あなたは動物を虐待する人に向けて、イヌがいかに特別な存在かをアピールしてくれました」と講評を述べた。サイモンもこう付け加えた。「こういう演技を待っていたんだ。僕がどんなにイヌが好きか知っているだろ？」

果たして優勝は誰なのか。結果は愛犬家の多いイギリスの視聴者の判断に委ねられた。パッズィーの演技は何百万もの人々の心を動かした。そして……司会のアント&デックが「アシュリー&パッズィー」の名前を読み上げた。この瞬間、BGT史上初となる、動物と人間のコンビによる新チャンピオンが誕生した。

パッズィーの人気はイギリス中に広がった。アシュリーとパッズィーのもとに全国からさまざまなイベントへの誘いが入るようになった。ザ・ケネルクラブ〔イギリスにある世界最古の畜犬団体〕には、「アジリティやヒールワークの教室はどこにあるのか」という問い合わせが殺到した。

アシュリーとパッズィーは女王エリザベス2世の前で2度、演技を披露している。いずれも女王の即位60年を祝う「ダイヤモンド・ジュビリー」の記念行事で、1度目はロイヤル・バラエテイ・パフォーマンス、2度目はエプソム競馬場（Epsom Downs Racecourse）で行われたレースの前座に登場した。私はエプソム競馬場での行事で、初めてアシュリーにインタビューした。アシュリーは、「女王陛下はご自身が愛犬家で知られるだけあって、トレーニング技術に特に興味をもたれたようです」と話してくれた。とりわけ、パッズィーが一心不乱に飼い主の動きに追従する様子に魅了されていたそうだ。

BGTで優勝したあと、アシュリーとパッズィーは数多くのテレビ番組に出演した。パッズィーは、BGTの審査員の1人、デイヴィッド・ウォリアムズの児童書『大好き！クサイさん』（久山太市訳、評論社、2015年）を原作とするテレビドラマに「ダッチェス」役で出演し、俳優デビューを果たした。そしてなんと、別の審査員、サイモン・コーウェルがプロデュースしたコメディ映画『Pudsey the Dog: The Movie（パッズィー・ザ・ドッグ：ザ・ムービー）』では自身の役で主演デビューまで果たしたのである。

パッズィーは2017年に亡くなった。愛犬を失ったアシュリーは、SNSにその心境を吐露した。「胸が張り裂けそうです。この悲しみをどうやって乗り越えればいいのかわかりません。パッズィーは10億分の1の確率で出会った、私のかけがえのないイヌでした」

時を同じくして、2012年の『アメリカズ・ゴット・タレント』のシーズン7では「オラテ・ドッグス(Olate Dogs)」〔トレーナーのオラテ親子によるイヌのパフォーマンス集団〕が優勝し、アメリカでもドッグフィーバーが巻き起こった。また、2015年のBGTでは「マティス(Matisse)」という名前のボーダーコリーとそのトレーナーのジュール・オドワイヤー(Jules O'Dwyer)が優勝。2017年にはBGTのドイツ版『ジャーマンズ・ゴット・タレント』で10歳の少女アレクサ・ラウエンバーガーと8頭のイヌたちのチームが優勝した。

65

紛争地域での地雷除去に命がけで奮闘しているネズミたち

一般に害獣扱いされている「ネズミ」は、人気動物ランキングの上位にはまず登場しない。家屋や建物に潜んで暮らすネズミは、サルモネラ菌やワイル病（レプトスピラ菌による急性熱性疾患のうち、多くの臓器が冒されるなど特に重篤な症状を指す）など致死性の感染症の原因にもなるからだ。14世紀半ばに世界的に大流行した黒死病（腺ペスト）（ペスト菌を保有するネズミなどのげっ歯類に寄生するノミの咬傷《こうしょう》から感染し、リンパ節が腫大《しゅだい》する）もネズミを介して感染が広がった。本当かどうかはさておき、「ロンドンではネズミから6フィート（約1・8メートル）以上離れることはない」というありがたくない伝説まである。

ネズミは何かと悪者にされる。新型コロナウイルス感染症の拡大までネズミのせいにされかねない。しかし、そんなネズミに厄介者のレッテルを返上するチャンスが到来した。

かつての紛争地域では地雷の除去に貢献し、自らの命を危険にさらしながら人間たちの命を救っているネズミたちがいる。「ヒーローラッツ（heroRATS）」と呼ばれるこのネズミたちは、ベルギーの非営利組織APOPOが地雷を探知するよう特別に訓練したアフリカオニネズミで、アンゴラ、モザンビーク、ジンバブエ、そしてカンボジアなど東南アジアの国々で活躍している。

アフリカオニネズミはサハラ以南のアフリカに生息する体長25~45センチの大型のネズミで、優れた嗅覚を駆使して地中に埋もれている地雷のにおいも嗅ぎとることができる。また体重が軽いので、万が一地雷を踏んでも爆発せず、イヌや人間よりも少ないリスクで効率よく、しかも短時間で爆発物を探知できる。

人間の場合、金属探知機を使用しながらの作業は時間がかかるうえ、間違って地雷を踏んで爆発させる危険性も高い。人間が2000平方フィート（約186平方メートル）を探索しようとすると4日かかるが、アフリカオニネズミなら同じ面積を20分で探索できる。訓練費用も1匹あたり数千ポンド（1000ポンドは約16万円）だ。アフリカオニネズミを訓練して人間と一緒の作業に慣れさせ、特殊なハーネスをつけ、地雷原に格子状に張られたロープに沿って歩けるようにするまでに（巻頭口絵p.10下参照）約9カ月かかる。それでも、イヌを訓練するより低コストで輸送も簡単だ。

ただし、ネズミはイヌと違って言葉での指示に対応できない。そこで、カチッと音がしたら、つぶしたアボカドやバナナ、ピーナッツなどのごほうびがもらえるとネズミに教え込む。ネズミが地雷の上を通ったとき、ネズミは鼻を上に突き出してハンドラーに地雷の存在を知らせる。発見した地雷はその場で爆破処理するか、起爆装置を取り除くなどして無効化する。

現在、世界60カ国以上の国や地域に、推計で1億1000万個の地雷が埋まっていると見られる。そのなかには、内戦が終了してからすでに数十年が経過した国や地域も含まれている。地雷は兵士や市民の別なく攻撃する。地雷を踏んで手足を失うなどの大けがを負う人の数は年間1万5000〜2万人にものぼっている。1997年にAPOPOが創設されて以来、カンボジア、アンゴラ、モザンビーク、タンザニアではネズミの優れた嗅覚のおかげで1万3000個を超える地雷が除去された。

ネズミの並外れた嗅覚が活かされているのは地雷探知だけではない。世界保健機関（WHO）が発表した「世界の死因トップ10」〔世界銀行による国民総所得に基づく所得グループのうち、低所得国を対象としたもの〕に挙げられている結核を嗅ぎ分ける特別な訓練を受けたネズミもいる。

これらのネズミは患者の唾液から結核菌を嗅ぎ分ける訓練を受けている。ネズミが使われるのは、結核菌に感染の疑いのある検体を再検査するときで、これによって診断プロセスを大幅にスピードアップできる。たとえば40個の検体を顕微鏡で調べるのに検査技師は1日かかるが、ネズミなら同じ作業を数分でこなす。

2015年、ネズミを使って4万件以上の検体を調べたところ、従来の検査方法では見落とされていた結核感染例が1000件以上も見つかった。タンザニアでは2007年にネズミを使った結核診断が開始されたが、それ以来、国内の結核の検出率は40％以上増加している。2018年にタンザニアのモロゴロにあるソコイネ農業大学の研究でも、標準的な検査方法と比べ、ネズミを使った診断では小児の結核を最大で70％多く特定できることが明らかになった。子どもの結核患者の数は世界で年間１００万人にのぼると推定され、４人に１人が命を落としていると言われている。ネズミを使った結核診断はこうした状況に大きな変化をもたらす可能性があるのだ。

ネズミに病気を媒介する性質があることを考えると、彼らをヒーローと呼ぶのは難しいかもしれない。それでも、私たちはネズミにもっと敬意を払い、彼らが人類の健康と安全に貢献してくれていることに感謝すべきだろう。

Heroic Animals

66

朝鮮戦争で大砲や砲弾の運搬を担った米国で最も偉大な軍馬

レックレス

1950年代初頭、朝鮮戦争（1950年6月、北朝鮮の韓国侵攻を機に開戦。韓国側に米軍を中心とする国連軍がつき、北朝鮮側に中国軍が加わり大規模戦争に発展。1953年7月休戦協定締結）でアメリカ海兵隊の一員として活躍したレックレス二等軍曹（Staff Sergeant Reckless）は、アメリカで最も偉大な軍馬と言われている。この牝馬（雌馬）は部隊によく懐き、仲間の兵士たちが行くところはどこにでもついていき、兵士たちと同じものを食べ、コーヒーやビールも一緒に飲んだ。

レックレスは、韓国のソウルに暮らす青年が所有していた若い雌馬で、青年はレックレスを競走馬にすることを夢見ていた。しかし、お金に困っていたこの青年は250ドル（現在の価値で約40万円）でレックレスをアメリカ海兵隊に売却することにした。地雷の巻き添えで片脚を失った姉のために義足をつくる資金が必要になったからだ。一方、海兵隊は前線に砲弾を運搬し、負傷兵を搬送するための荷馬を手に入れたいと考えていた。

こうして両者の取引は成立し、海兵隊のエリック・ペダーセン中尉は250ドルを払って青年

砲弾を背負うアメリカ海兵隊所属のレックレス（韓国）

からレックレスを購入した。

　朝鮮戦争中、海兵隊は75ミリ砲弾を高い精度で遠距離まで発射できる「無《む》反動《はんどう》砲」〔発射時に砲尾からガスを噴出させて反動を軽減する携行式大砲〕と呼ばれる武器を頼りにしていた。ただし、重さが100ポンド（約45キログラム）もある砲身を戦場まで運ぶには少なくとも4人必要で、厳しい寒さのなかでの運搬作業は危険を伴った。

　ペダーセン中尉は、荷馬があれば無反動砲や砲弾の運搬が格段に楽になるだろうと考え、購入したばかりの荷馬の訓練を部下に指示し、砲身とともに200ポンド超の砲弾（75ミリ砲弾は1発あたり24ポンド〔約11キログラム〕の重さになった）を運ぶ訓練をさせた。兵士たちは無反動砲を「レックレス（Reckless）」〔英語のrecklessは「向こう見ずな」の意の形容詞〕と呼んでいたが、新しい荷馬にもそれと同じ名前をつけた。

前線の兵士たちのところへ無反動砲を運べるようになる前に、レックレスは最前線で生き残る術を身につける必要があった。兵士たちは敵の砲撃をかわし、その場に伏せ、有刺鉄線の柵を乗り越えることを教えた。また、特定の命令に瞬時に反応することも覚えさせた。

レックレスは、自分と同じ名前の砲弾の発射音に最初は恐れおののいていたが、2回目はそれほど驚かなくなった。もっとも、自分のそばに転がっていたヘルメットの内側のパッドを食べようとして、そっちに気をとられていたからかもしれないが。そして3回目の砲撃のときにはすっかり落ち着いていた。

レックレスは、すぐに荷馬以上の存在になっていた。寒い夜に兵士たちのテントに入ってきて一緒に寝てみたり、目につくものは何でも食べたり飲んだりするなど、このウマにはいろいろと変わったところがあったが、部隊は容認した。たとえば、コカ・コーラが好きで小隊の獣医から1日に2本の配給を受けていたし、シュレッデッド・ウィート〔1900年代初頭にナショナル・フード・カンパニーが発売したシリアル食品〕やピーナッツバター・サンドイッチはもちろん、その辺にあるものなら、自分が着ている防寒用のホース・ブランケット（馬着）の端っこでも何でも食べていた。一度だけ、ポーカーのチップ30ドル分を食べてしまったことがある。さすがにこれにはゲームに興じていた兵士たちもおかんむりだった。

レックレスが砲弾を運ぶ仕事を始めた頃、前線に出かけるときは必ず誰か1人付き添っていた。しかし、そのうち兵士の数が減っていくと、レックレスは単独で出かけるようになった。ぬかるんだ田んぼのなかを歩き、険しく複雑な地形を越え、「砂煙と死で覆いつくされたがれき」と化した戦場に入っていく。そうやって、1日に50回以上も往復し、砲弾を前線に運び続けた。

レックレスは激しい砲撃のなかでもひるまなかった。1日に榴弾砲の破片を2度も受けたときは、1度目は目の上を、2度目は左わき腹を負傷したが、それでものべ36マイル（約58キロ）以上の距離を移動し、9000ポンド（約4082キログラム）もの砲弾を運んだ。また、多くの負傷者を安全な場所に運び、あらゆる局面で仲間を第一に考えて行動した。

レックレスは数々の戦闘を生き抜いた。砲弾を運び、負傷者を乗せる危険な任務にも決してひるむことはなかった。わずか3日間でアメリカ兵1000人、中国兵2000人が犠牲になったベガス前哨基地の戦い（Battle for Outpost Vegas）〔朝鮮戦争休戦の4カ月前に国連軍と中国軍の間で行われた戦闘。ベガスは北緯38度線を中心とする国連軍の防衛線の北［ネバダ・シティと呼ばれた］に位置する前哨基地のうちの1つ〕のときでさえ、周囲の惨劇をものともしなかった。

レックレスは数々の功績で三等軍曹の階級が与えられ、のちに二等軍曹に昇格した。また、パープル・ハート勲章（詳しくはp.120「チップス」の項参照）を2個、海兵隊善行章、アメリカ国防従軍記章、国連従軍記章〔別名「Koreaメダル」。朝鮮戦争中の1950年12月に設けられた初の国連記章〕、朝鮮戦争従軍記章、海軍部隊褒賞、大韓民国大統領殊勲部隊章、大統領部隊感状および青銅星章各1個を授与された。レックレスはこれらの勲章を自分のブランケット（馬着）に付けてもらっていた。そして、レックレスを実際に目にした人も、彼女の勇敢な行動を耳にした人も、みな彼女に対して畏敬の念を抱くようになった。

朝鮮戦争の休戦締結後、アメリカ国内では「レックレスを、アジアで一緒に戦った部隊とともに本国に連れてきてほしい」とする声が高まった。アメリカの貨物船運航会社パシフィック・トランスポート・ラインズ（Pacific Transport Lines）から、サンフランシスコ行きの船の運賃を無料にするという申し出を受けたレックレスは、この船に乗って1954年11月にサンフランシスコに到着した。そして、11月10日に開催されたアメリカ海兵隊創立記念日の式典（Birthday Ball）に出席することができた。食いしん坊のレックレスは、お祝いのケーキはもちろん、飾りの生花まで食べてしまい、周囲を和ませた。

67

障害競走グランドナショナルの存続の危機を救ったレジェンド馬

レッドラム

1970年代のイギリスは、グラムロック、パンク、厚底の靴の時代だった。

子どもたちは「チョッパー（chopper）」と呼ばれる自転車〔Raleigh Chopper 社が販売した、チョッパーバイク型の子ども用自転車〕を乗り回し、「スパングルズ（Spangles）」〔ゼネラル・ミルズ社のシリアル「Sprinkle Spangles」のこと〕を食べ、スペースホッパー〔取っ手がついた子ども用ジャンピングボール。イギリスでは1969年に発売されブームに〕で飛び跳ねた。

大人たちはフォード・コーティナ〔イギリス・フォード社が1962～82年に生産していた乗用車。イギリスでは大衆車として人気だった〕を運転し、女性はタンクトップとフレアパンツ〔ブーツカットとベルボトムを含む裾広がりパンツの総称〕に身を包んだ。

公共サービスのストライキが頻発し、炭鉱ストで電力供給が週3日制になるなど、社会が機能不全に陥った1978～79年の「不満の冬（a winter of discontent）」〔シェイクスピアの戯曲『リチャード三世』の冒頭のセリフに由来〕があり、1976年には道路が溶けるほどの記録的猛暑が襲った。

この10年間に物事は急速に変化したが、これだけはいつも変わらない、と言えるものがあった。毎年4月、エイントリー競馬場で開催される障害レース「グランドナショナル」に「レッドラム（Red Rum）」が出走していたことである。

レッドラムはグランドナショナルに5年連続で出走し、優勝3回（1973、74、77年）、2着2回という金字塔を打ち立てた。ノーミスで飛び越えた障害の数は150にものぼった（グランドナショナルでは1周3600メートルのコースを2周し、16個の障害をのべ30回飛越する）。イギリスで最も親しまれている名馬であり、誰もがその稀有な物語を愛した。

レッドラムは1965年、アイルランドのキルケニー（レンスター地方キルケニー県の県都）で生まれ、母馬マレッド（Mared）、父馬クオラム（Quorum）からそれぞれ最後の3文字をとって名付けられた。2歳のとき平地競走でデビューし、最初のレースでいきなりデッドヒートを繰り広げ、初勝利を挙げた（偶然にも、レッドラムがデビュー戦を飾ったエイントリー競馬場はグランドナショナルが開催される競馬場であり、かつては平地と障害両方のレースが行われていた）。レッドラムにはイギリスの名騎手レスター・ピゴットが2回騎乗している。

レッドラムは、馬体は特に大きくはなかったが、3歳のときにボビー・レントン調教師からジャンプの素質を買われ、障害競走に転向した。レントンには1950年にフリーブーター（Freebooter）というウマでグランドナショナルを制した経験があった。

とはいえ、レッドラムが障害競走に転向した直後の2シーズンは、数回の優勝を除き厳しいレース結果に終わった。大きな懸念は、蹄骨炎《ていこつえん》でたびたび足をひきずる〔競馬用語で跛行《はこう》という〕ことだった。蹄骨炎は四肢で最も体重のかかる蹄《ひづめ》の内側にある骨に炎症が起き、この炎症による痛みのほかに圧痛〔圧迫されたときの痛み〕を伴う。そのためか、レッドラムはしばらく精彩を欠くレースが続いたため、１９７２年8月のドンカスターセール〔ドンカスター競馬場で行われる売却競走〕で競りに出されることになった。

ちょうどその頃、リヴァプールから20マイル〔約32キロ〕北に位置するサウスポートに、元タクシー運転手で、中古車販売業から競走馬の調教師に転向したドナルド・マケイン〔通称「ジンジャー」〕という人物がいた。彼は、自分が調教したウマをグランドナショナルで優勝させるという野望を抱いていた。彼のタクシー運転手時代の顧客に、トロール漁船〔トロール漁を行う船の総称。船尾から網を引いて魚介類を捕獲する〕の乗組員から億万長者になったノエル・ル・マーレという地元の実業家がいた。土曜日の夕方になると、マケインはル・マーレをサウスポートのプリンス・オブ・ウェールズ・ホテルに送り迎えしていたが、何度か乗せるうちに、競馬の話でお互い意気投合するようになった。やがてマケインはル・マーレを説得し、調教用のウマを購入する資金を出してもらうことになった。

レッドラムの健康状態をよく知らないまま、マケインとル・マーレは６０００ギニー〔現在の価値で約１４２０万円〕でレッドラムを購入した。そして、マケインが経営していた中古車展示場の裏手に厩舎を構え、レッドラムを迎えた。一般的に競走馬の調教師は、芝や全天候型の調教用コースが利用できる。また、屋根つきの馬場のほかにも、乗馬学校、ウマ用のウォーキングマシンやプールが併設されたトレーニング施設もある。マケインの場合、そういった施設とは縁がなかったが、代わりにアイリッシュ海に臨む何マイルも続くエインズデールの海辺があった。

マケインはレッドラムをサウスポートの通りを抜けて浜辺まで連れていった。そして、砂の上を速足で駆ける姿を見て仰天した。これまでいちばん高い金額で購入したばかりのウマが、跛行しているのだ。「なんということだ。自腹を切ってくれたル・マーレに何と言えばよいのか」と途方に暮れた。

マケインはレッドラムを引いて浅瀬に入った。冷たい海の水は古くから炎症を抑える民間療法に用いられており、レッドラムの場合、これが奇跡的に功を奏した。レッドラムは、何事もなかったような足取りで海から上がってきた。砂浜をゆっくり走っていてもまったく問題ない。レッドラムが蹄骨炎だとわかったのはその数カ月後のことだったが、マケインはその治療法を先に見つけていたわけだ。

それから7カ月も経たずに「ラミー（Rummy）」ことレッドラムは9戦6勝を挙げ、3万ポンド（現在の価値で約6760万円）近い賞金を獲得した。これで、自分の調教するウマをグランドナショナルに出走させるというマケインの夢は現実のものとなった。1973年3月、レッドラムは、オーストラリア出身の強豪馬「クリスプ（Crisp）」と並ぶ10・0倍の1番人気でグランドナショナルを迎えた。

当時、グランドナショナルの人気は低迷しており、エイントリー競馬場は、工業用地や新興住宅地として売りに出される危機に瀕していた。入場料が上がるにつれて、観客の数も年々減少し、新聞には毎年のように「これが最後のグランドナショナルか」と書かれるほどだった。今度こそ救世主の到来が待ち望まれていた。

このような状況下で迎えた1973年のグランドナショナルで、エイントリー競馬場を救うのはクリスプだと見られていた。レースが始まると、馬体の大きなクリスプは雄牛のような豪快なジャンプと、大きな歩幅を活かした走りでみるみるライバルを引き離した。一方、ブライアン・フレッチャーが騎乗するレッドラムは、障害を順調にクリアするものの、クリスプからかなり後れをとってしまう。

先行するクリスプは、一時は2位以下に100ヤード（約90メートル）もの大差をつけたが、最後の障害を越えたあたりから明らかにスタミナが切れてしまった。クリスプの騎手、リチャード・ピットマンは即座に鞭を入れた。その勢いでクリスプはバランスを崩すものの、なんとか立て直した。

その後方では、最後の障害を難なく飛び越えたレッドラムが徐々にクリスプとの差を詰めてきていた。クリスプは12ストーン（約76キログラム）もの斤量を背負わされていたが、それより23ポンド（約10・4キログラム）も斤量の軽いレッドラムは、余裕の走りでクリスプをとらえると、ゴール直前で追い越し、初のグランドナショナルを制した。わずか4分の3馬身差の勝利だった。

1着のレッドラム、2着のクリスプともに、1934年にグランドナショナルを制したゴールデン・ミラーの記録を39年ぶりに更新する記録を達成した。特に優勝したレッドラムの「9分1秒9」はその後17年間、破られることのない大記録となった〔1990年にミスター・フリスク〔Mr Frisk〕が8分47秒8のコースレコードを出してこの記録を破った〕。

このレースを見た人は、誰もが目の前で起きた光景が信じられなかった。特にクリスプに騎乗していたリチャード・ピットマンは、「急行列車がものすごい勢いて迫っているのに、線路に縛り付けられて脱出できないでいるような気分でした」と語り、勝つはずのレースに敗れた無念さをにじませた。そして、クリスプには同情が集まり、レッドラムは悪役呼ばわりされた。

翌1974年のグランドナショナルでは、今度はレッドラムが最大斤量の12ストーンを背負う立場になった。騎手のブライアン・フレッチャーは慎重に騎乗し、落馬者を避けながら、2周目のビーチャーズブルック〔踏切地点より着地点が低いため、毎年複数の落馬が発生する最大の難所とされる障害〕に達する頃には先頭に立った。その後、先頭を譲ることなく、チェルトナムゴールドカップで2連覇を達成していたレスカルゴに7馬身差をつけて圧勝した。

レッドラムは、38年ぶりとなるグランドナショナル2連覇を果たすとともに、同レース史上はじめて、12ストーンを背負って優勝したウマとなった。今度こそ、観客も彼の勝利を高く評価した。それから数週間後には、スコティッシュグランドナショナルでまたもや最も重い斤量を背負って優勝した。

1975年のグランドナショナルでは、重馬場《おもばば》（雨が降って水分を多く含み、走りにくくなった馬場）での出走となり、レッドラムはレスカルゴに敗れ、2着に終わった。1976年、トミー・スタックを新しい騎手に迎えて参戦したグランドナショナルでも、レッドラムは12ポンド（約5・4キログラム）斤量の軽いラグトレードに敗れた。

レッドラムはかつての勢いがなくなってきたように見えたが、マケインはグランドナショナル3勝への情熱を捨てず、1977年に再びレッドラムをエイントリー競馬場に送り込んだ。レッドラムは最大斤量を背負って他の41頭の出走馬と並んだ。12歳という年齢から、「競争馬のピークを過ぎた」と考える人も多かったが、大衆の変わらぬ支持を受け、レッドラムはまたもや対抗馬と並ぶ1番人気となった。

1970年代の初頭には観客数が低迷していたエイントリー競馬場に、晴天のなか、レッドラムを見に5万1000人もの観客が詰めかけた。かつてないほどの大歓声を受け、レッドラムがチャーチタウンボーイに25馬身差をつけて勝利した。このレースは競馬史に残る名場面の1つになっている。実況を担当したピーター・オサリバン卿は、レッドラムが最後の直線コースに入り、ウイニングポストを通過するまでの様子を、次のように伝えた。

観衆はレッドラムの勝利を待っています。先行が次々に脱落し、12歳のレッドラムを追うのはチャーチタウンボーイただ1頭……後続集団がようやく最後の直線に入ってきた。先行するレッドラム、グランドナショナル3勝目まであと1ハロン（約200メートル）。この大歓声！　リヴァプールがかつてないほどの大歓声に揺れています――レッドラムがグランドナショナル優勝です。

オサリバン卿は、この伝説の名馬がイギリス競馬界で紛れもなく重要な役割を果たしたとして、のちにこう記している。「存続の危機に瀕していたグランドナショナルを救うにはマケインとレッドラムの存在が不可欠だった」

今日に至るまでグランドナショナルを3勝したのはレッドラムただ1頭である。彼の偉業は国民の伝説になった。地元サウスポートにあるボールド・ホテルの大宴会場ではレッドラムの優勝祝賀会が行われ（会場には特別にレッドカーペットが敷かれた）、「年間最優秀スポーツ選手（Sports Personality of the Year）」を発表するBBCの特別番組ではレッドラム自身がスタジオに生出演し、話題をさらった。

1978年には4度目のグランドナショナル制覇を目指してエイントリー競馬場に戻ってくる予定だった。しかし、開催直前に脚の骨に細い亀裂が入っているのがわかった。それは、競技生活からの引退を意味した。レッドラムのけがはBBCの『Nine O'Clock News（9時のニュース）』でトップニュースとして伝えられ、国内各紙の1面で大々的に報じられた。6度目のグランドナ

1977年のグランドナショナルで3度目の優勝に向けて疾走するレッドラム（エイントリー競馬場）

ショナルは出走はかなわなかったが、その代わりに開催直前のパレードを先導し、その後15年間、その役目を担い続けた。

レッドラムは一流の有名人として扱われ、テレビやショーに出演したときは、当時人気だったコメディアンやタレント並みのギャラが支払われた。レッドラムはイギリス北西部に位置する国内最大のリゾート地、ブラックプール恒例のイルミネーションの点灯式でスイッチを押し、プレジャー・ビーチ〔ブラックプールにあるイギリス最大の遊園地〕にオープンした新しい障害競走アトラクション、「スティープルチェイス・ジェットコースター」の開設式にも出席した。また、テレビ番組に出演する以外にも、新しいスーパーマーケットのオープニングイベントに顔を出すなど、引退後も引っ張りだこだった。

100戦の障害レースで一度も騎手を落馬させたことがなかった飛越の名手は1995年10月、この世を去った。30歳の大往生だった。亡骸はエイントリー競馬場のウイニングポスト（ゴール）の近くに埋葬された。墓碑銘には次の詩文が記されている。

Respect this place
this hallowed ground
a legend here
his rest has found
his feet would fly
our spirits soar
he earned our love
for evermore

この地を敬え
この神聖な地を
偉大な馬は
ここに安息を得る
彼の脚は空を駆け
われわれの魂は高く舞い上がる
彼は永遠に
われわれの愛を勝ち取った

68

第二次大戦中、氷の海で溺れかけた味方兵士を泳いで救出したイヌ

ライフルマン・カーン
（ライフル銃兵カーン）

第二次世界大戦中の１９４２年初頭、イギリスではイヌの徴用令が出された。全国から多くの丈夫で健康で賢いイヌたちが、イギリス陸軍の軍用犬として救助や警護、パトロールなどの任務に就くために訓練所に送られた。８歳の少年、バリー・レイルトン（Barry Railton）の飼いイヌで、ハンサムなジャーマン・シェパード（のちに「カーン［Khan］」と名付けられた）もそのうちの１頭だった。

レイルトン家のジャーマン・シェパードは、軍用犬訓練所（War Dog Training School）に入ったときから、その将来性を買われていた。「軍用犬１４７号（War Dog 147）」と命名され、優れた知性とスキルから爆発物探知の優等生と目されていた。ロンドン北部のポッターズバーに開設されたばかりのこの軍用犬訓練所からは、１９４４年5月までに7万６０００頭のイヌたちが階級を与えられ巣立っていった。そのうち18頭はのちに、「動物のビクトリア十字勲章」として知られるＰＤＳＡディッキン・メダルを授与されることになる。

「軍用犬147号」のジャーマン・シェパードはキャメロニアン（スコットランド・ライフル、略称SR）第6連隊に配属され、第一次世界大戦中に連合国軍として戦ったインド人兵士にちなんで「カーン」と呼ばれるようになった。彼のハンドラーはジェームズ・マルドゥーン伍長代理で「ジミー」というニックネームで知られていた。カーンとジミーのコンビは息もぴったりで、すぐに強いきずなで結ばれた。

この連隊はベルギーに派兵され、1944年11月にスヘルデの戦い（Battle of the Scheldt）〔1944年10月2日～11月8日、ベルギー北部とオランダ南西部で連合国軍とドイツ軍との間で行われた戦闘〕に参戦した。カーンとジミーはオランダのワルヘレン島（Walcheren）を攻撃する部隊の一員だった。ドイツ軍の要塞となっていたワルヘレン島の奪還は、連合国軍にとってドイツ侵攻への突破口を開くための重要な戦いだった。

夜陰に乗じてワルヘレン島に接近していたカーンとジミーたちを乗せた攻撃舟艇《しゅうてい》は、敵のサーチライトに照らし出されてしまった。たちまち、ドイツ軍の激しい砲撃を受けて攻撃舟艇が転覆し、兵士たちは氷の海に投げ出されてしまった。カーンはなんとか岸にたどり着いたが、ハンドラーのジミーが見当たらない。実はジミーは泳げないうえに、重い荷物を背負っていたため、波間に引きずりこまれそうになっていた。たとえ敵の砲撃を避けられたとしても、このままでは溺れ死んでしまう。

激しい砲撃のなか、カーンは勇敢にも岸から200ヤード（約180メートル）ほど離れたところまで泳いでいき、ジミーを岸まで連れ戻した。しかも、カーンはジミーのもとから離れようとせず、救護所まで一緒についてきた。

カーンの救出活動の一部始終を目撃していた同じ部隊の兵士たちは、のちにこのイヌの忠誠心と勇気を称え、勲章を授与してほしいと軍に願い出た。これを受けて、カーンは非公式ながら「ライフルマン・カーン(Rifleman Khan)」(ライフル銃兵カーン)として昇格が認められることになった。そして正式な表彰として、1945年3月にディッキン・メダルが授与された。その表彰

「ジミー」ことジェームズ・マルドゥーンと、命がけで彼を助けたライフル銃兵カーン

状には、「キャメロニアン（SR）第6連隊の一員として、1944年11月のワルヘレン島への攻撃の際に敵軍の激しい砲撃をものともせず、溺れかけたマルドゥーン伍長代理を救出した」と書かれていた。

終戦後、カーンはレイルトン家に戻ってきた。そして1947年7月、ディッキン・メダルを受賞したほかのイヌたちとともに、ウェンブリー・スタジアムで行われる「ナショナル・ドッグ・トーナメント（National Dog Tournament）」のパレードに招待された。レイルトン家のバリー少年は、戦争中、カーンの友人だったジミーに「一緒にパレードに参加してくれませんか？」と手紙を書いた。ジミーは、旧友カーンに会うためにスコットランドからかけつけた。

パレードの日、ジミーが会場のアリーナにいるとわかると、カーンは喜びを爆発させた。ジミーを地面に押し倒さんばかりの勢いで、何度も何度も飛びついた。2年ぶりに再会した2人の強いきずなは、誰の目にも明らかだった。

それはバリー少年も無視できないほど強いきずなだった。カーンは自分のイヌだし、大好きだと思っていたバリー少年は複雑な気持ちだったが、カーンはジミーと一緒にいるべきだと気づいた。バリー少年と家族は自分たちの愛犬を、彼が命を救った男性に引き渡した。ジミーはカーンを連れてスコットランドに帰り、2人は残りの人生を幸せに過ごしたという。

2019年、カーンの救出劇を後世に伝えようと、スコットランドのアボンデール選出議員マーガレット・クーパーの呼びかけで、カーンとジミーの銅像を建てる計画が持ち上がり、目標額

5万5000ポンド（約880万円）の資金調達キャンペーンが開始された。このキャンペーンは地元州議会の協力を受けて無事目標額を達成し、2021年、ストラスヘイブンの町に兵士と勇敢なイヌの銅像が完成した。

69

第二次大戦のロンドン大空襲のなか100人以上の市民を救ったイヌ

リップ

第二次世界大戦ではイヌたちの英雄的行動で多くの命が救われた。前線や戦場にいる兵士だけでなく、ヨーロッパの街に暮らす多くの市民の命も救われたのだ。

リップ（Rip）は今日よく知られている捜索救助犬の原型となったイヌだ。ただし、正式な訓練を受けていたわけではない。リップが一般市民の命を助けるようになったのは、まったくの偶然からだった。しかし、リップのずば抜けた仕事ぶりが高く評価され、その後、空襲によってがれきに閉じ込められた生存者の捜索にイヌが使われるようになった。

１９４０年、ドイツ空軍による爆撃を受けたロンドンの街で、がれきのなかをさまよう１匹のテリアの雑種犬がいた。見つけたのはキングという空襲監視員だった〔第二次大戦中のイギリスではロンドンなどの都市部で市民防衛組織［Air-Raid Precautions　ARP］が編制され、空襲監視員［または防空指導員］が市民の防空壕への誘導のほか、爆撃を受けた建物からの救出活動に従事した〕。キングはそのイヌに自分の昼食の残りを分けてやった。

空爆を受けたポプラー地区にかけつけ、がれきのなかで待機するリップ（ロンドンで。1941年）

このイヌにはどこか人を引きつける魅力があった。キングは、サウスヒル通りにある空襲警戒所にこのイヌを連れていき、「リップ」と名付け、市民防衛組織（ARP）のマスコット犬として採用することにした。リップは空襲のたびにARPの仲間たちと一緒に現場にかけつけ、非公式の捜索救助犬として働くようになった。

リップの場合、捜索救助犬の仕事は訓練によって習得したものではなく、自然に身についていたものだった。おそらく、生存者を捜してがれきをよじ登る人を見て、ゲームか何かと思ったのだろう。リップは持ち前の嗅覚で、ほかの誰よりも多くの生存者を見つけた。

キングはリップについてこう語ってい

る。「私たちが訓練するまでもなく、彼は自然に捜索活動をするようになったのです」

イヌにとって「ただのにおい」というものはない。イヌは人間にはできない方法で嗅覚を駆使し、周囲の状況を読み取ることができる。それもそのはず、鼻腔内に入ったにおい物質を感じ取る嗅細胞《きゅう》はヒトが約600万個であるのに対し、イヌは約3億個もあるのだ。

夜間に特に甚大な被害を及ぼしたイーストエンド〔ロンドン東部、テムズ川北岸に広がる地域〕の空襲のときも、キングたちは住宅地があった場所を捜索して回った。あたり一面がれきと化し、あちこちで煙が立ちのぼっていた。リップはしばらく立ち尽くして鼻をひくひくさせていたが、崩れた石積みをよじ登り、炎がくすぶるレンガの山にたどり着くと、狂ったようにがれきを掘り始めた。そして大声で吠えて空襲監視員の注意を引いた。すぐに監視員たちがそのまわりを掘り下げると、リップが再び興奮気味に吠え、がれきの下から意識不明の男の子が見つかった。監視員たちはすぐさまその男の子を救出した。

1940年から41年にかけての12カ月に及んだドイツ空軍によるロンドン大空襲の間、リップはこのようにして100人を超える市民の命を救ったのだった。

空襲直後の生存者の捜索活動には途方もない危険が伴った。建物内部が燃えていることもあれば、がれきのなかに不発弾が残っていることもある。壁はいつ崩れ落ちるかわからず、ガラスの破片だらけで足の踏み場もない。しかし、リップは一度生存者のにおいを嗅ぎとると、そのにおいの場所にたどり着くまでは絶対に現場から離れようとしなかった。

1945年、「1940年の『ザ・ブリッツ』〔The Blitz　ロンドン大空襲の別称〕で数多くの生存者の居場所を突き止めた」功績が称えられ、リップにディッキン・メダルが贈られた。リップは亡くなるまで、このメダルを誇らしげに首にかけていた。リップが身につけていたこのメダルは2009年にオークションにかけられ、動物専用の勲章として史上最高額の2万4250ポンド（現在の価値で約532万円）で落札された。

70

連続窃盗犯の犯行を阻止し、血液鑑定による逮捕につなげた鳥

ロッキー

連続窃盗犯の盗みを阻止して警察から感謝され、おまけに名探偵「エルキュール・ポワロ（Hercule Poirot）」〔アガサ・クリスティ作の推理小説に登場するベルギー人の名探偵。映画化、テレビドラマ化されるなど、その人気はシャーロック・ホームズと並ぶ〕になぞらえ、「エルキュール・パロット（Hercule Parrot）」という新しいニックネームまでつけてもらったお手柄のヨウムがいる。

２０１７年６月のある日の深夜、イギリス・ケント州に住む70歳代の老夫婦、ピーター・ロウイングとその妻トルーディーの自宅に泥棒が入った。泥棒はノートパソコン、携帯電話各1台、それから妻のトルーディーが息苦しくなったときに使う圧縮型酸素ボンベ2缶を持ち出そうとした。そして、ヨウム（African Gray）のロッキー（Rocky）が目にとまり、売ればいくらかの金になるだろうと考えた。

泥棒はロッキーを取り出そうとかごに手を入れた。ロッキーは抵抗し、その泥棒、すなわち37歳のヴィターリー・キセリョフの手を容赦なく咬んで出血させた。キセリョフは逃げ出したが、

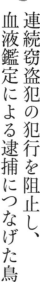

床には彼の血がしたたり落ちていた。警察が現場にかけつけたとき、この残された血痕が連続窃盗犯の逮捕・起訴につながる決定的な証拠となった。

遺伝子情報を使って容疑者を特定するＤＮＡ鑑定は、事件の解明につながる大きな手がかりとなる。１９８５年に初めて犯罪捜査に使われて以来、ＤＮＡ鑑定は犯人の特定だけでなく、誤認逮捕を防ぐうえでもますます重要になっている。

指紋は手袋をすれば残らないが、血液や汗、髪の毛1本、わずかな皮膚片、耳垢などの生物学的証拠は本人も知らないうちに残ってしまうものであり、いずれも容疑者の特定に使われている。

犯人の手を容赦なく咬んで出血させたヨウムのロッキー。その際の血痕が犯人逮捕と有罪判決の決め手となった

キセリョフには軽犯罪の前科があり、警察のデータベースに登録されていたため、血液サンプルのＤＮＡ鑑定後、比較的簡単に発見・逮捕に至った。キセリョフはケント州の州都メードストンの刑事法院〔イングランドの刑事事件を扱う上位の第一審裁判所〕で行われた裁判で計6件の窃盗を認め、４年の懲役に処せられた。

一方、お手柄のロッキーはというと、事件の際に犯人のキセリョフに窓から放り投げられたあと、行方不明になっていた。ロウイング夫妻の孫娘のニッキが、行方不明になったロッキーについてフェイスブックに投稿したところ、ロッキーは無事に発見され、ロウイング夫妻のもとに戻された。

★

Heroic Animals

71

中東で起きた自爆テロのあと、即座に2発目の爆発物を発見したイヌ

セイディ

2005年11月14日、アフガニスタンの首都カブールで起きた自爆テロのあと、2発目の爆発物の発見に貢献した軍用犬は、やさしい茶色の目をしたブラック・ラブラドールのセイディ(Sadie)だった。セイディは9歳のメスで、イギリス軍の爆発物探知犬を引退する年齢を過ぎていたが、仕事に熱心だったため、現役を続けていた。彼女はイングランドのレスターシャー州にある王立陸軍獣医軍団(Royal Army Veterinary Corps　RAVC)で訓練を受け、第102軍用犬支援部隊に所属していた。セイディはハンドラーのカレン・ヤードリー伍長代理とともにボスニア、イラクと二度にわたる外地での任務を終えたあと、NATO国際治安支援部隊(International Security Assistance Force　ISAF)の一員としてアフガニスタンのカブールに駐在していた。

そして、カブールの国連事務所前で自動車による自爆テロが発生した。この爆発でISAFの兵士1人が死亡、7人が負傷した。事態の沈静化を図るためにISAFの部隊が到着し、衛生兵が負傷者の手当てをするなか、大勢の人々がパニック状態に陥った。

実は、この種の自爆テロ攻撃では救護にかけつけた兵士を巻き込み、犠牲者を最大化するため、2発目の爆弾が仕掛けられていることがよくある。ヤードリー伍長代理とセイディはすぐに爆発物を見つける仕事にとりかかった。国連事務所の外壁のあたりでにおいを探知したセイディは、その場所の前に座り、じっとそこを見つめている。ヤードリー伍長代理はセイディが何かを見つけたとわかり、「できるだけ遠くに逃げて！」と周囲に叫んだ。

案の定、厚さ2フィート（約60センチ）のコンクリートの壁の裏に、爆薬のトリニトロトルエン（TNT）を詰めた圧力鍋が置いてあった。それは砂袋の下に隠されていたが、付近で救出作業にあたる人たちを殺傷するのに十分な量の火薬が仕込まれていた。しかし、かけつけた爆発処理班がすばやく起爆装置を無効化したおかげで事なきを得た。

ヤードリー伍長代理とセイディはその勇敢な行為が認められ、セイディにはディッキン・メダルが授与されることになった。授与式はロンドンの帝国戦争博物館（IWM）で行われ、セイディは「ずば抜けた勇気と任務への献身」により、オギルヴィ令夫人アレクサンドラ王女（イギリスの王族。女王エリザベス2世の従妹）からディッキン・メダルが贈られた。表彰状は「セイディの行動は紛れもなく多くの民間人と兵士たちの命を救った」という賛辞で結ばれていた。

ヤードリー伍長代理はセイディについて、こう話している。「彼女は私の親友ですし、私たちは最高に仲がいいんです。母もセイディが引退したときは彼女を引き取りたいと言っています」

そしてその願いどおり、引退したセイディはスコットランドのヤードリー家で幸せに暮らした。

72

9・11テロで倒壊寸前のビルから盲目の主人を救い出した盲導犬

ソルティとロゼール

本書の前半では、ジェイクをはじめとする捜索救助犬の活躍について取り上げた。彼らは2001年9月11日、ニューヨークで起きたアメリカ同時多発テロ（9・11テロ）で倒壊した世界貿易センタービル（WTC）にかけつけ、生存者の捜索活動にあたった。実は当日、彼らのほかにも、人命を救ったイヌたちがいた。

あの日、視覚障がいを抱えるオマール・リベラはWTC北棟（ノースタワー）の71階にあったニュージャージー港湾公社の本部で仕事をしていた。

午前8時46分、アメリカン航空11便が北棟の93階から99階までのフロアに突っ込んだとき、リベラはデスクに向かっていた。耳をつんざく轟音《ごうおん》とともにビルが揺れ始めたのがわかった。パソコンが床に落ち、煙のにおいがして、ただならぬ事態を悟った。

43歳のリベラは29歳のときに失明した。しかし、盲導犬ソルティ（Salty）の助けを借りながら、シニアシステムデザイナー〔業務内容を分析し、経営戦略や問題解決のための情報システムを設計・構築する〕として仕事を続け、マンハッタンを地下鉄に乗って移動していた。

ソルティは、1996年生まれのイエロー・ラブラドールで、1998年に「ガイディング・アイズ・フォー・ザ・ブラインド（Guiding Eyes for the Blind）」（盲導犬の訓練と視覚障がい者とのマッチングを行う米国の非営利組織）で盲導犬の訓練を受けた。リベラとソルティはその5カ月後にこの組織を通じて出会い、相性もぴったりだった。「何より信頼関係が重要なんです」とリベラは話す。実際、このペアはお互いを心から信頼し合っていた。あの日、リベラの命が救われたのもそのおかげだった（巻頭口絵p.11上参照）。

ソルティは最初の衝撃音が聞こえた直後から不安で居ても立っても居られなくなった。ソルティはすぐにリベラを促し、フロア中央の非常階段へと誘導した。そこは地上に逃げようとする人たちでごった返していた。あちこちにがれきが飛び散り、パニックになった人たちが必死に階段を下りていく。盲導犬を連れた人が割り込むすきはなかった。

リベラはそのときの状況を、ナショナルジオグラフィック制作のドキュメンタリー番組のなかでこう語っている。「（この状況で自分を誘導してもらうのは）負担が大きすぎると判断し、『ソルティ、お前だけで逃げなさい』と言ったのです」。リベラはハーネスを下ろし、ソルティを行かせようとした。そうすれば、ソルティは生きて脱出できるだろう。リベラはそのときのソルティの様子をこう話す。「（ソルティは）私を『置いていくことなんてできない』と思い直し、すぐに引き返してきたのです。ソルティは私に『何があろうと一緒だから。僕がそばにいるから』と言っているようでした」

こうして、ソルティは1時間以上かけて、リベラをロビーまで誘導した。2人はなんとかビルの出入り口のドアをくぐりぬけ、一刻も早くビルから離れようと一目散に駆け出した。このとき、南棟（サウスタワー）は崩落寸前だった（南棟へのユナイテッド航空175便の突入は9時3分だったが、その56分後、北棟より先に崩落した）。ソルティとリベラが3ブロック先まで逃げたところで後ろから崩落音がした。ソルティは間一髪でリベラを救い出したのだ。

一方、WTC北棟78階で勤務していたコンピューター会社の営業部長マイケル・ヒングソンも前述のリベラたちと同じ状況に置かれていた。ヒングソンは生まれつき目が不自由で、リベラと同じように、毎日、盲導犬の助けを借りて通勤していた。

ヒングソンの盲導犬は「ロゼール（Roselle）」という名前のイエロー・ラブラドールだった。1998年生まれのロゼールは、1歳になったときに「米国盲導犬協会（Guide Dogs for the Blind GDB）」の紹介でヒングソンのもとにやってきた。

9月11日、ヒングソンがいた78階よりさらに18階上のフロアにアメリカン航空11便が突っ込んだとき、ロゼールはヒングソンの机の下でうたた寝をしているところだった。しかし、まわりの騒音と混乱にもかかわらず、ロゼールはすぐさま、ヒングソンと彼の同僚をB階段まで案内し、ヒングソンが暗い吹き抜けの階段を下りられるよう手助けした。1463段の階段を下りるのに

1時間あまりかかったが、なんとか地上にたどり着いた。

そして、ロゼールとヒングソンが北棟から脱出した直後、南棟が崩落し、頭上からがれきが降り注いできた。ロゼールは主人が危険な場所から離れられるように誘導し、パニックになった群衆のなかを縫うようにして、地下鉄の駅まで案内した。ロゼールはすべてをうまくやり遂げた。

ヒングソンはこう話す。「ロゼールは私の命を救ってくれました。頭上から建物の破片が降り注ぐなか、ロゼールは落ち着いて行動しました。誰もが逃げ惑いパニック状態に陥っていましたが、彼女は最後まで自分の任務に集中したのです」

2002年、ソルティとロゼールにディッキン・メダルが授与された。2頭の共同受賞は史上2組目となった（1組目はエルサレムで武装した侵入者からイギリス軍将校2人を救ったパンチとジュディという2頭のボクサー犬で、1946年に受賞）。

ソルティとロゼールの表彰状にはこう書かれていた。「2001年9月11日、ニューヨークで起きたテロ攻撃の直後、目の不自由な飼い主に忠実に付き添い、世界貿易センタービルの70階以上の階から飼い主を安全な場所まで勇気をもって誘導した」。また、ソルティとロゼールは、ガイディング・アイズ・フォー・ザ・ブラインドから「勇気あるパートナー」賞を授与され、イギリスの盲導犬協会（GDBA）からも表彰された。

ロゼールの勇気ある行動はヒングソンの命を救っただけでなく、彼の人生をも変えた。ヒングソンは、アメリカ同時多発テロ事件の体験を執筆しようと思い立った。そして完成したのが、『サンダードッグ——9・11 78階から奇跡の脱出劇』（マイケル・ヒングソン、スージー・フローリー共著、井上好江訳、燦葉出版社、2011年）という本である。さらに、ヒングソンはロゼールと自分を引き合わせてくれた米国盲導犬協会の広報部長にもなった。

73

1970年代アメリカの象徴となった伝説の競走馬

セクレタリアト

1970年代初頭、建国以来の危機に直面していたアメリカで、「ビッグ・レッド（Big Red）」のニックネームで親しまれ、国民の心を高揚させ、「アメリカで最も偉大な競走馬」と言われるようになった名馬がいた。「セクレタリアト（Secretariat）」という名前のそのウマは、誰もが目を疑うほどの見事な走りで数々のレースを席巻した。その強さの秘訣はどこにあったのだろう？

セクレタリアトは1970年、バージニア州ドスウェルのメドウ・スタッド（Meadow Stud「スタッド［stud］」は繁殖用の牡馬［種牡馬《しゅぼば》］の飼育場のこと）で生まれた。「ビッグ・レッド」というニックネームのとおり、赤い栗毛の大柄なサラブレッドだった。額に「星」と呼ばれる白い模様があり、三本の脚にもソックスをはいたような白い模様があった。成長すると、体の高さが16ハンド2インチ（約168センチ）、胴回りは76インチ（約193センチ）にもなり、その巨体に巻き付けるために特注の腹帯（鞍をウマの背に固定するための帯状の道具）が必要だった。ストライド（歩幅）もとびきり大きく、24フィート11インチ（約7メートル59センチ）もあった。

デビュー前のセクレタリアトの評価は分かれた。攻馬手《せめうましゅ》〔騎手の代わりにウマに乗って速いタイムが出るよう調整する調教手〕のチャーリー・デイビスは「太りすぎのウマ（big fat sucker）」と呼んだ。一方、騎手のジム・ギャフニーは、1972年にセクレタリアトに初騎乗したときの印象を「この赤毛の巨漢にまたがったときから、これまで感じたことのない途方もない強さを感じた」と語っている。

セクレタリアトのデビュー戦は4着に終わったが、その後は8戦7勝を挙げる。そして、1972年8月、ニューヨークのサラトガ競馬場で毎年開催される6ハロン（約1200メートル）のスプリント戦（短距離戦）「サンフォードステークス」に出走した。セクレタリアトは1番人気のリンダズチーフに次ぐ2番人気となったものの、アメリカの競馬年鑑『American Racing Manual（アメリカン・レーシング・マニュアル）』の著者であるチャールズ・ハットンによれば、レースでは「納屋のニワトリを蹴散らすタカのように」先行する馬群を差し切った〔「差し切る」とは、レースで前を走っているウマをかわして1着でゴールすること〕という。ハットンはそれ以前のセクレタリアトのレースについても次のように書いており、このウマに対する自身の見方は揺るぎないものになっていた。

こんな完璧なウマは見たことがない。何をどうやっても非の打ちどころがないというのは、実に驚くべきことだ。馬体、頭脳、視力、そして立ち居ふるまいも申し分ない。「素晴らしい」という言葉以外思い浮かばない。正直言って、わが目を疑うくらいだ。

このシーズン〔1972年〕のセクレタリアトは、走るたびに最大級の賛辞が送られ、エクリプス賞年度代表馬〔エクリプス賞は、北米サラブレッド競馬の年間表彰で、その年の競馬を象徴する活躍を見せたウマが年度代表馬に選ばれる〕にも選ばれた。2歳での年度代表馬選出はエクリプス賞史上初の快挙だった。

華々しいデビューシーズンを飾ったセクレタリアトだったが、馬主のペニー・チェネリーは経済的苦境にあり、セクレタリアトの種牡馬権利を売却することにした。その結果、1株19万ドル×32口で史上最高額となる総額608万ドル〔現在の価値で約57億円〕のシンジケートが組まれた〔シンジケートとは、1頭の種牡馬を複数の株主が共同所有するシステム。株主は1株につき1頭の種付け権が得られるほか、株主以外の繁殖牝馬への種付け料から配当が得られる〕。シンジケートに参加した人はこの投資に満足していたことだろう。3歳になったばかりのセクレタリアトには誰にも止められないほどの勢いがあり、種牡馬としての期待は高まっていた。

デビュー2年目の1973年、セクレタリアトは25年ぶりとなる、ケンタッキー・ダービー、プリークネスステークス、そしてベルモントステークスのアメリカクラシック3冠〔アメリカ合衆国のサラブレッド3歳馬限定の平地競走で、毎年5〜6月に開催〕を達成し、いずれもレコードタイムをたたき出した。1冠目のケンタッキー・ダービーでは、チャーチルダウンズ競馬場にアメリカ競馬界始まって以来の13万4476人が詰めかけ、セクレタリアトは大観衆を前に、同ダービー史上初

ケンタッキー・ダービーでレコードタイムをたたき出した
セクレタリアトとロン・ターコット騎手（チャーチルダウンズ競馬場、1973年）

めて2分の壁を破る1分59秒4で優勝した〔このレースでは2着の「シャム」も2分を切る1分59秒8を出している〕。この記録は現在も破られていない。

続くプリークネスステークスで2冠目を達成したあと、ニューヨーク州ベルモントパーク競馬場で行われるベルモントステークスを前に、セクレタリアトは『スポーツ・イラストレイテッド』『タイム』『ニューズウィーク』各誌の表紙を飾った。人気者のセクレタリアトのためにウィリアム・モリス・エージェンシー〔ハリウッドを拠点とする映画、テレビ、音楽業界最大手のタレントエージェンシー〕が広報を担当することになったほどである。

こうして迎えたベルモントステークスに臨んだのはセクレタリアトのほかに4頭だ

けだった。騎手のロン・ターコットはセクレタリアトの勝利を確信し、「もし負けたら自分はその場で引退する」とまで言い切った。「彼に乗るのは普通の飛行機というより戦闘機を操縦しているようでした」。そうターコットは表現した。

こうして3冠をかけたベルモントステークスは、1500万人を超える人々がテレビの前で観戦し、そのレース展開に誰もが驚愕した。

セクレタリアト、そしてケンタッキー・ダービーで2着となったシャムの2頭は猛烈なスピードでスタートした。2頭とも前半6ハロン（約1200メートル）を驚異的なタイムで疾走し、後半6ハロンに突入した。スタミナが切れ失速するシャムをセクレタリアトはみるみる引き離していった。ベルモントステークスのあとはセクレタリアトが休養できるのを知っていた鞍上のロン・ターコット騎手は、手綱を緩め、馬なりに走らせた。そして最後の直線に入るコーナーの手前から大歓声が湧き起こり、セクレタリアトはどんどんリードを広げていった。結局、31馬身差という驚異的な強さで圧勝し、アメリカクラシック3冠を達成した。全長1マイル半（約2414メートル）のコースでたたき出した2分24秒の世界記録に、競馬のプロたちも信じられないと首を振るばかりだった。

『スポーツ・イラストレイテッド』誌のウィリアム・ナック記者はこう書いている。「この瞬間、セクレタリアトは競馬を超越して1つの文化的現象となり、ウォーターゲート事件（民主党本部での盗聴侵入事件に始まり、ニクソン大統領を辞任に追い込んだ政治スキャンダル）とベトナム戦争という重苦しい雰囲気のなかで、国民をつかの間の喜びに浸らせてくれた」
セクレタリアトはその大きなストライドの走りで新たな名声を手にし、自分に向けられたたくさんのカメラの前でポーズを決めることも覚えた。セクレタリアトは賢くてやさしくて、温厚で忍耐強いウマだった。

セクレタリアトの個人秘書（……というのは冗談ではなく本当に存在した）のもとにはファンレターが殺到した。ターコット騎手は、「大衆はいつも彼に新たな記録を期待していました。セクレタリアトは競馬界にかつての黄金時代を呼び戻してくれたのです」と語っている。驚いたことに、セクレタリアトの全盛期から50年近い年月がたった今も、このウマ宛てのファンレターが届くそうだ。

セクレタリアトへの称賛の声は相次ぎ、前年に続き１９７３年のエクリプス賞年度代表馬に選ばれた。しかし、アメリカの象徴となった競走馬はそのたぐいまれなレースキャリアに終止符を打つことになった。総額６０８万ドルのシンジケートには、３歳馬のシーズン終了後にセクレタリアトを種牡馬として繁殖入りさせる条件がついていたのだ。株主は大金を取り戻せるはずだった。

ところが、呆然とする事実が待ち受けていた。種牡馬としての最初の報告書で、セクレタリアトの繁殖能力に問題がある可能性が指摘されたのだ。事実、繁殖入りした最初の1年間に誕生した産駒《さんく》［ある父馬または母馬から生まれた子馬のこと］はわずか28頭だった。それでもセクレタリアトはその生涯で663頭の産駒を送り出した。そのうちの何頭かは競走馬として大成したほか、1勝以上が341頭、ステークス級のレース〔アメリカの競馬は上からG1～G3のグレード制を採用しているが、ステークスはG1～G3のグレードではないものの格式高いレース〕で勝利したウマは54頭にのぼる。

セクレタリアトは1989年に19歳で亡くなり、多くの人がその死を悼んだ。死後解剖の結果、セクレタリアトの成功の秘密が明らかになった。彼の心臓は重さが22ポンド（約10キログラム）もあり、普通のウマの心臓よりもはるかに大きかったのだ。獣医学者のトーマス・スワークチェック博士はこう語っている。

これまでに何千頭ものウマを解剖してきましたが、これほど大きな心臓を見たのは初めてでした。平均的なウマの心臓は重さが約9ポンド（約4キログラム）ですが、セクレタリアトの心臓はその倍以上もありました。大きさも今まで見てきたどのウマの心臓よりも1・3倍ほど大きいものでした。しかも、病的に肥大したものではありません。左右の心房・心室と弁はすべて正常でした。とにかく、ほかのウマより心臓が大きかったのです。彼がなぜ、あれほどの偉業を成し遂げることができたのか、これで説明がつくでしょう。

Heroic Animals

74

爆弾テロで瀕死の重症を負うも奇跡の復活を遂げた英王室騎兵隊の馬

セフトン

１９８２年7月20日午前10時43分、バッキンガム宮殿で毎日行われている衛兵交代式に臨むため、ハイドパークの南沿いのサウス・キャリッジ・ドライブ（South Carriage Drive）を行進していた王室騎兵乗馬連隊（Household Cavalry Mounted Regiment）〔王室騎兵隊の衛兵任務部隊〕に所属するブルーズ・アンド・ロイヤルズ（The Blues and Royals）の16人の騎兵たちの真横で、路肩に止められていた車が爆発した。車には殺傷能力の高い「くぎ爆弾」が仕掛けられていた。この爆発で４人の騎兵と7頭のウマが亡くなった。

それから2時間も経たないうちに、今度はリージェンツパークで爆発があり、ロイヤル・グリーン・ジャケット連隊の軍楽隊のうち7人が亡くなった。軍楽隊が１２０人の聴衆の前で映画『オリバー!』の楽曲を演奏している最中の出来事だった〔この事件は「ハイドパーク・リージェンツパーク爆弾テロ事件」と呼ばれた〕。

当時、テレビのニュースでこの事件を知った人は、ＩＲＡ暫定派による爆破事件の現場の凄惨な光景が脳裏に焼きついていることだろう〔ＩＲＡ暫定派は武力闘争によるアイルランド統一を主張し、1969年にアイルランド共和国軍［ＩＲＡ］から分裂。1970～90年代前半にかけて北アイルランドやイギリス本土のほか、欧州各地で多数のテロを実行。2008年に事実上解体〕。連隊の多くの兵士やウマが犠牲になり、無傷でいられたウマはいなかった。そのなかで、瀕死の重傷を負ったのがセフトン（Sefton）だった。

1963年にアイルランドのウォーターフォード県で生まれたセフトンは、1967年にイギリス陸軍に採用されたあと、ロンドンに移送され、バードケージ通りのウェリントン兵舎を拠点とする王室騎兵乗馬連隊に配属された。セフトンはアイリッシュ・ドラフト〔アイルランド原産。主に農耕や荷車を引く役割を担ってきたが、頭がよく、力強いことから総合馬術やホースショー、騎馬警官の騎乗馬にも用いられている〕とサラブレッドのハーフで、少し変わったところがあるという評判だった。たとえば、急に立ち止まったと思ったらそのまま動かなかったり（特に厩舎から出たときがそうだった）、落ち着きがなく隊列からはみ出したりしていた。自分が気に入らない兵士やウマに咬みつく癖があったため、サメ（Shark）になぞらえて「シャーキー（Sharkey）」というニックネームがつけられた。また、セフトンは鼻筋に「ブレイズ（blaze）」と呼ばれる白い斑があり、4本の脚に白いソックス（に見える模様）をはいた姿はひときわ目を引いた。

1969年、セフトンはブルーズ・アンド・ロイヤルズの一員としてドイツに駐留することになった。新しい場所で儀式的な任務から解放されたセフトンは、水を得た魚のようだった。イギリスの軍人が創設した「ヴェーザー・ヴェイル・ハント（Weser Vale Hunt）」というスポーツハンティングの大会〔ブラッドハウンド犬を使ったスポーツハンティング大会。スポーツハンティングは、銃を使わず田園地帯をウマに乗ってキツネなどを追いかける娯楽であり、有益な軍事訓練とみなされている〕では、大胆でスピードのある走りで一躍人気者になった。また、クロスカントリーの大会で優勝したほか、障害飛越競技でも才能を開花させ、イギリス陸軍ライン軍団（British Army of the Rhine　ＢＡＯＲ）チームの一員として活躍した。

ところが、折悪しくロンドンでは腺疫《せんえき》〔ウマ科動物に特有の伝染性呼吸器疾患で、重症化すると死亡することもある〕が大流行し、ナイツブリッジ兵舎では、重要な儀式的任務を行える大型の黒馬が不足していた。そのため、セフトンは急遽ドイツからロンドンに呼び戻された。その後４年間、セフトンは「トゥルーピング・ザ・カラー（Trooping the Colour）」〔軍旗分列行進式。毎年６月の第２土曜日に開催されるイギリス国王の公式の誕生日記念パレード〕などで王室騎兵隊として護衛任務に就いた。その傍ら、さまざまな障害飛越競技大会にも出場。１９８０年に18歳の誕生日を迎えたのを機に競技から徐々に離れ、本来の護衛と儀式的任務に集中するようになった。

そしてまもなく20歳になろうというときにハイドパークの爆弾テロ事件に遭い、セフトンの平穏な日常はくぎ爆弾のせいでぶち壊された。被害に遭った9頭のうち、即死を免れたのは数頭だった。そのなかで、いちばんひどいけがを負ったのがセフトンだった。爆発が起きた直後、セフトンはなんとか立ち続けていた。乗っていた騎兵が下に降りてはじめて、セフトンが全身傷だらけなのがわかったのである。

1982年7月、けがの回復を祈る人々から送られてきたお見舞いの手紙とプレゼントを見せられるセフトン（ロンドン、ナイツブリッジ兵舎にて）

左目はひどいけがを負っていた。6インチ（約15センチ）のくぎが頭絡《とうらく》〔ウマの頭部につける革製の馬具〕を貫通し、体の傷は34カ所に達し、28本のくぎが肉に深く食い込んでいた。しかも最悪なことに、頸静脈が損傷して大量の血が流れ、このまま失血死してしまうかもしれなかった。

そこへ、爆発音を聞いて、ナイツブリッジ兵舎にいた兵士たちが現場にかけつけてきた。王室騎兵乗馬連隊の指揮官アンドリュー・パーカー・ボウルズ中佐が指揮をとり、真っ先に1人の兵士にシャツを脱がせ、そのシャツでセフトンの頸静脈からの出血を止めるよう命じた。一方、王室騎兵隊の獣医官ノエル・カーディング少佐は、セフトンを救うには一刻も早く手術をする以外にないと悟った。

兵士たちは、現場に最初に到着したウマ用運搬車にセフトンを乗せてただちにナイツブリッジ兵舎に引き返し、獣医官らが緊急手術にあたった。手術は8時間以上に及んだ。イギリスの騎兵隊に所属するウマが戦傷扱いで手術を受けたのは半世紀以上ぶりのことだった。セフトンの体には、爆弾に仕込まれていたくぎや金属片が深く突き刺さり、場所によっては骨まで食い込んでいた。しかも大量の出血があり、爆発の衝撃で体中に損傷を受けていた。助かる見込みは「五分五分」だった。

やがて、セフトンの性格や個性に注目が集まるようになった。彼は不屈の精神で大けがと闘い、徐々に回復していった。世界中の人々がセフトンの無事を祈り、回復の経過を見守った。

セフトンがその後、2度目の手術を受けるために入院していた王立陸軍獣医軍団所属の動物病院にはたくさんのカードや好物のミントキャンディの箱が山ほど届けられた。また、62万ポンド（現在の価値で約3億9000万円）を上回る寄付が集まり、これを資金として王立獣医学校（Royal Veterinary College　RVC）に「セフトン記念手術棟（Sefton Surgical Wing）」が建てられた。

セフトンの驚異的な回復ぶりは、人々の希望の光になった。そして事件からわずか数カ月後に復帰を果たすと、人々はその思いを一層強くした。けがから復帰したほかのウマは事件がトラウマになり、ちょっとした物音でも驚いて跳び上がるようになっていたが、セフトンは、事件現場を通り過ぎるときも平然としていた。セフトンは生命力と勇気のシンボルとして、多くの人々を元気づけた。

セフトンは1982年の「ホース・オブ・ザ・イヤー」に選ばれると、「ホース・オブ・ザ・イヤー・ショー」(Horse of the Year Show)のステージに登場し、万雷の拍手で迎えられた。1984年8月に王室騎兵隊を退役したあとは、引退馬のための牧場「ホーム・オブ・レスト・フォー・ホーシズ(Home of Rest for Horses)」で余生を過ごし、30歳で息を引き取った。

Heroic Animals

75

カナダ軍の一員として第一次大戦を戦い抜いた「ヤギ軍曹」

サージェント・ビル（ビル軍曹）

アメリカ独立戦争〔1775年4月19日～83年9月3日。北米13植民地がイギリス本国からの独立を勝ち取るまでの一連の戦争〕が始まってまもない1775年6月、ボストン近郊で起きたバンカーヒルの戦いに野生のヤギが現れ、イギリスの「ロイヤル・ウェールズ・フュージリア連隊（Royal Welch Fusiliers）」を先導した。一説によると、ヤギをこの連隊のマスコットにする伝統はここから始まったという。

しかし、実際は少し違うようだ。アメリカ独立戦争が勃発する前の1771年の文書に、「ロイヤル・ウェールズ・フュージリア連隊は、閲兵式で金色の角をもつヤギに先導されて行進する特権がある……〔そして〕同連隊は、古くから続くこの名誉ある習慣を重んじている」と書かれているのだ。

1884年、ビクトリア女王は所有していたカシミヤヤギをロイヤル・ウェールズ・フュージリア連隊に贈った。連隊は、王室からヤギをマスコットとするお墨付きを得たことになり、それ以来、代々の国王から贈られたヤギがロイヤル・ウェールズ・フュージリア連隊の先頭に立つようになった(2006年3月1日、ロイヤル・ウェールズ・フュージリア連隊〔Royal Welch Fusiliers〕はロイヤル・ウェールズ連隊〔Royal Regiment of Wales〕と合併し、連隊名をより簡潔でわかりやすい「ロイヤル・ウェルシュ〔Royal Welsh〕」に改称した)。

現代のロイヤル・ウェルシュ(Royal Welsh)のヤギたちは、連隊の一員として階級が与えられている。しかし、その実績はどうかというと、必ずしも輝かしいものとは限らない。

2001年から2009年までロイヤル・ウェルシュ第1大隊に所属していたヤギのウィリアム・ビリー・ウィンザー1世伍長代理は、2006年に3カ月間、「フュージリア(Fusilier)」〔イギリスの歩兵。かつてヨーロッパでは、フリントロック〔火打ち石〕式のマスケット銃は「フュジ」〔Fusilのフランス語読み〕、この銃で武装した兵士は「フュジリエ〔Fusilier〕」と呼ばれたことに由来〕に格下げされた。というのも、キプロスに赴任していたビリーは、女王エリザベス2世の80歳の誕生日を記念するパレードに参加したのだが、隊列に並ぶのを拒み、隊列と歩調を合わせられず、おまけにドラム奏者に頭突きを食らわせるという蛮行を働いた。

ビリーは「無礼なふるまい」「あからさまな命令違反」、それに「容認できない行動」で降格を言い渡された。3カ月後、今度はお行儀よくパレードを務めたビリーは、晴れて伍長代理に格上げされ、伍長用の食堂を使う権利も取り戻した。

2018年、ロイヤル・ウェルシュ第3連隊の新しいマスコットに迎えられた「シェンキン4

世」は任務をすっぽかして兵舎の外に逃げ出し、ランディドノー〔ウェールズのアイリッシュ海に面したクレディン半島のリゾート地〕近くの石灰岩の岬、グレート・オームを覆う低木の茂みに紛れ込んだ。4週間後、公園の監視員とRSPCA（王立動物虐待防止協会）の獣医師に捕獲されたシェンキン4世は、ウェールズ最大の都市カーディフにあるメインディ兵舎で6カ月にわたる訓練を受けることになった。

連隊のマスコットにヤギを選んでいるのはロイヤル・ウェルシュだけではない。第一次世界大戦が始まると、当時まだイギリスの自治領だったカナダ〔1931年独立〕では、カナダ海外派遣軍（Canadian Expeditionary Force　CEF）が編制された。その歩兵部隊の1つ、カナダ乗馬歩兵第5大隊（The 5th Battalion Canadian Mounted Rifles）がケベック・シティ〔ケベック州の州都〕北部のバルカルティエ訓練所に向かった。この部隊はのちに「ザ・ファイティング・フィフス（The Fighting Fifth）」の名で知られるようになる。

列車で訓練所に向かっていた第5大隊がブロードビューという小さな町を通りかかったとき、草を食む1匹のヤギが兵士たちの目にとまった。それは、デイジーという少女が世話をしていたヤギだった。列車から降りてきた兵士たちから「『幸運のお守りに』このヤギを連れていきたい」ともちかけられた少女は、彼らの求めに応じた。ヤギは列車に乗せられ、「サージェント・ビル（Sergeant Bill）」（ビル軍曹）と呼ばれるようになった。

所属大隊の軍服を着た「サージェント・ビル」

このヤギはあくまでもマスコットとみなされ、前線での任務は想定されていなかった。しかし、冬の間、イングランド南部ウィルトシャー州のソールズベリー平原で訓練を受けるため、第5大隊がケベックから船でイギリスに出発することになったとき、兵士たちは「幸運のヤギ」をケベックに置いていくことに難色を示した。それで、ヤギの「サージェント・ビル」も一緒に連れていった。

そしていよいよ第5大隊が西部戦線〔第一次大戦中、ドイツ軍とイギリス・フランスなどの連合国軍が戦った、ベルギー南部からフランス北東部にかけての激戦地〕に赴くときがきた。ハロルド・ボールドウィン軍曹は自著『Holding the Line（前線を維持せよ：未邦訳）』（1919年）のなかで、「サージェント・ビル」を前線に連れていくことになった顛末をこう記している。

サージェント・ビルと離れ離れになるのは受け入れられなかった。兵士たちは、「新しい大佐を見つけるのは簡単だが、新しいヤギを探しにはるばるカナダまで戻れるわけがない」と主張した。この問題は、兵士たちを相手に食料や日用品を売っていた女性から大きな木箱入りのオレンジを買うことで解決した。（兵士たちが次々に手を伸ばして）オレンジが入っていた木箱はあっという間に空になり、ビルはそのなかに押し込められて、こっそり列車に乗せられた。

フランスに駐留している間、ビルは2度にわたって第5大隊によって「身柄を拘束」された。1度目は大隊員名簿などの重要書類を食べたため、2度目は上官に向かって突進したためだった。このときばかりは、「このヤギ（ビル）は裏切り者か、敵のスパイではないのか」という疑いが浮上した。

その後、ビルは心を入れ替え、いっぱしのヒーローになった。1915年2月、フランス北部のヌーヴ＝シャペル村で行われた戦闘で、ビルは仲間の兵士3人を頭突きして塹壕に落とした。次の瞬間、たった今、その3人が立っていた場所に砲弾が落ちて爆発した。3人はビルのとっさの判断と勇気ある頭突きのおかげで命拾いしたのだった。ビルはその行いが認められ、（それまでのニックネームではなく）正真正銘の「軍曹」に昇格した。

また、第一次イーペル会戦〔1914年10月19日～11月22日、フランス国境に近いベルギーでの一連の戦闘の1つ〕では、榴弾の破片でいくつもの傷を負いながら、砲弾でできたクレーターのなかにいて、プロイセン〔ドイツ帝国は1918年に敗戦するまでプロイセン王国を盟主としていた〕の衛兵の前に毅然と立ちはだかった。おかげで、第5大隊の兵士たちはこの衛兵を捕虜にすることができた。

第二次イーペル会戦〔1915年4月22日～5月25日に行われた戦闘。ドイツ帝国軍が史上初めて毒ガス攻撃を行った〕では、敵の毒ガス攻撃を受けてからビルの姿が見えなくなってしまった。ヤギ肉入りのカレーをよく食べていたベンガル槍騎兵《そうきへい》〔第一次大戦中のイギリス領インド陸軍は西部戦線に多数の部隊を派遣しており、ベンガル槍騎兵もその1つだった〕に捕獲されたかと一時は心配されたが、幸いカレーの具にされずに戻ってきた。

ビルは1915年に「ヒル63」〔西部戦線の主戦場となったイーペル・サリエント［Ypres Salient］の丘陵地の名前〕で塹壕足炎〔長時間冷たく湿った環境に置かれたことによる凍傷のような足部疾患〕になり、1917年のヴィミーリッジの戦いでは砲弾ショック〔戦闘などのストレスによる精神的後遺症の総称〕になり、また一連の戦闘で榴弾の破片を受けて多数のけがをした。これらのけがや病気がもとでいつ死んでもおかしくなかったが、ビルはすべての苦難を乗り越え、自国の軍に貢献し続けた。

1918年11月11日、ビルは休戦協定の締結のためにベルギー南部の都市モンスに入った唯一のマスコットとなった。その後、カナダ乗馬歩兵第5大隊で激しい戦闘を生き残った数少ない兵士たちに交じり、ベルリンに向かったビルは、ヨーロッパ戦勝記念日〔通称「VEデー」〕のパレードで「軍曹の階級章であるシェブロン（上向きの3本線の矢印）と『負傷した回数と功労』を表す戦傷記章をつけた歩兵の正装」姿で誇らしげに行進した。また、ビルの戦功を称え、モンス・スター（Mons Star）、従軍記章（General Service Medal）、そして戦勝記章（Victory Medal）も授与された。

　こうしてビルは母国カナダに英雄として帰還し、パレードでは第5大隊の先頭に立って行進した。除隊後、もとの飼い主だったデイジーと再会し、一緒に暮らした。

76

クリミア戦争で英仏軍を飢餓から救ったネコ

セヴァストーポル・トム
（セヴァストーポリのトム）

クリミア戦争（1853〜56年。ロシア帝国がオスマン帝国内のギリシャ正教徒保護を口実に開戦。クリミア半島を主戦場とし、オスマン帝国、イギリス、フランス、サルデーニャの連合軍がロシアと戦った）末期の1855年、イギリス軍とフランス軍はロシア帝国の黒海艦隊の拠点であるセヴァストーポリ港を、1年にわたる包囲戦の末に制圧した。イギリス・フランスの両軍はこの戦いで大きな損害を被り、生き残った兵士たちは飢えと疲労に苛まれていた。物資はとうに底をつき、イギリス軍の兵士たちは、ロシア軍が残していった食料はないかとクリミア市内を探し回ったが、見つからなかった。

事態は深刻だった。そんなとき、がれきの山の上にのぼった2人の負傷兵の間にトラ柄の子ネコがちょこんと座っているのを、ほかの兵士たちが目撃した。兵士たちは人懐っこくじゃれるこのネコを「トム（Tom）」と名付け、自分たちは食べ物が見つからず困っているのに、トムがなぜこんなに元気で丸々としているのか不思議がった。

兵士たちは廃墟に出没するトムを追いかけてみることにした。トムが崩れた建物のがれきの下に潜り込んだまま戻ってこないので、兵士たちが周囲のがれきを掘り起こすと、トムは見つかった。そこは、包囲戦が始まったときにロシア軍が隠していた食料がぎっしり詰まった倉庫のなかだった。トムが食べ物に困らなかったのはそういうわけだったのだ。

トムのおかげで、イギリス軍とフランス軍は飢餓から救われた。トムは「セヴァストーポル・トム（Sevastopol Tom）」（セヴァストーポリ［またはクリミア］のトム）というニックネームを授かり、兵士たちが母国に帰還するとき、イギリス軍のウィリアム・ゲア中尉がトムを一緒に連れて帰った。

Heroic Animals

77

微量の引火性液体をも嗅ぎ取り、火災の原因を突き止めるヒーロー犬

シャーロック

ロンドン消防隊（London Fire Brigade　LFB）の男性および女性消防士たちの勇気と献身には本当に頭が下がる。そして2000年以降、4つ足の隊員〔ここでは発火性液体を識別できるように訓練された放火探知犬のこと〕たちも、人間の消防士に引けをとらない勇気と献身を幾度も見せてきた。

現在ロンドン消防隊で働く3頭のうち、コッカー・スパニエルの「シャーロック（Sherlock）」はいちばんのベテランで、その名にふさわしく、これまでに数々の火災の原因究明に貢献してきたヒーロー犬だ（巻頭口絵p.11下参照）〔シャーロックの名の由来となった名探偵シャーロック・ホームズは、一連の小説のなかで科学を取り入れた論理的推理によって事件を解決していく。これは現代の科学捜査の先駆けと言われている〕。

放火探知犬は1980年代にアメリカで初めて採用された。その可能性に目をつけたイギリスの火災調査官クライヴ・グレゴリーは、イギリスでの放火探知犬の活用について検討を開始した。こうして1996年、イギリスの放火探知犬第1号が誕生した。このイヌは「スター（Star）」という名前のブラック・ラブラドールで、イングランド中部のウェスト・ミッドランズ消防署に配

属された。その4年後、クライヴが訓練を手がけた「オーディン（Odin）」という名前のブラック・ラブラドールが、ロンドン消防隊初の放火探知犬に採用された。イギリスでは現在、20頭の放火探知犬が活動している。

シャーロックの話に戻そう。シャーロックは正式な肩書を「放火探知スペシャリスト犬（Specialist Fire Investigation Dog）」といい、ロンドン消防隊の同僚犬、「シンバ（Simba）」と「ワトソン（Watson）」とともに、「標的物質」を嗅ぎ分ける訓練を受けている。この場合の標的物質とは、放火犯が火をつけたり、燃え広がりやすくしたりするために使うアセトンやガソリンなど10種類の引火性液体である。シャーロックは非常に優秀で、これらの標的物質が揮発したり、最高1000度の高温で燃焼したり、他の液体と混じったりしていても嗅ぎ分けることができる。さらに、火災後1年以上経った現場で標的物質を識別することもできた。

火災現場を捜査中、シャーロックはその嗅覚を頼りに気になる場所をピンポイントで特定する。人間の隊員がその場所を記録し、分析用のサンプルを採取して火災が故意に引き起こされたものかどうかを見極める。シャーロックの鋭い嗅覚は、どんなテクノロジーよりも正確で、ハイテク機器でも検出できないほど微量の標的物質を突き止める。

こうした優れた嗅覚は、捜査プロセスの大幅なスピードアップにつながっており、消防や警察関係者が費やす時間と経費の軽減に貢献している。たとえば、床面積が10フィート×16フィート（約3メートル×約4・9メートル）の部屋を捜査する場合、検出器を使うと標的物質の特定に8〜10

時間を要する。しかし、シャーロックならわずか2分程度だ。

シャーロックとそのハンドラーで消防隊長のポール・オズボーンは、その任務にふさわしい厳しい訓練を受けている。シャーロックのような放火探知犬は、若いうちに「好奇心旺盛で遊び好きかどうか」を基準にして選ばれる。スパニエルやラブラドールなど、マズル〔イヌの鼻先から口にかけた部分〕が長く、粘り強い犬種が適していることが多い。選ばれた候補犬はごほうびをもらいながら仕事を覚えていく。シャーロックの場合、最高のごほうびはテニスボールだった。ハンドラーのオズボーンはこう説明する。

小さく切った厚紙に引火性の液体をほんの少ししみこませ、その上にテニスボールを載せて〔部屋のどこかに〕隠しておきます。イヌたちは部屋に入るなり、テニスボールを探し始めるのですが、同時にそのボールに関連付けられたにおいも嗅ぐことになります。

この訓練を一定期間、さまざまなシナリオを使って行う。嗅ぎ分けるべきにおいをイヌが正確に理解できたら、今度はボールを置かずに標的物質〔引火性の液体〕のにおいだけを探させるようにし、それ以降はイヌが標的物質を特定するたびに、ごほうびとしてボールを与える。

当然のことながら、放火探知犬の仕事は危険が伴う。現場が鎮火し、冷めるまでは放火探知犬を送り込むことはないが、ほかの危険がないとも限らない。そのため、現場に放火探知犬を投入する前に、ハンドラーは現場に有害な物質やむき出しになった銅線など、危険なものがないかチェックをし、探知犬にけがなどをさせないように配慮している。

火災現場には、崩れ落ちたレンガや割れたガラスの破片などの鋭利なものが散らばっているのが普通だ。シャーロックも、足を保護するために特別な赤いブーツを履いて作業することが多い。シャーロックを含むロンドン消防隊の3頭の放火探知犬たちは、年間180～230件の火災現場に出動している。彼らはロンドン市内とその近郊だけでなく、全国的な消防救助活動を支えている。イギリスで放火探知犬が採用されるようになってから現在まで、探知犬が大けがを負うなどの事故は皆無だ。これは、探知犬の安全に配慮するハンドラーたちの努力のたまものである。

シャーロックは「ミスター・バッスル・ブリッチズ（Mr Bustle Britches）」〔元気いっぱいの仕切り屋、といった意味〕、「シャーロックスター・ロックスター（Sherlockster Rockster）」、略して「ロックスター（Rockster）」などのニックネームで呼ばれ、ハンドラーのオズボーンとその妻、そして2人の子どもたちと一緒に暮らしている。シャーロックは家族の一員としてとても愛されているが、屋外の犬小屋で眠り、家のなかで入ることが許されているのは台所だけだ。これはとても重要なことで、シャーロックとハンドラーのオズボーンは仕事でペアを組み、常に一緒だからこそ、仕事とプライベートを明確に区別する必要があるのだ。

シャーロックの放火探知犬としての腕前は、これまでに何度も実証されている。あるとき、サリー州のラグビー場のクラブハウスが全焼する火事があった。オズボーンとシャーロックが現場に到着したとき、建物はまだ燃えていた。オズボーンはいつもと違う「燃焼パターン」（火災がどのように発生し、燃え広がったのかを知る手がかりになる）に気づき、現場が鎮火して温度が下がったのを見計らって、シャーロックに火元を探させる範囲を特定した。全焼したのは3000平方フィート（約279平方メートル）の広さの建物だったが、オズボーンは、シャーロックならこの火事の原因を突き止められるだろうと確信していた。

シャーロックはまず、建物の外周を探し始め、焼け跡の温度が十分下がってから赤い特別なブーツを履かせてもらい、建物のなかに入った。そして、すぐに建物後方の木材から燃焼促進剤の痕跡を発見した（のちにこの燃焼促進剤はバーベキュー用のジェル状の着火剤と判明した）のだった。燃焼パターンとあわせて、これが放火の可能性を示す有力な証拠となった。しかも、同じサリー州で起きたパビリオン（展示会や博覧会などに用いられる仮設の建築物やテント）や他のクラブハウスの火災でも同じ燃焼促進剤が使われていたことが判明した。シャーロックのおかげで、これらの火災が同一犯による放火であると断定され、容疑者の特定につながった。こうして、シャーロックは一躍「時の人」ならぬ「時のイヌ」になった。

本書の写真（巻頭口絵p.11下）撮影で私がシャーロックたちを訪ねたとき、オズボーンはシャーロックの優れた探知力を実際に見せてくれた。オズボーンはあらかじめ、灯油が入っていたびん（1年前のものなのでにおいはほとんど抜けていた）を庭の茂みのなかに隠しておいた。そしてシャーロックを庭に放すと、シャーロックはものすごい速さで、しっぽを振りながら木や花、草むらや茂みをくまなく調べ始めた。そして、1分もしないうちに灯油が入っていたびんを見つけ、その場に立ち尽くしてじっと見つめた。ごほうびに欲しがったのはテニスボールだけ。オズボーンは、これまで彼が出会ったイヌのなかで「シャーロックは最も集中力が高く、意欲的なイヌ」だと話した。

シャーロックは、標的物質の特定率100パーセントという見事な実績によって、ロンドンの使役犬のなかでもとりわけ優秀なヒーロードッグとして知られるようになり、2017年に「アニマル・ヒーロー賞（Animal Hero award）」〔イギリスの大衆紙『デイリー・ミラー』とRSPCA〔王立動物虐待防止協会〕が毎年発表する年度賞の1つ〕を受賞している。オズボーンがシャーロックを誇りに思う気持ちは、彼のこんな言葉からも垣間見ることができる。「ロンドン消防隊は、ロンドンを世界一安全な街にするために活動しています。正直に言うと、シャーロックは毎日、そのために職場に来ているのです」。そう聞くと、崇高な使命感に突き動かされているように聞こえるかもしれないが、シャーロックにとっては、ごく当たり前のことなのだ。

78

群れを嫌い、鉄の意志で6年も放浪生活をしたヒツジ

シュレック

ヒツジの群れが、彼らの半分ほどの大きさの牧羊犬に統率されているのを見て、私たちはつい、ヒツジは群れ意識の強い生き物だと思い込んでいる。ところが、これから紹介するシュレック（Shrek）のように、群れに迎合せず、鉄のように固い意志（iron will）で放浪生活を選ぶヒツジもいる（巻頭口絵p.12上参照）。

シュレックはメリノ種のヒツジで、１９９４年に（ヒツジの数が人口の5～6倍にのぼる）ニュージーランドの南島南部に位置する高地ベンディゴにあるヒツジの放牧場で生まれた。食肉用のヒツジより体が小さいメリノ種は繊細でしなやかな毛が特徴で、高級羊毛の代名詞となっている。

メリノ種のヒツジは、12世紀にスペイン南西部で誕生した。当時のスペイン王国は、羊毛の輸出を経済の要としており、メリノ種のヒツジを国外に持ち出すことは死刑に値する重罪とされた。18世紀になると法律が緩和され、メリノ種のヒツジは世界各地に広がっていった。そして綿密な交配計画のもと、今日よく知られているような、メリノ種へと改良された。

ところで、ニュージーランド南島のベンディゴの放牧場の平凡な暮らしは、1頭の若い雄ヒツジには物足りなかったようだ。この雄ヒツジは放牧場で飼われている1万7000頭の群れのなかの1匹ではなく、自立したヒツジになりたくて群れを出た。そして、アイアン・メイデン〔イングランド出身のヘヴィメタル・バンド〕の「誇り高き戦い〔原題 Run to the Hills〕」のミュージック・ビデオのシーンさながらに、「丘に向かって走り」、南島内陸部にあるセントラル・オタゴの高地を目指した。

ごつごつした岩山に荒涼とした平原、それにあちこちにある深い洞窟は、ヒツジが身を隠しながら放浪生活を送るにはぴったりの地形だったが、厳しい気候が難点だった。このあたりはニュージーランドでも特に寒さと乾燥が厳しく、厳寒期には牧草はほとんど生えない。そんな過酷な地で6年間も放浪生活を送り、生き延びられたのは、このヒツジが鉄のように固い意志をもっていた何よりの証だ。

2004年4月、この放浪ヒツジは洞窟のなかにいるところを、ほかの逃亡ヒツジを探していた自然保護官によって偶然発見された。その姿に誰もが目を疑った。このヒツジの所有者である牧場主のジョン・ペリアムは、発見当時のヒツジの姿を「まるで聖書に出てくる生き物のようでした」と話す。6年間も毛が伸び放題になっていたため、普通のヒツジの3倍以上の大きさに膨れ上がっていたのだ〔原種に近いヒツジは毎年毛が抜けるが、品種改良されたメリノ種は毛が伸び続けるため、通常、年に1度の毛刈りが必要〕。

放浪を終え巨大な毛玉と化していたこのヒツジは、当時人気を博していたアニメーション映画の主人公の大男になぞらえ「シュレック」と名付けられ、その毛刈りの様子は全国放送のテレビで生中継された。毛刈りにかかった時間は通常のヒツジのほぼ10倍。刈り取られた毛は、ヒツジ1頭の平均的な毛量の6倍、重さは60ポンド（約27キログラム）もあった。なんと大人のスーツ20着分である。

放浪ヒツジのシュレックは、ニュージーランドの国民的なアイドルになり、著名人たちからも大歓迎を受けた。首都ウェリントンの国会を訪れたときは、ヘレン・クラーク首相（当時）との面会も果たした。それから亡くなるまでの数年間、シュレックは病気の子どもたちを救うための慈善活動にも貢献し、15万ニュージーランドドルの寄付を集めた。

Heroic Animals

79

中国人民解放軍から
いわれなき砲撃を受けた
英国船内でネコ大奮闘

サイモン

中国で国共内戦が起きていた１９４９年、イギリス海軍（通称「ロイヤル・ネービー」）所属のスループ艦「ＨＭＳアメジスト（HMS Amethyst）」が南京のイギリス大使館員の避難護衛任務のため、上海から現地に派遣されることになった。

アメジスト号の艦内はネズミが大量に発生し、不快なだけでなく感染症の危険にさらされていた。そんなとき、17歳のジョージ・ヒッキンボトム三等水兵が香港のストーンカッターズ島（または昂船洲《ゴンシュンチャオ》）の波止場で、やせこけた白黒のハチワレ模様（ネコやイヌの顔の毛色が鼻筋を境に左右に分かれ、漢数字の「八」のように見えるさま）の雄ネコを見つけた。ヒッキンボトムは、この雄ネコに艦内のネズミ捕りの仕事をしてもらおうと思いつき、上着のなかにネコを隠してアメジスト号に戻った。

お腹をすかせたネコはすぐに船室でネズミ狩りを始めた。そして、ネズミ捕りの腕前では誰にも負けないことを証明してみせ、たちまち乗組員たちの人気者になった。乗組員たちはこのネコを「サイモン（Simon）」と呼び、水差しに浮かべた氷を取り出すなどの芸を教えた。

サイモンは艦長のバーナード・スキナー少佐にも懐いた。2人は強いきずなで結ばれ、よく艦内を一緒に回って歩いた。サイモンは、艦長によくしてもらったお礼に特別な「贈り物」をプレゼントした（死んだネズミや血だらけのネズミを艦長の足元に落としたり、ときにはベッドの上に置いたりした）。そして、艦長が制帽をかぶっていないときは、その制帽のなかに入り、体を丸めて眠った。

1949年4月、蒋介石率いる国民党軍と毛沢東率いる人民解放軍による内戦（国共内戦）が激化するなか、アメジスト号は上海から揚子江をさかのぼり、南京に向かっていた。

当時、揚子江を挟んで北側は人民解放軍が、南側は国民党軍が占領していた。両軍は4月21日の24時まで暫定的に休戦することで合意しており、国共内戦で中立的な立場を貫いていたアメジスト号の乗組員たちは、まさか自分たちが戦闘に巻き込まれるとは思っていなかった。しかし、4月20日深夜、停戦期限まであと36時間、目的地の南京まであと60マイル（約96キロ）というタイミングで、人民解放軍が何の警告もなく砲撃を再開したのだった。

アメジスト号のブリッジ（甲板上の高所に設けられた艦長の指揮所。艦橋《かんきょう》ともいう）、操舵室、機関室は爆発の衝撃をもろに受けた。船体に50発以上の砲弾が打ち込まれ、艦長のスキナー少佐はじめ乗組員19人が犠牲になり、27人が負傷した。サイモンの姿はどこにもない。それでも砲撃は続き、船体内の隔壁に15フィート（約4・6メートル）の大穴が開いた。沈没の危険が迫るなか、アメジスト号はなんとか上流の小さな水路にたどり着き、その場所で砲弾で穴だらけになった船と乗組員の解放に向けた交渉が始まった。

キリッとした表情のサイモンと、アメジスト号の乗組員たち

砲撃を受けてからしばらくの間、サイモンは行方不明になっていた。数日後、ふらふらと甲板に現れたサイモンを、ジョージ・グリフィス兵曹が見つけ、医務室に連れていった。サイモンは衰弱し、脱水症状のほかに大けがを負っていた。軍医のマイケル・ファーンリーはすぐさまネコの脚と背中から砲弾の破片を取り除き、傷口を縫い、顔のやけどの手当てにとりかかった。助かる見込みは低く、乗組員たちは最悪の事態も覚悟した。

サイモンは、なんとかこの危機を克服した。ただし、焦げたひげが生え変わったときには、ひげはひどく曲がっていたが。すぐさまネズミ捕りの仕事に戻ったサイモンは、食料を食い荒らし、乗組員に襲いかかる獰猛で巨大なネズミたちと戦った。砲撃で艦内のボイラーや換気扇が壊れ、動かなくなってしまったために、空調設備やダクトの内部にまでネズミが侵入するようになり、被害は一層深刻になった。

ネズミを仕留めるハンターとしての腕前もさることながら、サイモンの仕事ぶりは、乗組員たちの士気を高めるのに大いに役立った。人民解放軍からいわれのない砲撃を受け、多くの友人や同僚を失い、彼らの遺体を揚子江に流さなければならなかった乗組員たちは、心に大きな傷を負っていたのだ。

こうして、サイモンは瞬く間に大半のネズミを片づけた。ところが、どうしても捕まらない大ネズミが1匹残っていた。獰猛でしぶといこの大ネズミは共産党の指導者になぞらえて「モータクトー」と呼ばれていた。しかし、ついにモータクトーの最期がやってきた。サイモンは、この大ネズミを貯蔵室に追い詰め、あっけなく仕留めると、乗組員のブーツの脇に、血まみれの大ネズミの死骸を誇らしげに置いておいた。乗組員たちは感謝し、サイモンは二等水兵に昇格した。のちに、サイモンはアメジスト号従軍記章も授与されることになった。表彰状には次のように書かれていた。

（アメジスト号における）あなたの格別の功績により……危機的に不足していた食料の蓄えを荒らす『モータクトー』に対し、あなたは……武器ももたず独力で忍び寄り、これを退治しました……また、4月22日から8月4日までの間、その不断の献身によってアメジスト号から悪疫と害獣を一掃しました。

サイモンがいたことが励みになっていたとはいえ、生き残ったアメジスト号の乗組員たちはさらなる窮地に追い込まれていた。3カ月近くも艦内に軟禁状態に置かれていた乗組員たちに対して、人民解放軍は「(アメジスト号が)中国の領土に許可なく侵入し、最初に攻撃を仕掛けた」と主張し、その非を認めるよう迫った。食料も水も底をつき始め、配給は半分に減らされた。燃料も残り少なくなり、絶体絶命の危機に瀕していた。新しい艦長のジョン・ケランズ少佐は、ここから脱出するには敵の目を欺く以外に方法はないと決意した。

7月30日の夜、そのチャンスがやってきた。夜空に月はなく、通りがかった中国の商船の陰に隠れるようにして、アメジスト号は揚子江から外海に向けて104マイル(約167キロ)の旅に出発した。運が味方し、5時間後に黄浦江《こうほこう》(上海の呉淞《ウースン》で揚子江へと流れ込む最後の支流)の河口付近で待機していた「HMSコンコード(HMS Concord)」と合流し、外海まで安全に航行できるよう護衛してもらった。

こうして事件発生から101日目にして、アメジスト号の乗組員たちはようやく苦難から解放された。艦長のケランズ少佐は司令官に次のような信号を送った。「呉淞の南で再び艦隊に合流。損傷、死傷者ともになし。国王陛下万歳」

アメジスト号が香港に無事帰還すると、サイモンを含む乗組員たちは英雄として称えられた。

香港の港に到着すると、大勢のメディアの熱狂的な出迎えを受け、新聞やニュース映像のおかげでネコのサイモンは一夜にして世界中に知れ渡った。

ディッキン・メダルの受賞者の選出にあたって、PDSAは艦長のケランズ少佐と連絡をとった。少佐は次のような推薦文を送った。

（砲撃を受けた日から）サイモンは何日も怯えて姿を見せませんでした。彼のひげには今も爆風を受け焼け焦げた痕が残っています。しかし、船体の損傷箇所でネズミが繁殖し、アメジスト号の乗組員の健康を脅かすようになったため、サイモンは立派に立ち向かいました。

本件におけるサイモンの行いはどこをとっても特筆に値します。こんな小さなネコが、鋼板に直径1メートルの大穴が開くほどの爆風を受けてなお生き残れるとは誰も思っていませんでした。

しかし、数日後に再び姿を現したサイモンはこれまで以上に私たちのために尽くしてくれました。彼の存在は、アメジスト号の乗組員たちの高い士気を維持するうえで決定的な要因となったのです。

こうしてサイモンにディッキン・メダルが贈られることになった。サイモンのディッキン・メダル受賞はネコとして初、しかもイギリス海軍に所属する動物として史上初めての受賞となった。

サイモンはメダルを授与されただけでなく（彼はイギリスの代表的な動物愛護団体である「ブルークロス」からもメダルを授与されている）、イギリスの国民からも愛され慕われた。香港から帰国の途に就いたアメジスト号は、途中寄港した各地で大歓迎を受けた。1949年11月、イングランド南西部のプリマス港に入港したあと、サイモンは検疫のためサリー州の施設に送られた。検疫所にはサイモン宛ての手紙やキャットフードやおもちゃなどが1日に200点以上も送られてきた。一方、ディッキン・メダルの授与式の計画も進められ、創設者のマリア・ディッキンからサイモンに直々にメダルを授与するほか、ロンドン市長も出席することが決まった。

サイモンは戦闘で受けた傷が癒えず、アメジスト号の仲間たちのことが恋しくなっていたに違いない。残念なことに、サイモンは2週間後のディッキン・メダルの授与式を待たずに逝ってしまった。まだ2歳という若さだった。仲間の乗組員や多くのファンは悲しみに暮れた。

サイモンの葬儀は海軍の伝統に則って執り行われ、無事生還したアメジスト号の乗組員全員が参列した。ロンドン東部のイルフォードにあるPDSAの動物墓地にある彼の墓には、次のような碑文が刻まれている。

「サイモン」
1948年5月～1949年11月
イギリス海軍艦艇アメジスト号に勤務

１９４９年8月
ディッキン・メダルを受章
１９４９年11月28日没
揚子江事件中のその働きは並外れたものであった

Heroic Animals

80

第二次大戦下の太平洋の島々で日本軍と戦った米国のカモ

サイワッシュ

太平洋戦争中に日本軍と戦ったアメリカ軍にとって最も過酷な戦いの1つが、1943年11月に中部太平洋で展開された「ガルバニック作戦」である。パプアニューギニアとハワイの中間地点にある環礁〔現在のキリバス共和国ギルバート諸島タラワ環礁〕で展開されたこの作戦に、1万8000人のアメリカ海兵隊員と固い決意をもった1羽のカモが動員された。

それにしても、私たちの身近にいる普通の水鳥がいったいなぜ太平洋のど真ん中の戦地にいたのだろう？　答えはこうだ。その年のはじめ、フランシス・フェイガン三等軍曹がニュージーランドの居酒屋でポーカーゲームに勝ってカモを手に入れた。フェイガンは、このカモをアメリカ海兵隊の非公式の隊員にしようと部隊に連れ帰った。当時はペットを飼う動機も飼われ方も、今とだいぶ違っていたのだ。

そのカモは、フェイガン三等軍曹の友人で、ワシントン州スカジット郡出身のジャック・サイワッシュ・コーニーリアス三等軍曹のミドルネームをとって「サイワッシュ」と名付けられた。

カモのサイワッシュはずっとオスだと思われていたが、のちに卵を産んで「メスだった」ことがわかり、まわりの兵士たちをびっくりさせた。彼女はフェイガンから片時も離れず、やがて第2海兵師団〔アメリカ海兵隊の海兵遠征軍に所属〕の非公式のマスコットになった。彼女の所属部隊の指揮官、プレスリー・M・リクシー大佐は『シカゴ・トリビューン』紙に冗談めかしてこう語っている。「わが軍にとってかけがえのない存在であるこのカモを食材にするなんて滅相《めっそう》もありません。第一、（戦地には）カモのローストに添えるオレンジなど一切れもないのですから」

サイワッシュはすぐに勇敢なカモとしても知られるようになった。ベティオ島を舞台とするタラワの戦い〔1943年11月21～23日、ギルバート諸島タラワ環礁ベティオ島でのアメリカ海兵隊と日本軍守備隊との戦い。タラワは現在のキリバス共和国首都〕では、敵の砲弾と弾丸の嵐のなかを海兵隊が上陸を試みると、サイワッシュもヨタヨタとそのあとについていき、戦闘態勢に入った。そして、海辺で待ち受けていた日本のニワトリとの一騎打ちに勝利した。続くサイパンの戦い〔1944年6月15日～7月9日〕とテニアンの戦い〔1944年7月24日～8月3日〕の二度にわたる激戦では、サイワッシュは船に残り、いっぱしの見張り役を果たした。

その後、サイワッシュにパープル・ハート勲章が授与されるといううわさもあったが、実現はしなかった。代わりに彼女に（オスのカモとみなされたままで）次の表彰状が贈られた。

1943年11月、ギルバート諸島のタラワの戦いで見せた貴殿の果敢な戦いぶりと戦闘中の負傷に対し、表彰状を贈ります。貴殿は海辺に到着するやいなや身の危険を顧みず、敵、すなわち日本の軍鶏の血を引くオンドリに躊躇なく立ち向かい、頭を何度もつつかれ負傷しながらも敵を撃退しました。また、味方のすべての負傷兵が手当てを終えるまで、自ら救護を受けるのを拒否しました〔原文は主語の Siwash を she ではなく he で受けている。なお、表彰状の文面を日本語にするにあたり、主語を「貴殿」に置き換えた〕。

1944年、サイワッシュ三等軍曹はアメリカに帰国し、英雄として歓迎された。フェイガンとともに戦時国債の販売促進に貢献し、大戦後はイリノイ州シカゴのリンカーン・パーク動物園〔ミシガン湖に面したシカゴ市最大の公園「リンカーン・パーク」内の動物園〕の人気者として余生を送った。

81

第二次大戦下の太平洋で米兵を癒し、救い、基地復旧にも努めたイヌ

スモーキー

1944年2月、ニューギニア島（太平洋南部のオーストラリア大陸の北にある、グリーンランドに次ぐ面積世界第2位の島）のジャングルで、1人のアメリカ兵が1匹の小型犬を発見した。そのイヌは、体重がたったの4ポンド（約1・8キログラム）で体高が7インチ（約18センチ）ほどのヨークシャー・テリアだった。ヨークシャー・テリアは、19世紀中頃、イングランド北部のヨークシャー地方で紡績工場を荒らすネズミを駆除するためにつくられた犬種である。そんなイヌが、いったいどうやって南太平洋の熱帯雨林にやってきたのか誰にもわからなかった。

ニューギニアの戦い（太平洋戦争中の1942年3月7日〜1945年8月15日、ニューギニア戦線においてアメリカ・オーストラリア連合軍と日本軍との間で行われた一連の戦闘）は、アメリカ海軍が南太平洋の覇権を握り、フィリピン諸島を日本の支配から解放するために不可欠な戦いだった。兵士たちはマングローブの生い茂る沼地やジャングル、そして山岳地帯からなる難しく危険な地形を進軍しなければならなかった。道路も鉄道もなく、ジャングルの道なき道を小型四輪駆動車で通り抜けようとすると、

機械系統にトラブルが起きてよく立ち往生した。

冒頭の兵士が小型犬を見つけたのもそんなときだった。この兵士がエンストを起こしたジープを修理していると、地面から何かの鳴き声が聞こえてきた。あたりを探すと塹壕〔原文は1〜2人用の小さな塹壕を意味するfoxhole〕のなかに小さなヨークシャー・テリアがいたのだ。

兵士はこの小型犬を自分のキャンプに連れ帰った。「毛がない方が涼しく過ごせるだろう」と仲間の兵士がそのイヌの絹のような被毛を短く刈ってやった。彼らのテントにオハイオ州クリーブランド出身のビル・ウィン伍長がいた。ウィン伍長はこのヨークシャー・テリアを、発見者である兵士から2オーストラリア・ポンド〔1910年から1966年までオーストラリアなどで使われていた旧通貨単位。AUP〕で買い取ることにした。ウィン伍長にとっては大きな出費〔給料のかなりの部分を占めた〕だったが、これが飼い主とイヌの両方の人生を変えることになる、長く幸せな友情の始まりになったことを考えれば、その金額以上の価値があった。ウィン伍長はこのヨークシャー・テリアを「スモーキー（Smoky）」と名付けた。

それから2年間、ウィン伍長がジャングルのなかを歩いているときも、太平洋上で戦闘に参加しているときも、スモーキーは大半の時間をウィン伍長のリュックサックのなかで過ごした。ウィン伍長のテントで寝るときは、ポーカーゲームの台に張られていた緑色のフェルトの上で横になった。食事のときは、ウィン伍長のCレーション〔遠征先で生鮮食品などの食材を調理した食事がとれない場合に配給される、缶詰などの野戦食〕やスパムの缶詰を分けてもらった。2人の行く手には常

アメリカ兵のヘルメットにすっぽり収まるスモーキー

にヘビに襲われる危険がつきまとった（小さなスモーキーが襲われたら、ひとたまりもなかっただろう）。空襲は150回以上も経験した。沖縄に行ったときは台風にも見舞われた。

スモーキーはそんな過酷な環境でもなんとか生き延びた。というより、むしろ元気いっぱいだった。スモーキー専用につくられた小さなパラシュートで高さ30フィート（約9・1メートル）の木の上から降下したこともある。日本軍との長く激しい戦闘で、太平洋南西部方面に派遣されたアメリカ軍の兵士たちは、多くが精神的外傷に苦しんでいたが、ウィン伍長はスモーキーのおかげでホームシックやストレスに悩まされずに済んだ。

ウィン伍長がデング熱（蚊を媒介に感染するウイルス性疾患）で入院したときも、スモーキーはすぐに看護師たちをとりこにし、ウィン伍長のそばにいさせてもらえることになった。看護師たちは、小さなスモーキーなら他の負傷兵や病気の兵士たちを元気づけられると考えた。そして、日中は看護師たちがスモーキーを連れて病室を回り、夜はスモーキーがウィン伍長と一緒に寝られるようにしてくれた。ある意味、スモーキーはアメリカ軍で最初のセラピー犬だった。

前線から離れているときは、ウィン伍長がスモーキーにジルバ〔社交ダンスの一種。1940年代初めに流行した、ブギウギやスイングのリズムに合わせた軽快なダンス〕の踊り方や歌、それに「スモーキー(Smoky)」のつづりを覚えさせ〔たとえば、「K」「M」「O」「S」「Y」などとランダムに並んだアルファベットのカードを、SMOKYの順に並べる芸を仕込んだ〕、綱渡りやキックボード乗り、死んだふりなどの芸も教え込んだ。スモーキーはどこに行っても、軍の兵士たちにかわいがられた。そしてあるとき、彼女はウィン伍長の命を救うことになる。

フィリピンの戦い〔1944年10月〜45年8月、フィリピン奪還を目指す連合国軍と防衛する日本軍との間で行われた一連の戦闘〕のために輸送船に乗ってルソン島に向かっていたウィン伍長とスモーキーは、飛行甲板に立ち、日本軍のカミカゼ特攻隊が突っ込む様子を目の当たりにした。ドーンという爆発音がとどろき、すぐ近くの軍艦がやられた。周囲の対空砲が一斉に迎撃を始める。恐怖に怯えたスモーキーは、ウィン伍長に伏せの姿勢を取らせた。次の瞬間、炸裂弾〔着弾と同時に爆発する弾〕がウィン伍長の頭をかすめて着弾し、すぐそばにいた8人の兵士たちが負傷した。スモーキーもウィン伍長も無傷だった。ウィン伍長はこの一件で、スモーキーのことを「塹壕から来た天使」と呼ぶようになった。

スモーキーは、太平洋戦争中、命がけで危険な任務を果たした。その功績が認められ、ほかの兵士たちとともに8つの従軍星章を受章した。なかでもよく知られているのは、フィリピンのルソン島リンガエン湾にあったアメリカ空軍の飛行基地の復旧作業における功績だ。戦略的に重要なこの飛行基地は、日本軍の執拗な爆撃を受け、通信システムが破壊されてしまっていた。その復旧のため、アメリカ軍の通信部隊は、直径8インチ（約20センチ）、全長70フィート（約21メートル）のパイプに電信用のケーブルを通す作業に迫られた。

リンガエン湾のこの基地はアメリカ空軍に所属する3つの飛行隊が拠点としており、通信システムの復旧は死活問題だった〔この通信システムは、ウィン伍長が所属する写真偵察中隊が集めた敵の情報を現場の指揮官に伝えるために必要だった〕。しかし、手作業で地面を掘り起こし、パイプにケーブルを通して埋設するには数日かかる。また、パイプの継ぎ目から土が入り込んで、場所によってはパイプ内の空洞の高さが4インチ（約10センチ）しかないところもあり、そこにケーブルを通す作業はさらに難航が予想された。幸い、小柄なテリア犬のスモーキーなら狭いすき間もくぐりぬけることができた。

ウィン伍長は新しいケーブルの先にひもを結び、それをスモーキーの首輪にくくりつけた。そしてパイプの反対側まで走っていって、スモーキーを呼んだ。しかし、真っ暗で狭いパイプのなかをちょっと進んだだけで、スモーキーは引き返してしまった。ウィン伍長が何度か声をかけて励ますが、首輪とケーブルをつないでいたひもがどこかにひっかかってしまったようで、スモーキーは途中で行き詰まってしまった。もはやケーブルを通すのは不可能かと思われた。

スモーキーがパイプのなかを進むたびにほこりやカビが舞い上がり、まったく姿が見えなくなってしまいました。彼女が進んでいるのかどうかもわかりませんでしたが、とにかく「スモーキー！」と名前を呼び続けました。そしてついに、（パイプの出口まで）あと20フィート（約6メートル）のところで琥珀色の小さな2つの目が見え、かすかに鳴き声も聞こえてきたのです……そして、あと15フィート（約4・6メートル）のところまでたどり着いたところで、スモーキーは走ってパイプから出てきました。スモーキーがうまくやってくれたことがとてもうれしくて、私たちは5分間くらいずっと、彼女を撫でて褒めてやりました。

この活躍でスモーキーは40機の軍用機と250人の兵士たちの命を救ったと言われている。太平洋戦争が終結すると、スモーキーは酸素マスク携行用バッグのなかに入れられてウィン伍長とともに兵員輸送船に乗り込み、アメリカに密入国を果たした（軍の規則でペットなどの動物を兵員輸送船に乗せることは禁じられていた）。そしてスモーキーの戦地での活躍はメディアで大々的に報じられ、センセーションを巻き起こした。スモーキーは全米各地の退役軍人の病院を慰問し、世界中を旅してその芸を披露した。テレビの特別番組の常連となり、45回以上の生放送で芸を披露した。

スモーキーは1957年、14歳で亡くなった。亡骸はオハイオ州レイクウッドに埋葬された。

現在、その場所にはM1ヘルメット（アメリカ軍兵士が被る標準的な戦闘用ヘルメットとして、第二次大戦期から1985年頃まで使用された）のなかに入ったスモーキーのブロンズ像と、その台座に「ヨーキー・ドゥードゥル・ダンディ（Yorkie Doodle Dandy）ことスモーキーと、戦争に従事したすべての犬たちをしのぶ」と刻まれた記念碑が建てられている。

82

南アフリカの動物施設で見事な「脱走」を繰り返すラーテル

ストッフェル

ラーテル（別名ミツアナグマ）はアフリカ、西南アジア、インド亜大陸にかけて広く分布する哺乳類だ。毛色は四肢や腹側など体の下半分が黒く、頭部から背中、尾の付け根にかけて白っぽく、見た目はどことなくスカンクのようだ。それもそのはず、ラーテルもスカンク同様、イタチやカワウソ、フェレット、アナグマなどと同じイタチ科の仲間である。ラーテルの特徴は、体を覆う分厚い皮膚、高い攻撃力と防御力、そして優れた知能にある。天敵はほとんどおらず、逃亡の達人でもある。どんな囲いに入れられても知恵を働かせて脱出してしまうのだ。

ラーテルは南アフリカ製の歩兵戦闘車（Ratel）の名前にもなっている。また、2002年版『ギネスブック（ギネス世界記録）』に「世界一恐れを知らない動物」として掲載されたこともある。この物語の主人公「ストッフェル（Stoffel）」を語るうえで、これほどぴったりな言葉はないだろう（巻頭口絵p.13上参照）。

ストッフェルは南アフリカの農家で育てられた。しかし、家のなかを荒らすようになったため、クルーガー国立公園近くの「モホロホロ野生動物リハビリテーション・センター（Moholoholo Wildlife Rehabilitation Centre）」〔孤児になったり、傷ついたりした野生動物を保護し、自然に帰すためのリハビリ施設。観光客のための宿泊施設も併設〕に預けられた。

ストッフェルは当初、ほかの2匹の成獣（メス）のラーテルと一緒にセンター内で放し飼いにされていたのだが、それをいいことに職員たちを困らせるような悪さばかりした。ストッフェルはセンターで保護されていたウサギや若い雄ジカ、アフリカソウゲンワシ〔草原やサバンナなどに生息する大型のワシ〕を次々に襲った。人間に対しても攻撃的で、センター内の宿泊所の厨房から職員を追い出し、なかの食べ物を好きなだけ食い荒らして逃走したこともある。それだけではない。ストッフェルはハンドバッグ泥棒の常習犯で、クロークに忍び込んではハンドバッグを引き裂いて中身を取り出そうとした。

お行儀のよいメスのラーテルたちは野生に戻されたが、一方のストッフェルは野生の生活には向いていないと判断された。人間の手で育てられたために、嗅覚が鈍り、自分で獲物を見つける能力が低かったからだ。ところが困ったことに、ストッフェルはセンターでの生活にまったくなじもうとせず、脱走を繰り返していた。

センターの職員はストッフェルがセンターから逃亡できないように、ありとあらゆる策を講じた。しかし、まさかフェンスの入り口のカギを外すとは誰も予想していなかった。しかも、ガールフレンドの雌のラーテルが共犯者だった。彼女がストッフェルの上に乗り、上の掛け金を外すと、ストッフェルが下の掛け金を外してドアを開け、2匹で脱走したのだ。仕方なく、職員たちは掛け金の上から針金を巻いて外せないように補強した。しかし、ストッフェルはいとも簡単にその針金を取り除いて上下の掛け金を外し、またしても脱走したのだった。

センターにいるほかの動物たちを襲わないように、ストッフェルは4分の1ヘクタール〔約50メートル四方の広さ〕ほどの草や木で覆われたスペースに移された。ところが、ストッフェルはそこからも脱出し、近くのライオンたち（ストッフェルより15倍も大きな相手）に襲いかかったものの、逆にけがを負って2カ月入院する羽目になった。「ライオンに殺されかけた」と言ってもおかしくない状況だったが、彼には「失敗から学習する」という発想がこれっぽっちもなかったらしい。退院したストッフェルは、真っ先にライオンたちのいるところに戻ろうとした。間違いなく、仕返しするつもりだったのだろう。

こうして、地元のロータリークラブがスポンサーになり、ストッフェルのいる区画の周囲にレンガの壁が設けられた。高さも十分だし、レンガの上からモルタルとペンキを塗って表面を滑りやすくしたので、さすがのストッフェルもよじ登るのは無理なはずだった。

「今度こそ脱走させずに済むだろう」――しかし、その期待はあっさり裏切られた。ストッフェルはなんと、壁を登らずに、壁の下に穴を掘って脱出したのだ。こうして職員とストッフェルのイタチごっこは続いた。

壁の下を掘れないような対策が施されたものの、ストッフェルは今度は木に登り、体重でうまく枝をしならせ、壁の上にひょいと降りて脱出した。飼育係がうっかり熊手を置き忘れたときには、その熊手を梯子代わりにして壁をよじ登った。また、力の強い後脚で石を転がしながら壁側に集め、それらを踏み台にして壁を乗り越えたこともある。そうかと思えば、泥をせっせと積み上げてスロープのような脱出路をつくったりもした。

ストッフェルの創意工夫ぶりに、リハビリテーション・センターの創設者ブライアン・ジョーンズも驚きを隠せなかった。彼はBBCの取材に次のように語っている。「彼の賢さは並大抵ではありません……彼にとってはゲームのようなもので、私が新しい策を講じるたびに、どうやってそれをクリアすればいいかを考えているのです」

ブライアンがストッフェルに脱出の仕方を訓練しているのではないかという声もあった。それについて、ブライアンはこう説明している。「ストッフェルを訓練？……とんでもない。そんなことは考えたこともありません。彼はその都度、われわれを出し抜く方法を思いつくんです」

ストッフェルがハリー・フーディーニ〔20世紀初頭のアメリカを代表する奇術師。「脱出王」の異名で旋風を巻き起こした〕ばりの見事な脱出を披露する動画は、ユーチューブにアップされ、今なお話題を集めている。信じられないという人はぜひ一度ご覧あれ。再生回数は3000万回を超える勢いだ〔2022年12月現在〕。

素行の悪い問題児だったストッフェルは、今やラーテルという動物について多くの人に知ってもらうための親善大使となり、世界各地からたくさんの人たちがモホロホロ野生動物リハビリテーション・センターを訪れるようになった。

入場チケットの売り上げはこのセンターの主目的である、野生動物の保護活動を支えるための資金に充てられている。また、センター内の売店にも、ストッフェルにあやかった新しい名前がつけられた。このラーテル界の「脱出王」がセンターの職員たちの頭痛の種になってきたのは間違いない。しかし今、こうして、動物を野生に戻すために必要な資金集めに貢献している。

83

第一次大戦を前線で戦い、米国で最多の勲章を受けたイヌ

スタビー

1917年、アメリカ・コネチカット州ニューヘイブンにあるイェール大学のフットボール競技場に1匹の野良犬が迷い込んだ。樽型の胴体で首の短い、見るからに不格好なこのイヌが第一次世界大戦でアメリカ軍の軍用犬となり、アメリカ史上最も多くの勲章を授与されるようになるとは誰が予想しただろうか。

このフットボール競技場では、第102歩兵連隊が出征に備えて訓練を行っていた。野良犬を見つけたのはJ・ロバート・コンロイ兵卒で、彼はこのイヌが気に入り、飼うことにした。コンロイ兵卒は、イヌの短い脚としっぽの、ずんぐりした体型から「スタビー（Stubby）」〔stubbyは「ずんぐりした」の意〕と名付け、すぐに仲良くなった。

スタビーの犬種はボストンテリア、アメリカンブルテリア、はたまた「犬種不明」など諸説あるが、とても賢い犬だった。彼はすぐにラッパの合図や兵士たちの所作を覚え、片方の前脚を目の高さまでもち上げて敬礼の真似をした。

第102歩兵連隊がフランスに出征するとき、コンロイ兵卒はどうしてもスタビーを置いていくことができず、軍服のコートの下に隠して軍艦「ミネソタ（USS Minnesota）」に乗り込み、急いで船倉にあった石炭入れのなかに隠した。連隊長はスタビーが艦上にいるのを見て眉をひそめたが、スタビーが敬礼の真似をすると目を細め、黙認した。

スタビーは1918年2月に前線に参加し、すぐに一目置かれる存在になった。あるとき、スタビーは爆弾が飛んでくる音を誰よりも先に察知し、吠えてまわりに知らせた。おかげで仲間たちは間一髪で身を潜めることができた。

スタビーはまた、戦闘で負傷した兵士の居場所を突き止め、救護班を誘導する役目も果たした。イヌの鼻腔には人間の50倍もの嗅細胞があり〔嗅細胞の数はヒトが約600万個、イヌは約3億個と言われている〕、遠く離れた場所のにおいも嗅ぎ分けられる。しかも、スタビーは機転が利くうえに勇敢だった。彼はわずかな量の毒ガスのにおいを嗅ぎつけると、大声で吠えながら塹壕を出たり入ったりして、寝ている兵士たちの軍服をくわえて引っ張り起こした。スタビーの鋭い嗅覚のおかげで、仲間の兵士たち全員がガスマスクを装着でき、眠っている間に窒息死せずに済んだ。このお手柄により、彼は上等兵として正式に認められた。

毒ガスは第一次大戦で最も恐れられた化学兵器の1つだった。なかでも最も広範囲に使用されたのがマスタードガスであり、吸い込むとのどや気管支が炎症を起こし、肺が損傷を受けると死に至る猛毒のガスだった。スタビーは、一度マスタードガスを吸ってしまったことがあり、それ以来ガスに対してものすごく敏感になっていた。スタビーには特注のガスマスクが用意されたのだが、『ニューヨーク・タイムズ』紙によると「スタビーの顔立ちは独特で、どんなマスクもぴったり合わなかった」という。

スタビーは正式な手続きを経てヨーロッパ戦線に参加したわけではないが、ヨーロッパ戦線にアメリカの軍用犬スタビーが参加したのは、異例のことだった。当時、ヨーロッパ各国は一連の戦闘で5万頭以上の軍用犬を投入していたが、アメリカ軍が戦地で軍用犬を使うのは、まだ一般的ではなかった。一時期、アメリカ陸軍がフランスで訓練された軍用犬を何頭か借り受けたことがあったものの、これらの軍用犬は英語での指令に反応できなかったため、使いものにならなかった。

第26歩兵師団〔通称ヤンキー師団〕〔第102歩兵連隊の所属師団〕はアメリカ軍の歩兵師団のなかで最も多くの戦闘に参加しており、スタビーはそのすべてに従軍し、連隊長のジョン・ヘンリー・パーカー大佐から全面的な庇護を受けていた。第102歩兵連隊のなかで、連隊長に口答えしても罰せられずに済んだのは唯一スタビーだけだったと言われている。当時のAP通信によると、スタビーは怒ると「狂暴になった」。そして、「ドイツ兵の捕虜が連行され、収容所にたどり着く前に、スタビーが彼らのズボンをくわえて引きずり下ろす恐れがあったため、その間、スタビーをリードでくくりつけておかなければならなかった」という。

フランスのソワソン郡北部のシュマン・デ・ダム〔シュマン・デ・ダム［Chemin des Dames］は「女性の

通り道」を意味し、第一次大戦の主戦場となった〕から始まった最初の1カ月間の戦闘で、アメリカ軍は絶え間ない砲火にさらされた。スタビーはドイツ軍の手榴弾で前足を負傷したが、回復するとすぐ前線に戻った。そして無人地帯に取り残された負傷者を次々に見つけ、救護班に吠えて知らせた。死にかけている兵士を見つけたときは、その兵士が息を引き取るまでそばにいて慰めることもあった。

スタビーは敵と味方の区別もついたようだ。ある晩、あやしい物音に気づき、塹壕を抜け出したスタビーは、敵のスパイを見つけた。そのスパイは、連合国軍の塹壕の場所を突き止め、配置図をつくろうとしていた。『ニューヨーク・タイムズ』紙は、「ドイツ軍はイヌをだまそうとしたが無駄だった。スタビーはスパイのズボンをくわえたまま離さず、味方が来るまで持ちこたえた」と報じた。連隊長のパーカー大佐は感心してスタビーの昇格を推薦し、部下たちもドイツ軍の兵士から没収した鉄十字勲章を、スタビーに与えた。

スタビーは西部戦線で210日間を過ごした。その間に4回の突撃と17回の戦闘に従事し、脚と胸を負傷した。

1918年7月のシャトー＝ティエリの戦い〔シャトー＝ティエリは、フランス北部エーヌ県にある基礎自治体。マルヌ渓谷の斜面に位置し、第一次大戦時、アメリカ軍とドイツ軍の激戦地の1つとなった〕では、スタビーはまたしても敵の毒ガス攻撃を察知し味方を守った。この戦いのあと、解放された町の女性たちがお礼のしるしにセーム革〔鹿革を油でなめしたもの〕のコートをつくってくれた（のちにこのコートには、

勲章がたくさんついたセーム革のコートを着て、
ホワイトハウスを表敬訪問した
スタビー軍曹（1924年）

数々の勲章が飾られることになる）。スタビーは、西部戦線を通じて昇格の推薦を受け、三等軍曹にまで昇進した唯一のイヌとなった。

それでも軍の規則では、兵士がペットを帯同することは禁じられていた。コンロイ兵卒は仕方なく、スタビーを密輸する形で母国に連れて帰らなければならなかった。アメリカに戻ったスタビーは英雄として歓迎を受け、在郷軍人会（AL）とキリスト教青年会（YMCA）からは終身会員の資格を与えられた。特に、YMCAからは生涯にわたって「1日3食と寝床」を提供する権利を得ている。

コンロイ兵卒は帰還後、ジョージタウン大学（アメリカの首都ワシントンD.C.にあるカトリック系私立総合大学）で法律を学び始めた。もちろん、スタビーも一緒に連れていった。そして、スタビーはジョージタウン大学のマスコット犬として採用された。

スタビーはアメリカ合衆国第28代大統領ウッドロー・ウィルソン（ウィルソン大統領と会ったときには「お手」をして握手した）、第29代大統領ウォレン・G・ハーディング、第30代大統領カルビン・クーリッジの3人の大統領に面会した。

また、亡くなる5年前の1921年には、ホワイトハウスで行われた式典でアメリカ動物愛護教育協会（the American Humane Education Society　AHES）から金の「ヒーロー犬」メダルを贈られている。この式典でヨーロッパ派遣軍総司令官ジョン・パーシング大将は、厳粛な面持ちで祝辞を述べ、スタビーの「最高レベルの勇気」「砲火の下での恐れを知らない行動力」を称賛した。『ニューヨーク・タイムズ』紙によると、スタビーはその言葉に「短いしっぽを振り、舌なめずりしながら」応えていたという。ほかにも、ニューヘイブン第一次世界大戦退役軍人章、パープル・ハート勲章、フランス共和国大戦争従軍メダル、サン＝ミエル作戦従軍記章、袖章三本線など数々の勲章やメダルが授与された。

スタビーが亡くなったときの追悼記事は通常の訃報欄の倍の紙面を用い、「AEFのスタビー、バルハラに入る」という見出しで掲載された〔AEFはアメリカ海外派遣軍［American Expeditionary Forces］の略称。「バルハラ」とは、北欧神話の主神オーディンの宮殿で、「天国」の意〕。

84

優れた聴覚でペルシャ湾の機雷除去に努めたハンドウイルカ

タコマ

イルカはどこをとっても愛らしい。いつ見ても幸せそうな笑顔をしているし、泳いだりジャンプしたりする姿は喜びにあふれている。おまけに彼らはとても賢く、社交的でもある。イルカは育児もきちんとこなし、子どものイルカがある程度成長すると、自立できるようにそばにいてスキルを教えてあげている。もしもイルカたちに車の運転や料理、洗濯の仕方を教えてあげたら、きっとできるようになるんじゃないかと思えてしまう。

ヒトや類人猿、ゾウには、感情やコミュニケーション、知覚、問題解決などと関連するスピンドル（紡錘《ぼうすい》）・ニューロン、別名「フォン・エコノモ・ニューロン（von Economo neurons）」が存在する。比較的最近になって、イルカにもこのスピンドル・ニューロンが存在することが確認された「スピンドル・ニューロンは人間と動物を隔てる知性にかかわっている可能性が指摘されている」。

しかも、イルカはヒトにはできないこと――つまり、聴覚を使って見ることができる。光は海底の奥深くまでは届かないが、音なら簡単に遠くまで伝えられる。イルカはエコー・ロケーション（反響定位）を使って、文字通り、音で物体を識別する。そのため、視界が遮られた海中でも「見る」ことができるのだ。イルカはクリック音と呼ばれる高周波音を発し、その反射音をあごの骨でとらえ、情報を脳に伝える。クリック音が物体にぶつかって跳ね返る（反響）までにかかる時間によって、その物体との距離だけでなく、大きさや形も識別できるのだ。

この効率的なプロセスによって、人間よりはるかに深く潜れるイルカは、海底から最大50センチの深さに埋まっているものも見つけることができる。このような、最先端の機器をも上回る高度なスキルをもつイルカが、世界の海軍超大国によって軍事作戦に利用されてきたのも不思議ではない。

1960年、アメリカ海軍は「海洋哺乳類計画（Marine Mammal Program）」というプロジェクトを開始した。このプロジェクトでは、海中の機雷や紛失した機器の探知にイルカの音波探知能力を利用するだけでなく、イルカがなぜ深海を高速で泳げるのかを流体力学的に明らかにする研究が進められた。

また、イルカの口にカメラをくわえさせ、水中で監視活動ができるようにする訓練も行われた。このプロジェクトは、冷戦の最盛期にピークを迎え、数百万ドルの資金が研究や訓練に投じられた。軍事目的でのイルカの利用でソ連をリードするのが狙いだったのだが、さしずめ『寒い国から帰ってきたスパイ』〔1963年刊のジョン・ル・カレのスパイ小説。東ドイツに潜入したイギリス情報部のスパイが描かれている。のちに映画化〕ならぬ、『海から帰ってきたスパイ』といったところだろうか。

ベトナム戦争中の1965年から75年にかけては、アメリカ軍に訓練された5頭のイルカが船の警備に使われた。しかし、そのことは秘密にされていた――軍用イルカの存在は機密事項だったのだ。このイルカのパトロール隊は、爆発物を仕掛けにきた敵のダイバーを捜索するだけでなく、拘束する器具を設置することもできた。

イルカの訓練には1年ほどかかるため、多額の投資を伴う。訓練プログラムが終わる頃にはイルカ1頭あたり200万ドル（約2億7000万円）前後の価値がつき、最長で20年間、軍事利用することができる。

もちろん、相手は野生動物なので、常にうまくいくとは限らない。ときには200万ドルの投資をしたイルカが外海に出たとたん、自由を求めてどこかに行ってしまうこともある。また、イルカの本能である縄張り意識が働き、先住のイルカの群れが海軍のスパイイルカを縄張りから追い出してしまう可能性も無きにしもあらずなのだ。

イルカの寿命は30～50年なので、22歳ならいちばん仕事ができる年頃だ。アメリカ・イギリス軍によるイラク攻撃〔イラクの大量破壊兵器保有を理由に開戦。日本を含む44カ国が支持し、フセイン政権を打倒〕が始まった2003年3月以降、機雷掃海のため、イラクで唯一の深海港であるウンムカスル港に派遣された軍用イルカのタコマ（Tacoma）がまさにその年齢だった。大西洋ハンドウイルカ（Atlantic Bottlenose Dolphin）のタコマは、アメリカ海軍第3爆発物処理分遣隊（EODMU3）に所属していた。この処理部隊の主な任務は、貴重な人道支援物資を運ぶ船舶の安全を確保することだった。

タコマはアメリカの軍艦に設置された巨大な水槽で訓練を受けたあと、特別な移送用コンテナに入れられ、ヘリコプターで現地に輸送された。タコマが機雷除去の任務に就いたのはこれが最初だった。タコマの訓練士は彼のことを「自分の主張を通そうとする」が、「仕事ぶりはトップクラス」だと話した。

ペルシャ湾で、右ヒレに探知用ビーコンを装着した訓練中のハンドウイルカ

クウェートの北に位置するペルシャ湾の海中は視界がほとんどなく、人間のダイバーが潜って爆発物を探すのは不可能だ。そこで活躍するのが、イルカのエコー・ロケーション能力、というわけだ。

1991年の湾岸戦争以来、ペルシャ湾に設置された機雷は多くが無効化されずに海底の泥のなかに沈んだままになっていた。そこに船舶が近づいたら機雷が作動し、爆発する危険があった。機雷はたとえじかに触れなくとも、鋼鉄製の船舶や合金製の潜水艦が真上にきたときに磁場の変化が生じることで、爆発する仕組みになっている。

一方、イルカの体には金属が含まれていないため、タコマは機雷を作動させずに近づくことができた。ペルシャ湾に放たれたタコマは、すぐに仕事にとりかかった。驚いたことに、タコマは機雷に触れないように訓練されているので、機雷を発見するとボートの近くまで泳いできて、ボートの前方にあるプラスチック製のボールを押して教える。爆発物処分隊の隊員はタコマが発見した機雷の位置に特殊なブイを浮かべる。その場所に潜水士が潜り、機雷を無効化するのだ。

とはいえ、肝を冷やすようなことがなかったわけではない。2003年4月4日、タコマが48時間行方不明になった。外洋に誘われたのか、イラクのイルカに追い出されたのか、それとも作戦で死んだのか、誰にもわからなかった。幸い、彼は無傷で戻り、人命救助活動を継続することができた。タコマと他の4頭の軍用イルカたちは、100個以上の機雷の位置を知らせた。このイルカ機雷探知チームが活躍したおかげで、何千万というイラクの人々に必要な物資を届けようとしていた、イギリス海軍の支援揚陸艦「RFAサー・ガラハッド(RFA Sir Galahad)」が無事入港できたのだ。

イギリス海軍のブライアン・メイ船団長は次のように語っている。「神はこれまでに開発されたどのソナー(音波探知機)にも勝る優れた音波探知能力をイルカに授けられました。われわれは、彼らの能力をただ羨望するばかりです」

85

和歌山電鐵貴志駅の「駅長」などを務めた世界的ネコ

たま

ネコは日本の文化で特別な位置を占めている。ネコは幸運を招くと信じられ、富や繁栄の象徴とされている。昔の絵巻物に描かれたネコから現代の人気キャラクター「ハローキティ」まで、ネコは常に気になる存在だ。日本には住民の数よりネコの数の方が多い「猫島」と呼ばれる島が少なくとも2つあるそうだし〔原文のまま。実際は全国各地に10カ所とも20カ所とも言われる〕、東京には「猫の街」〔文京区谷中、根津、千駄木の谷根千エリアが有名〕や、「猫カフェ」もある。猫カフェでは、コーヒーや紅茶を飲みながらネコとふれあい、おみやげに猫グッズまで手に入る。とにかく、ネコにまつわるものが無限に存在する。

私が本書のためにネコ科のヒロインを選んでいたとき、真っ先に浮かんだのが三毛猫の「たま」だった。「ネコは幸運を招く」という通説は、たまの場合、本当だ。彼女は地元和歌山の経済を救ったとして、高い評価を得ている。たまは、和歌山県紀《き》の川《かわ》市にある和歌山電鐵《でんてつ》貴志《きし》川《がわ》線の貴志《きし》駅の駅長という、ネコとしては信じられないような職業に就いていた。

1999年に貴志川町〔現紀の川市貴志川町〕で生まれた「たま」は、貴志駅の近くに住みついていた町ネコのなかの1匹だった。たまは貴志駅に隣接する小山商店の店主に引き取られたが、相変わらず駅前で過ごすのが好きだった。やがて、その人懐っこい性格から利用客の人気者になり、「たま駅長」と呼ばれるようになった。

貴志駅のある貴志川線は和歌山市内に乗り入れる鉄道で、財政難のため2004年に路線の廃止を表明していた〔当時は南海電気鉄道の管轄〕。地域住民の利用でなんとか支えられていたが、2006年に貴志川線が和歌山電鐵に移管されると、経費削減のために貴志駅は無人化され、改札係も警備員も駅長もいない駅になった。そこで進んで駅長の仕事を引き受けたのが「たま」だった。

こうして、たまは貴志駅のマスコットに決まった。改札台の上に乗って利用客を出迎えるのが主な仕事だ。「年俸」としてキャットフード1年分を与えられ、首輪につける名前と役職が入った金色の名札もつくってもらった。なんと、ネコ用の制帽まで支給された。

たまは鉄道の利用客だけなく、貴志川線の職員たちにもかわいがられた。和歌山電鐵の小嶋光信《こじまみつのぶ》社長〔和歌山電鐵の親会社である岡山電気軌道が所属する両備《りょうび》グループの会長も兼務〕もたまの魅力に引き込まれた1人だ。たまを正式に駅長に任命するからにはと、制帽屋にたまの制帽を特注することを思いついたのも小嶋社長だった。そして、2007年1月5日、「たま駅長任命式」が執り行われた。ネコに駅長を正式に委嘱するのは全国で初めてのことだった。

たまは駅の宣伝に一役買っただけでなく、テレビや雑誌などのメディアにも取り上げられ、一躍スターになった。2007年12月4日、たまは小嶋社長が会長を務める両備グループからトップランナー賞「客招き」部門を受賞。ごほうびにネコじゃらしと、年末手当としてかにかまのスライスが与えられた。2008年1月5日には、「貴志駅スーパー駅長」に昇格。また、和歌山電鐵初の女性管理職（課長）にも昇格した。お祝いに「SUPER（スーパー）」を表す「S」の頭文字が入った新しい駅長プレートと、かつての切符売り場を改装した「たま駅長室」が贈られた。駅長室にはネコ用のトイレも設置されていた。さらに、「スーパー駅長たま」のイメージキャラクターも披露された。

2008年10月、たまは和歌山県の「観光振興の功労者」として、県知事から「和歌山県勲功《くんこう》爵《しゃく》（わかやまでナイト）」を受賞。2009年1月には再び「客招きトップランナー賞」として、紺色のベルベット生地で襟には白いレースのフリルがついたマントが両備グループから授与された。たまは全国的なブームになり、「たま駅長」の姿をひと目見ようとたくさんの観光客が貴志駅を訪れた。ある調査によると、貴志川線の乗客数は2007年だけで、前年より5万5000人も増加したという。

たまの人気はとどまることを知らなかった。和歌山電鐵の乗客数増加に大いに貢献したことが評価され、2010年には執行役員に昇進し、民間鉄道会社の役員に就任した最初のネコとなった。たまの母親の「ミーコ」とたまが母親代わりとなって育てた「ちび」も助役に就任した。

また、旧駅舎に代わって新駅舎「たまミュージアム貴志駅」が完成した。設計は、新幹線などの鉄道デザインを手がけた水戸《みと》岡鋭治《おかえいじ》が担当した。ちなみに、2009年に登場した「たま電車」も水戸岡のデザインによる。「たま電車」は全車両にいろいろなポーズのたまのイラストと肉球が描かれ、先頭車両にはネコのひげもペイントされている。また、各駅に停車してドアが開くたびに、ネコの鳴き声が流れるようになっていた。

たまは2011年に、和歌山電鐵の社長、専務に次ぐナンバー3にあたる常務執行役員に昇進した。

たまは2015年、急性心不全のため16歳で亡くなった。亡くなるまでに地元和歌山県に11億円以上の経済効果をもたらしたと言われている。たまの葬儀は貴志駅で営まれ、およそ3000人が参列した。最後の辞令で「名誉永久駅長」に任命されたたまに、たくさんの花束とマグロの缶詰が供えられた。たまは今、日本の神道の神様（たま大明神）として、貴志駅のプラットホーム内に祀られている。

イギリスには「ティブス・ザ・グレート（Tibs the Great）」（偉大なティブス）と呼ばれた大柄なネコ科の公務員がいた。ティブス・ザ・グレートは、ロンドン中央郵便局の書類や郵便物がかじられたり汚されたりしないように、ネズミ駆除係として正式に採用されたネコだった。ネズミ駆除係という重責を任されていたにもかかわらず、ティブスの賃金はたったの週2シリング6ペンス（現在の価値で約620円）だった。インフレにもかかわらずティブスの賃金が据え置かれていることが問題視され、1952年に国会で議論された。郵便局長補佐のデイヴィッド・ガモンズは、賃金が低すぎるという主張に次のように応じた。

郵便局のネコの世界では、残念ながら、就業体制がいささか混乱しており……すでに成果報酬や出来高によるボーナスを体系化することは不可能なことが判明しています。その一方で、ネコの公僕は信頼性に欠け、仕事ぶりは気まぐれで、長期の欠勤も珍しくありません。

さらに、「1918年7月以降、賃金は一律に凍結されてきたが、苦情はなかった」とし、ネコの公僕たちには平等に賃金が支払われ、「適切な産休」が与えられているとも指摘した。しかし、ティブスの仕事ぶりが信頼性に欠けるなどということはなかった。14年間ロンドン中央郵便局でネズミの被害を阻止し続けた。

彼が1964年に亡くなったとき、多くの新聞が追悼記事を掲載した。亡くなる前の体重は23ポンド（約10キログラム）もあった。これは、必ずしもネズミ捕りの腕前によるものとは言い切れない。なぜなら、彼は後年、郵便局の地下室から局員の家のダイニングルームに職場を移したからだ。なかなか賢いネコだ。

86

食肉加工される寸前で大脱走した2頭の子ブタのきょうだい

タムワース・トゥー（タムワースきょうだい）

食肉加工場に到着したタムワース種〔アイルランドのブタを交配して作成された古くからある品種で、イングランドのタムワース地方に由来。体は赤茶色で肉質はベーコン向きとされる〕の2頭の子ブタのきょうだいに死の影が迫っていた。生後わずか5カ月でベーコンにされる運命にあったのだ。しかし、このきょうだいにとって、そんな運命を受け入れるのは「まっぴらごめん」だったようだ（巻頭口絵p.13下参照）。

食肉加工は1998年1月8日に行われることになっていた。その日の朝、兄と妹の2頭の子ブタは大型トラックに乗せられ、イングランド南西部ウィルトシャー州マームズベリーにある地元の食肉処理場へと出発した。そのとき、2頭は大脱走を決意する。2頭は食肉処理場に到着するなり施設を抜け出し、フェンスをくぐりぬけ、エイボン川を泳いで渡り、近くの庭園を走り抜け、テットベリーヒル通り沿いの雑木林に逃げ込んで、それから2頭とも、再び目撃されるまで丸7日間身を隠した。

アメリカ西部開拓時代（19世紀後半）のアウトロー、「ブッチ・キャシディとザ・サンダンス・キッド（Butch Cassidy and the Sundance Kid）」〔1969年の西部劇映画『明日に向って撃て！』のモデルとなった実在の銀行強盗のコンビ名〕を彷彿とさせる2頭の子ブタの大脱走劇にメディアは大騒ぎした。2頭は「タムワース・トゥー（Tamworth Two）」（タムワースきょうだい）と呼ばれるようになり、日本やアメリカをはじめ世界各地からレポーターが取材にやってきた。

話はますます面白くなってきた。2頭の所有者で、町の道路清掃人であるアーノルド・ディジュリオは「2頭が捕まったら、そのまま食肉処理場に送り返す」と宣言したのだ。これにあわてた動物愛好家と新聞社は、翌日、2頭がベーコンにされないように、すぐに大金での買い取りをもちかけた。結局、『デイリー・メール』紙が「ブッチ・キャシディとザ・サンダンス・ピッグ(Butch Cassidy and the Sundance Pig)」を買い取り、独占取材権を得た。

1週間後、逃走中の2頭がハロルド・クラークとメアリー・クラーク夫妻の家の庭で餌をあさっているところが目撃された。妹の「ブッチ」は捕まったが、兄の「サンダンス」はまたしても追っ手を振り切って雑木林の奥に逃げてしまった。翌日、2匹のスパニエル犬が追い込み、数発の麻酔銃を打ち込んでようやく「サンダンス」も捕獲された。

彼を診察した獣医は、「大脱走をした割に元気だったが、万が一のために6フィート（約1・8メートル）の壁で囲まれた場所に移した」ことを明らかにし、さらにこう続けた。「彼は明らかに利口なブタだ。ここ何日間、多くの人たちを翻弄したのだから。これ以上、マームズベリーの町なかを追いかけまわすようなことはしたくないからね」

こうして、『デイリー・メール』紙は「ブッチ」と「サンダンス」をケント州の動物保護施設「希少動物繁殖センター（Rare Breeds Centre）」に預け、たくさんのファンが彼らを見にくるようになった。また、2004年にはBBCが『トゥー・ピッグス』（原題 *The Legend of the Tamworth Two*）というタイトルで2頭の逃走劇をテレビドラマ化した。「ブッチ」と「サンダンス」は2011年、半年と間を置かずにどちらも14歳でこの世を去った。

✸

87

密猟者に角を切り落とされたあとも生き延びた初のサイ

タンディ

私がサイのタンディ（Thandi）と会ったのは、2013年にBBCの番組『野生動物レスキュー最前線（Operation Wild）』の取材で南アフリカのカリエガ動物保護区を撮影していたときだった。「タンディ」は現地のコサ語で、「勇気」そして「愛される者」を意味する。彼女は恥ずかしそうに茂みのなかに隠れていたが、角がないため、「タンディ」だとわかった（巻頭口絵p.14上参照）。

その1年前、密猟者によって角を切り落とされたむごたらしい姿の3頭のサイが見つかった。タンディはそのなかの1頭だった。密猟者たちは3頭のサイに鎮静剤の入ったダート（矢）を打ち、なたでその角を切り落とし、3頭を血の海のなかに放置したのだ。

その現場にウィル・ファウルズ博士が案内してくれた。博士は現場を見ながら「あの惨状には心を打ち砕かれる思いでした」と話し始めた。「私は車のなかで、犠牲になった3頭のことを思い、そして毎日のように密猟者に殺されているサイたちのことを思って泣くしかありませんでした」

3頭のうち1頭はすでに死亡しており、もう1頭も数カ月後に亡くなった。ファウルズ博士はタンディの治療を続けた。「タンディには、生きようとする強い意志のようなものを感じていました」とファウルズ博士は言う。タンディは数回にわたる皮膚の移植手術を受け、そのうち何度かは非常に難しい手術になった。彼女の苦境はアフリカだけでなく世界中の人々の心を動かした。そして、彼女は密猟者との闘いの象徴になったのである。

サイの角が狙われるのは、その粉末が万病に効くと信じられているからだ。熱病や痛風、さらには二日酔いや精力増強剤としても効能があると言われている。こうした誤った俗説のせいで、サイの角は高値で取引されている。その値段は同じ重さの金の価格の2倍ほどにもなる。サイの角は、人間の毛髪や爪などに含まれているものと同じケラチンでできている。つまり、サイの角の粉末を飲むということは、毛髪や爪を粉末にして飲んでいるようなものなのだ。

アフリカとアジアでは、この100年間、密猟によってサイの生息数は激減している。50万頭いた野生のサイは3万頭を下回り、5種のうちの3種は絶滅の危機に瀕している。すでに南アフリカでは野生のニシクロサイとキタシロサイが絶滅している。特に、世界で生き残っているサイの80%ほどが集中する南アフリカでは、8時間に1頭の割合でサイが密猟者によって殺されるという深刻な事態になっている。飼育員やレンジャー（野生動物保護官）も非常に危険な状況に置かれており、2009年以降、保護活動中に900人以上が犠牲になっている。

番組では、サイの角にピンク色の染料を安全に注入するプロセスを追った。この染料の色素はサイの角に永久的に残る。ただし、サイには無害でも、密猟する人間には「有害」に働く。これは偽札検知のために見えない色素を紙幣に使用するのと似た仕組みで、サイの角を粉末にしても、空港のスキャナーで色素が検出されるのだ。

こうした取り組みのほかに、カリエガ動物保護区では、いたるところに標準中国語〔中華人民共和国で使われている標準語のこと。一種の方言である北京語とは厳密な意味で異なる〕を含むさまざまな言語で密猟禁止の標識が設置されている。これは密猟者やその雇い主を啓蒙し、サイの角は取るに値しないことに気づかせるためだ。

私はタンディのこと、そして角を切り落とされた彼女が血の海のなかに横たわる姿を思い浮かべずにはいられなかった。驚くべきことだが、タンディは生き残った。しかも、私がタンディに会ってからまもなく、血液検査の結果から彼女が妊娠していることがわかったのだ。その知らせを聞いたファウルズ博士は、今度は「まるで奇跡のようだ」と涙した。博士は自身にとってタンディが希望の光になっていると確信した。「彼女は私の人生を変えてくれたのです」と博士は話す。

これですべてが良い方向に向かうとは言い切れません。そもそも、私はこのような戦いを望んだことはありませんでした。でも、タンディが見せた内面的な強さに、私も従わなければなりません。タンディは私や私の仲間たちに行動を促したのです。ですから、私はそれを続けなければなりません。タンディは今、人生を謳歌しています。そして、どんな困難があろうと、私たちは彼女たちの命を脅かすとてつもない試練を乗り越え、必ず「打ち勝つ」という希望をもっています。

残忍な事件から3年近くが経ち、タンディは1頭目となる元気なメスの赤ちゃんを産んだ。赤ちゃんは「テンビ（Thembi）」（コサ語で「希望」の意）と名付けられた。タンディはその後も2頭の赤ちゃんを産んだ。2頭目はオスで、カリエガ動物保護区の創設者、コリン・ラッシュミアにあやかり「コリン（Colin）」と名付けられた。3頭目は2019年に誕生したオスの赤ちゃんで、「ムテト（Mthetho）」（コサ語で「正義」の意）と名付けられた。このニュースと時を合わせたかのように、同じ週に、南アフリカの裁判所は、悪名高い密猟ギャングのメンバー数人（タンディを攻撃した犯人とみられる）に対し、懲役25年の実刑判決を言い渡した。

タンディは、密猟の被害に遭ったあとも生き延びた初めてのサイとなった。生き続けるために大けがと戦い、陰惨な体験を乗り越え新しい生命を生み出そうとする彼女の強い意志は、世界中の人々に勇気を与えた。

イギリス・マン島の牧場でウシとヒツジを飼育していた経験があり、現在、カリエガ動物保護区でボランティアとして働いているアンジー・グディもタンディから大きな影響を受けた1人だ。グディは密猟との闘いに身を捧げようと決意し、それ以来「南アフリカのサイを守るための保護活動、意識向上、募金活動」に全力を注いでいる。グディは「タンディ絶滅危惧種保護協会（Thandi's Endangered Species Association）」を立ち上げ、タンディの継続的治療と、密猟者対策に役立つ機器の購入のために何千ポンドもの資金集めに奔走している。

野生のサイを絶滅から守るための保護活動に取り組む国際的な慈善団体「ヘルピング・ライノス（Helping Rhinos）」の最高経営責任者（CEO）であるサイモン・ジョーンズは、こう語っている。「タンディは私のライフワークで重要な役割を果たしてきました。タンディの存在は、今日ヘルピング・ライノスが活動する大きな理由の1つとなっているのです」

私は、タンディに深く感銘を受けた。そして、王立地理学協会（Royal Geographical Society）主催のファウルズ博士の講演も聴いている。博士は情熱的で魅力的な語り手であり、優秀な獣医でもある。博士はこれからもずっと、自身が励みを受けるとともに、サイという素晴らしい生き物について知ってもらうために貢献した、1頭の驚くべき勇敢なサイについて語り続けることだろう。

タンディは、命の大切さだけでなく私たち人間が大切にすべき種の存在を訴え続けています。［密猟の被害を乗り越え］強く生きようとする彼女の物語は、私たち人間が絶望的な状況に直面したときに希望を与えてくれるでしょう。この物語は、人間の動物に対する最悪のふるまいと最良のふるまいとは何かを私たちにつきつけているのです。

Heroic Animals

88

重度の自閉症の少女の心を解きほぐし、その画才を開花させたネコ

スーラ

ペットを飼うことが自閉症やADHD（注意欠陥・多動性障害）などの症状をもつ発達障害の子どもの不安を軽減することを示す研究結果は数多い〔近年、自閉スペクトラム症［ASD］や注意欠陥・多動性障害［ADHD］、学習障害［LD］などの発達障害を、「ニューロダイバーシティ［Neurodiversity］」「神経多様性」「脳の多様性」という言葉を使って、脳や神経の「個性」とする概念が生まれている〕。すべてのケースに効果が期待できるとは限らないが、うまくいった場合、その子の心の成長に計り知れない影響を及ぼす。

私もイヌやウマ、モルモットが、自他の区別〔発達心理学では、自他の区別は高度な共感の条件とされている〕や感情表現が苦手な子どもたちに安らぎを与え、責任感を植えつけ、無条件の愛情を注いでいる様子を目の当たりにしたことがある。しかし、この分野でネコが採用されるのはまれだろう。というのも、実際にネコを飼っている私が言うのも何だが、ネコは自分勝手で気まぐれだからだ。悲しいかな、ネコと飼い主のどちらが上かと言われたら、間違いなくネコの方だ。

とはいえ、何事にも例外はある。ネコのスーラ（Thula）がそのよい例だ。スーラは、アイリス

という女の子の運命を大きく変えた特別なネコなのだ（巻頭口絵p.14下参照）。アイリスは生まれてまもない頃から、ほかの子どもたちとはどこか違っていた。身近な人と目を合わせることも、ふれあいをもつこともなく、近くに知らない人がいると不安を抑えられない。

2012年のこと、そんな娘のことを心配した母親のアラベラ・カーター・ジョンソンは、アイリスを専門医のところに連れていった。アイリスは重度の自閉症と診断され、専門医はアイリスが一生しゃべれないかもしれないと母親に告げた。「以来、自閉症について書かれたものを読み漁りました。そしてすぐに、簡単な解決策などないことに気づいたのです」と母親は話す。「食器洗い機の音がしたり、彼女の顔の前でおもちゃを振ってみせたり、ありとあらゆることがパニックの原因になりました。アイリスは騒々しくて複雑な世界に対処できず、ますます自分の世界を閉ざすようになり、ほとんど口を利かなくなってしまいました」

アイリスが家族とコミュニケーションをとれるようになるのを期待して、イヌを飼おうとしたこともある。しかし、母親はこう明かす。「イヌとはうまくいきませんでした。アイリスはイヌに舐められたり、しっぽを振られたりするのが嫌いで、イヌの活発な動きに動揺していました」

ひょんなことから、アイリスたちのところに1匹のネコがやってきた。クリスマス休暇に出かけるアイリスの兄から、飼いネコの世話を頼まれたのだ。両親はアイリスが動揺しないか心配した。しかし、アイリスとそのネコはすぐに仲良しになった。母親はアイリスのために自分たちもネコを飼ってみようと決めた。そして、いろいろ調べていくうちに、「メインクーン（Maine

Coon)」という種がぴったりだとわかった。

メインクーン種は飼いネコのなかでもひときわ大きく、体重は最大18ポンド（約8キログラム）にもなる。その起源は諸説あり、アライグマと野生ネコの混血とする説、1791年に革命下のフランスから国外逃亡を図り、捕らえられた王妃マリー・アントワネットがサミュエル・クロフ船長の船に託した6匹の愛猫の子孫とする説などがある。不幸な最期を遂げた王妃とは違い、その飼いネコたちは大西洋を横断し無事アメリカ大陸のメイン州に上陸したという。その子孫とされるメインクーン種は、1985年に州公認の動物にもなった。メインクーン種のネコは飼い主に忠実で賢く、社交的で「ネコ界のイヌ」とも呼ばれている。

カーター・ジョンソン家にやってきたメインクーン種のネコのスーラは、その日の晩からアイリスの腕のなかで眠り、アイリスが絶えずひげやしっぽを撫でていても平気だった。「アイリスが難しいと感じることも、スーラはぜんぜん嫌がりませんでした」と母親は言う。たとえば、アイリスは衣服や水といった肌に触れるものすべてが苦手だった。そのため、スーラが来るまでは、両親にとってアイリスをお風呂に入れるのは悪夢のようだったという。ほかの種類のネコと違い、メインクーンはもともと水が大好きで、スーラも喜んでバスタブに飛び込んだ。それを見てアイリスもお風呂を嫌がらなくなったのだ。「まるで天国のようでした」と母親は語っている。

スーラは典型的ないたずら好きな子ネコだったが、アイリスのそばでは、本能的に行動を変えていた。アイリスがストレスを感じたり、苛立ったりしていると、スーラは彼女の膝の上に乗って気持ちを落ち着かせる。アイリスが眠れないでいると、スーラは、アイリスを安心させるように傍に寄り添い、落ち着くまでそこから離れようとしなかった。

やがて、アイリスはスーラに話しかけるようになった。スーラに「お座りして」「一緒についてきて」などと言葉で伝えられるようになったのだ。一方のスーラも、アイリスたちがピクニックや買い物をする間、一緒に付き添ってアイリスが落ち着いて楽しい気持ちでいられるようにした。アイリスが遊んだり、絵を描いたりするときは、その動きを真似するまでになった。

両親はアイリスに、絵筆と紙を与えた。はじめは言語療法だけでなく、認知行動療法〔気分と行動の良い循環を起こせるように働きかける行動療法と、不安や強迫観念などの原因となる認知の癖を変える認知療法を合わせたもの〕の一環として取り入れてみたのだが、スーラの助けで自信と集中力がついたアイリスは、たちまち絵の才能を開花させた。アイリスはいろいろな色を使うことが好きで、それらを優れた美的センスで融合させる才能に恵まれていた。

母親がアイリスの作品をフェイスブックに投稿すると、たちまち大きな反響を呼び、そのうちの1枚を女優でアクティビスト（活動家）のアンジェリーナ・ジョリーが購入して話題になった。作品の収益は、アイリスの教育とセラピーの費用に充てられている。母親のアラベラはこう語っている。

動物がこんなにも大きな喜びをアイリスの人生に与えてくれるものだとは思いもしません

でした……スーラが来る前は、アイリスはよく泣いていました。それは私たちにとってても苦痛でした。でも、スーラが家族の一員になってから、アイリスは見違えるほど変わりました。本当に奇跡だと思います。

最後に、スーラと、日常生活のなかで奇跡を起こすスーラのような動物たちに乾杯！

89

第一次大戦で沈没しゆくドイツ艦船から脱出したブタの物語

ティルピッツ

第一次世界大戦で沈没しようとしていたドイツの戦艦から脱出し、イギリス海軍に助けられ、最後は赤十字のために何千ポンドも募金を集めたブタがいる。私たちがそんなブタにお目にかかれることはまずないが、珍しい動物たちを紹介するこの本にはぴったりだ。

ドイツ帝国艦隊の軽巡洋艦「ＳＭＳドレスデン（SMS Dresden）」〔「ＳＭＳ」は艦船接頭辞と呼ばれ、ドイツ海軍の艦艇の場合「皇帝陛下の艦艇」を意味する「ＳＭＳ」を名前の最前部に表記する〕は、ブタを乗せて洋上の戦いに赴いた多くのドイツ軍艦のなかの1隻だった。ドレスデン号にはブタのティルピッツ（Tirpitz）が乗せられていた。ドイツ帝国艦隊のマスコットや海軍大将の代役としてではない。食料が不足したときに新鮮なブタ肉を供給するため、といういかにもドイツ的で実用的な目的だった。

ドレスデン号は、海軍中将マクシミリアン・フォン・シュペー率いるドイツ帝国艦隊と合流するために南大西洋への出撃を命じられた。ドイツ帝国艦隊は１９１４年11月のコロネル沖の海戦でイギリス艦隊に勝利したものの、同年12月のフォークランド沖海戦に敗れた。ドレスデン号はイギリス艦隊の追撃から逃走できた唯一の戦艦だった。しかし最後は、今日、ロビンソン・クルーソー島〔旧名マサティエラ島。チリの西岸から650キロ沖合の太平洋上にあるファン・フェルナンデス諸島の島〕として知られる島にあるカンバーランド湾に追い詰められてしまった。

ドレスデン号の艦長はイギリス艦隊の砲撃を受けずに済む安全な港を見つけられず、ドレスデン号を沈没させることにした。乗組員は大半の装備や所持品を艦内に残したまま、救命艇で岸に向かった。そしてティルピッツが生き物で唯一、沈没しつつあったドレスデン号に取り残された。

ティルピッツは生存本能から甲板の上に出ると、海に飛び込んで泳ぎ始めた。約1時間後、イギリス海軍所属の巡洋艦「HMSグラスゴー（HMS Glasgow）」の兵曹が海を泳いでいるブタ（ティルピッツ）を発見。彼はブタを助けようと海に飛び込んだ。ブタがパニックを起こしたので、この兵曹は危うく溺れかけた。そして乗組員たちから笑いが起きるなか、ウィンチ（巻き上げ機）の力を借りて、ブタともどもなんとか船に引き上げられた。

このブタは喜んで連合国軍側に寝返ったようだ。乗組員たちは彼女をマスコットとして飼うことにし、敵であるドイツの海軍大臣だったアルフレート・フォン・ティルピッツ海軍大将になぞらえ、「ティルピッツ」と名付けた。さらに皮肉を利かせて、ドイツ帝国軍で戦功のあった軍人に授与されていた最高勲章である「鉄十字勲章」も授けた。

ティルピッツを迎え入れたイギリス海軍の乗組員たちは、彼女を食べるつもりはなかった。彼

「HMSグラスゴー」の甲板でくつろぐティルピッツ

女はイギリスに戻ったHMSグラスゴーに残り、検疫を受けたあと、ポーツマスのホエール島にある海軍訓練所に移され、他の家畜たちとともに安全に暮らせるようになった。しかし、食べ物を探そうとしたティルピッツは、その巨体でニワトリの飼育場の柵を破壊するなど、次第に問題を起こすようになり、HMSグラスゴーの元艦長ジョン・ルースにその処遇が委ねられた。

ジョン・ルースに迷いはなかった。彼はイギリス赤十字に寄付するため、ティルピッツを慈善オークションに出すことに決めた。沈没する戦艦から脱出し、ドイツ帝国艦隊の生き証人でもあったティルピッツは、400ギニー（現在の価値で約400万円）で競り落とされた。

ティルピッツはその後も何度かオークションにかけられたのか、最後は第6代ポートランド公爵の所有物となった。ティルピッツは1919年に亡くなり、公爵はその頭部を剝製にした。1920年、公爵はティルピッツの頭部の剝製を、当時ロンドンで開設されたばかりの帝国戦争博物館（IWM）に寄贈した。現在も、第一次大戦コーナーでその剝製を見ることができる。また、ティルピッツの蹄《ひづめ》は、ステンレススチールのカービングナイフの持ち手部分に加工され、そのカービングナイフ〔食卓でローストした塊肉を切り分けるための大型のナイフ〕は新しいHMSグラスゴーに寄贈された。

ティルピッツのほかにも勇敢なブタがいる。「ブタ311（Pig 311）」と記号で呼ばれていたそのメスのブタは、1946年にアメリカが北太平洋マーシャル諸島のビキニ環礁で行った核実験のあと、大ニュースとなった。

「クロスロード作戦」と呼ばれるこの作戦は、核爆発が海上の船に与える影響を調べるために実施されたもので、22隻の船が作戦にかかわった。これらの船は爆心地からさまざまな距離に配置された。乗っていたのはモルモット、マウス、ブタ、ヤギ、ラットなどの動物たちで、核爆発による放射性降下物の影響を知るための実験で犠牲になった。

核爆発の威力で多くの船が破壊され、乗っていた動物も3分の1が即死した。さらに、残りの3分の2も、そのほとんどが実験から数週間以内に放射線病で死んだ。ところが、サンゴ礁を泳いでいるところを回収部隊によって発見された1匹のブタは、なぜか生き残った。この驚異的な生命力をもつブタは、生き残ったもう1匹の「ヤギ315（Goat 315）」とともに、その後3年間にわたってアメリカ海軍による詳細な調査が行われた。

のちにこの「ブタ311」と「ヤギ315」は、ワシントンD.C.にあるスミソニアン国立動物園に寄贈された。だが、「ブタ311」の繁殖は失敗に終わった。多くの人々が、不妊の原因は放射線の影響ではないかと考えたが、真相のほどはわからない。

90

感染症流行で孤立する町を救ったアラスカ「犬ぞり」チームのリーダー犬

トーゴー

アメリカ・アラスカ州西部に位置する人口4000人弱の町ノーム。冬になると気温はマイナス40度を下回り、町は風雪に閉ざされる。ゴールドラッシュ（一般に「ゴールドラッシュ」は1848年頃にカリフォルニア州で起きたものを指すが、アラスカでは、1899年にノームでの金鉱発見を皮切りにゴールドラッシュが始まった）の時代、ここは何千人もの探鉱者が押し寄せるアラスカ最大の都市だった。

1925年1月、ノームでジフテリアが流行し、住民は死の危険にさらされていた。町の病院にはカーティス・ウェルチという医師が1人と看護師4人しかおらず、病床は4床しかなかった。必要な血清は底をつき、補充のために発注した分もまだ届かない。なすすべがないまま、1月上旬までに、4人の子どもが命を落とした。

ジフテリアは、鼻やのどの粘膜を侵す致死的な細菌感染症である。誰もがかかる可能性があるが、特に小さい子どもや60歳以上の大人が重症化しやすい。呼吸困難、末梢神経のマヒ、心不全を引き起こし、最悪の場合は死に至る。アメリカでは1921年に20万人以上の感染が報告され、うち1万5000人以上が死亡した。

ノームの町は隔離されたが、患者の数は増え続けた。このままでは1万人（当時）の住民が感染し、その大半が命を落とすという最悪の事態が予想された。ウェルチ医師の焦りは募った。彼はワシントンD.C.にある公衆衛生局（PHS）に電報を打ち、「なんとかして血清を送ってもらいたい」と要請した〔血清はジフテリアの毒素の中和に用いられる〕。

しかし、どうやって血清を運ぶのかが問題だった。道路は暴風雪で寸断され、海は凍って船で近づくこともできない。アンカレッジから唯一運航していた飛行機は、開放型のコックピットで水冷式エンジンを搭載した年代物の複葉機3機のみであり、極寒のなかを飛行することは不可能だった。ノームの町は完全に孤立していた。残された唯一の方法は、犬ぞりだった。

そして、シベリアン・ハスキーの投入が検討された。北東アジアを原産とするこの犬種は、凍てつく寒さに慣れており、足が速く、丈夫で我慢強い。ノームにはゴールドラッシュの時代に犬ぞりを引くために持ち込まれた。

1911年12月、ノルウェーの探検家ロアール・アムンセンが人類初の南極点到達に成功した。この偉業を支えたのは、シベリアン・ハスキーの犬ぞりチームだった。それから14年後、シベリアン・ハスキーが再び歴史的な任務を負うときがきた。1925年の冬、「トーゴー」という名前のシベリアン・ハスキーをリーダーとする犬ぞりチームがノームを出発した。ノームから最も近い鉄道駅がある674マイル（約1085キロ）離れた町、ネナナから血清を運んでくる別の犬ぞりチームと合流する計画だった。2つの犬ぞりチームはノームとネナナの中間地点であるヌーラトで合流し、30万本の血清を受け渡すことになっていた。

地図を見ると途方もない距離だとわかるが、そのうえ暴風雪で視界はほぼゼロだったことを考えれば、このリレーの過酷さは容易に想像できる。

血清を運ぶリレーには20チームの犬ぞりが参加した。そのなかに、イヌのブリーダーで、「マッシャー」と呼ばれる犬ぞりドライバーの第一人者、レナード・セパラと彼が率いる犬ぞりチームがいた。ノルウェー生まれのセパラはゴールドラッシュの時代にノームに移り住んだ。彼は自分の犬ぞりチームのリーダー犬に、日本の提督、東郷平八郎元帥〔1903年、連合艦隊司令長官に就任。1905年、日露戦争でロシアのバルチック艦隊を破り、名提督として世界に名を知られた〕にあやかって「トーゴー（Togo）」という名前をつけていた。

トーゴーは体重が48ポンド（約22キログラム）と小柄だが、見かけに反して強靭なイヌだった。子イヌの頃は病気がちで、おまけになかなか言うことを聞かないため、犬ぞりを引くのには向いていないように思われた。特に、自分より大きなイヌとはけんかが絶えなかった。

一方で、トーゴーはしょっちゅうセパラのあとをついて歩いた。トーゴーをペットとして飼ってくれる人に譲ったこともあるが、トーゴーはその家の窓から逃げ出し、セパラのところに戻ってくるありさまだった。

セパラはしぶしぶ彼にハーネスをつけてやった。すると、それまでとは打って変わって落ち着いたイヌになった。まるで、注目してもらいたいがためにやんちゃなふりをしていたイヌが、天職を見つけたかのようだった。セパラはトーゴーを「神童」、そして「天性のリーダー」と呼んだ。

ノームに血清を輸送する任務を負って、5日半に及ぶ過酷な犬ぞりリレーに参加することになったとき、トーゴーはすでに12歳になっていた。気温がマイナス60度を下回るなか、マッシャーのなかには、ソリのハンドルに凍り付いた手を外すため、両手にお湯をかけてもらわなければならない者もいれば、凍傷で手の指やつま先の指を失った者もいた。犬ぞりリレーに参加した150頭のイヌのうち何頭かは、極度の疲労と寒さで亡くなった。

トーゴーとレナード・セパラ。セパラはトーゴーを「アラスカを横断したなかで最高のイヌ」と評した

アメリカ全土が、全長約1000キロに及ぶこの「偉大なる慈悲のレース(Great Race of Mercy)」を固唾をのんで見守った。そのなかで最長かつ最難関の区間を進んだのがトーゴーとセパラのチームだった。真っ暗闇の深夜、暴

風雪が吹きつけるなかを出発した犬ぞりは、厚い氷に覆われたノートン湾を横切り、標高5000フィート（約1500メートル）のリトル・マッキンリー山（Little McKinley）を越え、全長260マイル（約418キロ）を超える行程を3日で駆け抜け、血清を次のチームに引き継いだ。

最後の区間を受け持ったのは、ノルウェー生まれのグンナー・カーセンがマッシャーを務める犬ぞりチームだった。このチームのリーダー犬は「バルト（Balto）」といった。彼らは最後の55マイル（約89キロ）を走り抜け、2月2日早朝、ノームに到着した。実はカーセンの犬ぞりは、走行開始から11時間後に横転し、大事な荷物を危うく見失うところだった。カーセンは凍傷になりながらも雪のなかから血清の小びんが入った金属製の容器を探し出し、事なきを得たのだった。ノームに血清を持ち込んだバルトは、町を救ったヒーローとして称えられた。バルトはあらゆる新聞の見出しを飾り、ニューヨークのセントラルパークに銅像も建てられた。一方で、バルトたちのコースよりはるかに危険で、その4倍以上の距離を走破したトーゴーのことは忘れ去られた。セパラはつらくやるせない思いをこんなふうに吐露している。

あのリレーに参加したすべてのイヌやマッシャーの手柄を横取りするような人間にはなりたくないと思っている。みんながベストを尽くしたのだ。しかし、血清リレーで最終区間を担当したマッシャー（とそのリーダー犬バルト）に国中が熱狂していたとき、私はバルトの銅像の話を聞いて腹が立った。仮に特筆すべきイヌを挙げるとするなら、間違いなくトーゴーだったからだ。

確かに、特定のイヌだけが称賛をひとり占めすべきではない。ノームの町を救う前代未聞の壮大なレースを成功させるには、150頭のイヌたちすべてが必要だったのだ。

ようやく世間から功績を認められるようになったトーゴーは、アメリカ各地で大勢の人々の前に姿を見せるようになった。そして探検家のロアール・アムンセンから直々に、勇敢さを称える金メダルを授与された。アムンセンは、トーゴーの飼い主であるセパラが最初に犬ぞりチームを手に入れるきっかけになった人物である〔セパラは1913年、友人がシベリアから連れてきたソリ犬を訓練し、北極探検を計画していたアムンセンに贈ることになっていた。しかし、アムンセンが計画をキャンセルしたため、セパラはそのイヌたちを引き取り、自分の犬ぞりチームをつくった〕。

ただし、セパラにとって、それは遅きに失するものだった。彼は「トーゴーほど素晴らしいイヌを飼ったことはない。持久力、忠誠心、知性のすべてにおいて完成されていた。トーゴーはアラスカを横断したなかで最高のイヌだった」と語った。

トーゴーは1929年12月、16歳で亡くなったが、セパラはトーゴーのことを忘れることはなかった。それから約30年後、81歳になったセパラは、日記にこう記している。「道の向こうに、たくさんの仲間たちとともに、トーゴーが自分を待っていてくれているのを感じる。そのとき、すべての苦悩から解放されるだろう」

91

第二次大戦中、ナチスに翼を狙撃されてもレジスタンスを遂行した伝書鳩

トミー

１９４２年、１羽のレース鳩がひょんなことから連合国軍のスパイになった。そのハトの名は「NURP.41.DHZ56」〔ハトの識別番号。ＮＵＲＰはレース鳩の所属団体「National Union of Racing Pigeons」を表す識別コード〕こと「トミー（Tommy）」。彼の物語は鳩レースのコースからうっかり外れてしまったところから始まった。

第二次世界大戦中、イギリスでは多くのハトたちが軍鳩《ぐんきゅう》として供出され、国家鳩部隊（National Pigeon Service　ＮＰＳ）〔１９３９年から１９４５年にかけ、ＮＰＳを通じて20万羽を超えるハトがイギリス軍に供出された〕に登録された。一方で、国家鳩部隊の鳩舎に預けられることなく、飼い主のもとで飼われ続けたハトもいた。優秀なレース鳩として名の知れていたトミーもそのうちの１羽だった。

トミーを作出したのは、カンブリア州〔イングランド北西部にある州で、湖水地方があることで有名〕のダルトン・イン・ファーネスに住むウィリアム・ブロックルバンクというブリーダーだった。ブロックルバンクは、トミーをチェシャー州ナントウィッチで開催された鳩レースに出場させた。それ

は数奇な物語のはじまりだった。スタート地点のナントウィッチを飛び立ったトミーは、あろうことかナチス占領下のオランダ・北ホラント州サントポールト付近まで飛んでいってしまったのだ。

トミーが初めて降り立ったオランダでは、レース鳩の飼育が禁じられており、当局に見つかったハトは無条件に殺処分された。これは、ハトを使って国外に機密情報を持ち出すことを阻止するためだった。

幸いにも、トミーを見つけたのはオランダ人の郵便局員で、彼にはオランダのレジスタンスに参加している友人たちがいた。レジスタンスとは、ナチスの占領軍に対するストライキやデモ、破壊工作や攻撃、地下活動などによる市民たちの抵抗活動である〔ほかに、ユダヤ人を含む30万人に隠れ家を提供する全国的な組織運動などもあった〕。この郵便局員は疲弊したハトのトミーを、レジスタンス仲間の１人で、ハト愛好家であるディック・ドライファーに手渡した。ドライファーはトミーが元気になるまで介抱した。

ドライファー自身もかつてハトを飼っていた。しかし１９４０年にオランダを占領したナチスドイツは、オランダ国民に対し、すべての伝書鳩を殺処分し、取り付けていた脚環《あしわ》を当局に提出するよう命じたのだった。ドライファーはトミーがナチスに見つからないように、最善の注意を払った。一方で、トミーがイギリスから飛んできたレース鳩なのではないかと推測した。そうだとすれば、このハトは自分の国に帰る方法を知っているだろう。ただし、再び長距離を飛べるかどうかはわからなかった。

そんなとき、ドライファーはレジスタンスの仲間からイギリス軍に早急に届けなければならないメモを受け取った。ドライファーはそのメモをトミーの脚につけて空へ放した。今度こそ、自分の家に安全に戻れるようにと願いながら。実は、そのメモに書かれていたのは、アムステルダム近郊につくられたナチスドイツの軍需工場に関する詳細な機密情報だった。

それは400マイル（約644キロ）に及ぶ危険な空の旅だった。トミーはドイツ軍の狙撃兵に狙われ、翼を撃たれたが、なんとか飛び続けた。幾多の困難を乗り越え、イギリスのダルトン・イン・ファーネスに戻ったときには、胸から血がしたたり落ちていた。

飼い主のブロックルバンクはトミーが運んできたメモをただちに警察に届けた。2日後、BBCのオランダ向けラジオ放送を通じて当地のレジスタンスに、重要な任務が無事遂行されたことが伝えられた。すべてははるかオランダから満身創痍で飛び続け、イギリスに戻ってきた1羽のハトのおかげだった。

その後もレジスタンス活動を続けていたドライファーだったが、とうとうゲシュタポ（ナチスドイツの秘密警察）に捕らえられ、強制収容所に送られるときがきた。しかし、彼は移送中に列車から決死の脱出を果たすと、そのまま終戦まで身を隠した。一方、けがが完治したトミーはイギリスで一躍有名になった。全国各地で開催された農芸展覧会にはトミーをひと目見ようと多くの人々が押し寄せた。

ディッキン・メダルを授与されたトミーを手にするウィリアム・ブロックルバンク（写真左）と、イギリス原産のハトのつがいを贈られたディック・ドライファー

トミーには1946年、ディッキン・メダルが授与された。受賞理由は、「1942年の7月、国家鳩部隊に所属する一方、オランダからイギリスのランカシャーまで命がけで飛び続け、無事機密情報を届けた」というものだった。

この式典で、トミーの飼い主であるブロックルバンクと、オランダでトミーを助けたドライファーは初対面を果たした。2人は、オランダ機密情報担当のトップからメダルが授与され、ドライファーにはイギリス原産のハトのつがいがプレゼントされた。ドライファーはこのつがいをオランダに連れて帰り、自身の鳩舎の再建にとりかかったという。

92

オーストラリア大陸を初めて周回した航海者の相棒を務めたネコ提督

トリム

オーストラリアのメルボルンは、私が世界で最も気に入っている街の1つだ。初めて訪れたのは1999年で、BBCラジオの仕事でメルボルンカップ（Melbourne Cup）〔毎年11月の第1火曜日にメルボルンのフレミントン競馬場で行われるオーストラリア最大の競馬イベント〕を取材した。それから2006年のコモンウェルスゲームズ（p.108「カリズマ」の項参照）まで定期的に訪れるようになった。

その2006年のコモンウェルスゲームズで、私はBBCのテレビチームの一員として夜の番組を担当した。イギリスの視聴者は家でゆっくりテレビを見られる時間帯だが、私の生活パターンからすると最悪だった（イギリスの人が寝ている時間帯に現地で仕事をしていることになる）。そこで、時差ボケ解消にできるだけ遅くまで寝ていることにした。起きたら、スタジオのある国際放送センターからフリンダース・ストリート駅まで散歩して、体にいいスムージーを買ってスタジオに戻る。それから1日の全試合をおさらいし、台本の執筆にとりかかる。

ところでフリンダース・ストリート駅は1909年に建てられたアールヌーボー様式の美しい

建物だ。メルボルンに滞在していたときには知らなかったことだが、フリンダース・ストリート駅はイギリス人航海者（船乗り）マシュー・フリンダースにちなんで名付けられた。フリンダースは、オーストラリア大陸を周回して正確な海図をつくった人物だ。そしてもう1つ知らなかったのが、「トリム（Trim）」という1匹のネコの助けがなかったら、フリンダースはその偉業を達成できなかったかもしれないということだ（巻頭口絵p.15上参照）。

イギリスのリンカンシャー州出身の航海者であり、海図作成者だったフリンダースは、1802〜1803年、当時「ニューホランド」として知られていた大陸を最初に周回した人物として有名だ。彼はこの陸地が大陸であることを初めて確認し、「テラ・オーストラリス（Terra Australis）」と呼んだ。現在の「オーストラリア」のことである（フリンダースはヨーロッパ中世から使われていたラテン語の「テラ・オーストラリス」の代わりにもっと簡単な「オーストラリア」という呼称を使用するようイギリス海軍に勧めた）。

この時代、船にネコを乗せて航海に出るのは普通のことだった。ネコはネズミを退治するだけでなく、幸運を呼び、好天をもたらすとされていたからだ。また、船員たちにとっても最高の遊び相手になった。

フリンダースと一緒に「HMSインベスティゲーター（HMS Investigator）」（Investigatorは「探索者」の意）で航海に出たのは「トリム」という名前の2歳のネコだった（トリムは、フリンダースが喜望峰からボタニー湾まで航海した1799年に船内で生まれたネコだった）。トリムは以前、別の航海中に船から落ちたことがある。海に落ちたトリムは泳いでロープにつかまり、その上を伝って甲板に戻ってきて船員たちを感心させた。そんなトリムを見て、フリンダースは、オーストラリア大陸の周回という前例のない野心的な航海に連れていくなら、このネコしかいないと確信したのだった。

ちなみにトリムという名前は、当時の大ベストセラー小説『トリストラム・シャンディ』(ロレンス・スターン著、朱牟田夏雄訳、岩波書店、1969年)に登場するシャンディの叔父トウビーの部下で変わり者の「トリム伍長」から取った〔『トリストラム・シャンディ』は18世紀イギリスの作家ロレンス・スターンの未完の小説。原著は全9巻。トリストラム・シャンディの半生が一貫したストーリー性を無視して荒唐無稽につづられていく〕。

トリムはインベスティゲーター号のネコ提督になり、船長のフリンダースの右腕として、船長の食卓で一緒に食事をする地位に就いた。いつも忙しくしているのが好きなネコで、船員たちは彼に、甲板員《こうはんいん》を飛び越える芸や、前足を伸ばしたまま仰向けになり、合図があるまで死んだふりする、といった芸を仕込んだ。トリムは、マスケット銃の弾をひもで結わえて高いところからぶら下げたおもちゃで遊んでいたかと思うと、航海天文学に関心を示し、測量の様子を「食い入るように」観察していることもあった。

トリムは船上での生活のあらゆる面にかかわった。まるで自分が監督しているかのように高いところから、船員たちを見下ろしていることもしばしばだった。フリンダースはこう記している。

四つ足動物にしては立派な階級だが、人間たちのなかでは何の資格もない彼に（「提督」という）権威が与えられていることに嫉妬する者はいなかった。というのも、トリムは仕事が終わるといつも、自分を撫でてくれるよき友人を見つけ、抱っこしてもらっていたからだ。

探検と海図の作成を終えたフリンダースとトリムは「ＨＭＳポーポス（HMS Porpoise）」（Porpoiseはネズミイルカ、または小型のイルカの意）でイギリスへの帰途に就いた。ところが、グレートバリアリーフで船が座礁し、トリムを含む全員が泳いで小さな島にたどり着いた。そこで救助が来るまで7週間も足止めを食らったが、トリムは終始我慢強く、仲間を元気づけるために頑張った。

フリンダース一行は再び帰国の途に就いたが、折悪しく、イギリスとフランスの戦争が始まっていた。フリンダースは、食料などの補給と船の補修のために立ち寄ったフランス領フランス島（現モーリシャス島）でスパイの嫌疑をかけられ拘束されてしまった。

拘束は6年間にも及んだ。それでも、フリンダースは探検の詳細を記録したり、トリムへの思いを込めた詩を書いたりして時間を有効に活用した。一緒にいたトリムはよくモーリシャス島の探検に出かけたが、軟禁状態に置かれていたフリンダースは、そんなトリムを引きとめることができなかった。

１８０４年のある日、夜になってもトリムは戻らなかった。トリムが捕らえられ、食べられてしまったと確信したフリンダースは、こう書き残している。

かくして私の忠実で賢いトリムは死んでしまった！　彼は、4年間にわたりわが探検に同行してくれた冒険心のある、愛情豊かで頼りがいのある相棒だった。私のトリムよ、「汝のすべてを手に入れようとしても、汝のような者に再び会えることはない」。だが、汝を知る喜びを得た者はみな、汝の死を嘆き続けることだろう。

フリンダースは、自分が無事に帰国できたなら、「汝の記憶を永遠にとどめ、汝の並外れた功績を記録するために」記念碑を建てようと心に誓った。

しかし、フリンダース自身も残念ながら病気になり、その誓いは果たせなかった。

今日、フリンダースを記念する場所にはトリムも一緒にいる。フリンダースの生誕の地、イギリスのリンカンシャー州ドニントンには、フリンダースの銅像があり、その足元には体をすり寄せる愛猫トリムがいる（ロンドンのユーストン駅にもフリンダースとトリムの像がある）。同じように、オーストラリアのシドニーにあるニューサウスウェールズ州立図書館（別名「ミッチェル図書館」）の正面玄関前にも、フリンダースの銅像が建てられている。その後ろの図書館の建物の窓際には、警戒心が強く、すばしっこく、冒険好きなネコ、トリムの像が控えている。

Heroic Animals

93

ハリウッドでもカンヌでも 脚光を浴びた演技派映画スター犬

アギー

「飼い主から二度も見放されたイヌが、ハリウッドの『ウォーク・オブ・フェーム』へ」というと、まるで映画の宣伝文句のようだが、パーソン・ラッセル・テリアのアギーの場合、ある意味、そのとおりだった。アギーはヒーローというより、アイコンだ。なぜなら、映画で人間の俳優も顔負けの演技をしたのに、正当に評価されてこなかった多くの動物たちを代表する存在だからだ。

ハリウッドで俳優犬が活躍してきた歴史は長い。真っ先に思い浮かぶのは映画『名犬ラッシー』のオリジナル版で「ラッシー（Lassie）」を演じたコリー犬「パル（Pal）」だろう（「Lassie」はスコットランド語で「お嬢さん」の意だが、パルは雄イヌだった）。

一方で当時、収入面で最も成功した女優犬はケアーン・テリアの「テリー（Terry）」だった。彼女は16本の作品に出演し、特に映画『オズの魔法使い』の「トト（Toto）」役を演じたことで有名だ（「Terry」は男性名だが雌イヌだった）。『オズの魔法使い』の撮影時、テリーには週125ドル（現在の価値で約35万円）という、大半の出演者たちを上回る破格のギャラが支払われた。また、「ドロシー」を演じたジュディ・ガーランドは、テリーに愛着を感じ、譲ってほしいと申し出たが、テリーの飼い主で調教師でもあったカール・スピッツがそれを断っている。

世界的に有名な無声映画のスターでジャーマン・シェパードのリンチンチン〔p.88「ボビー・ザ・ワンダー・ドッグ〔奇跡の犬ボビー〕」の項参照〕は、第1回アカデミー主演男優賞のノミネート投票〔毎年11月に映画芸術科学アカデミー会員による予備選考が行われ、翌年1月にノミネートが発表される〕で、人間のライバルたちより多くの票を集めたとうわさされた。しかし、イヌに賞を与えるのは「ふさわしくない」と判断され、結局、映画『肉体の道』（1927年）と『最後の命令』（1928年）に出演したドイツ人俳優エミール・ヤニングスが主演男優賞を受賞した。

最近では、パーソン・ラッセル・テリアのアギーが有名になった。アギーは逆境から救われ、映画に出演するようになる。その素晴らしい演技は世界の注目を集めるところとなり、「演技者が人間だろうと四つ足（動物）だろうと優れた演技は表彰されるべき」という議論を巻き起こした。

アギーの自伝〔『Uggie : My Story〔アギー：自伝、未邦訳〕』のこと。「本人」に代わりイギリスの作家ウェンディ・ホールデンが執筆〕によると、その生い立ちは恵まれたものではなかった。

父さんと会ったのは一度だけ。僕ときょうだいたちのにおいを嗅ぎに来てくれたけど、別にうれしそうじゃなかった。母さんのことは、物静かでやさしかった記憶しかない。温かいミルクのにおいがすると母さんのことを思い出すんだ。悲しいけど、僕はまだ小さいときに母さんのおっぱいから引き離されて、知らない人（最初の飼い主）に売られたんだ。きちんと誰かのうちで飼ってもらえるようにね。

子イヌの頃のアギーはかなりやんちゃで、落ち着きがなく、飼い主が2度替わった。2度目の飼い主も手に負えず、アギーはイヌの保護施設に送られる運命にあった。そんなとき、ハリウッド在住のイヌの訓練士、オマール・フォン・ミュラーがアギーのことを耳にした。そして、新しい飼い主が見つかるまでアギーを引き取ることにしたのだ。

アギーは手のかかる子イヌだったが、フォン・ミュラーはこのイヌに何か光るものを感じた。「この子は変わっているうえに、とてもエネルギッシュで、保護施設に送られていたら今頃どうなっていたかわかりません。それでいてとても賢く、教えたことを積極的に覚えようとしました」。フォン・ミュラーはまた、アギーが驚くほど物怖じしない性格であるのを見抜いていた。フォン・ミュラーは、こう語っている。

イヌが映画で成功するか否かは、照明や音を怖がらずに撮影に入れるかどうかで決まります。もちろん、アギーはソーセージなどのごほうびをもらうために演技に励みます。でも、そればかりではありません。彼は努力家です。

アギーは、フォン・ミュラーとその家族とともにノースハリウッドに暮らす7頭のイヌたちの1頭だった。アギー以外のイヌたちも映画の仕事をしていたので、アギーも自然にその道に進んだ。

たいていの俳優がそうであるように、アギーの場合も映画の端役や、コマーシャルの仕事からステップアップしていった。そして2011年、彼が9歳のとき転機が訪れる。映画『恋人たちのパレード』でクィーニー役を射止め、リース・ウィザースプーンとロバート・パティンソンと共演した。続く、無声映画『アーティスト』ではフランス人俳優ジャン・デュジャルダンと共演し、人気をさらったのだ。

アギーは自らの役を完璧に演じた。スタント役のイヌが2頭いたにもかかわらず、ほぼすべてのスタントをアギー自身がこなした。アメリカ映画協会（現モーション・ピクチャー・アソシエーション）主催の特別試写会では、ほかの俳優陣とともにレッドカーペットを歩き、人間の共演者と同じように映画のPRを求められる一幕もあった。写真撮影やテレビ番組の出演依頼が続々と舞い込んだ。ロンドンに飛んで、イギリスの人気トーク番組『グレアム・ノートン・ショー』に出演したほか、「ドッグ・トラスト（Dogs Trust）」〔イギリス最大の動物保護機関。旧NCDL〕の活動を支援するため、チャリティ上映会にも出席した。

批評家たちもこぞってアギーを絶賛した。「どんな生き物の俳優よりも知能指数が高そうなイ

映画『アーティスト』で演技するアギー（2011年）

ヌ」（『デイリー・テレグラフ』紙）、「テリア犬、話題をさらう」（『ローリングストーン』誌）、「このイヌから目が離せない！」（CNN）。一方、『ニューヨーク・ポスト』紙の映画評論家ルー・ルメニックも、アギーが「今年見た映画のなかで、人間か動物かを問わず最高の演技を見せた」と書いた。

批評家の大絶賛を受け、スーパースターになったアギーだったが、その評価の高さからいって、彼が人間の俳優なら、数々の賞にノミネートされてもおかしくなかった。しかし、そうはならなかった。

アギーの功績が無視されていると感じた人たちは、「アギーも賞の候補者に（Consider Uggie）」というキャンペーンを開始した。アギーの演技は映画『J・エドガー』に出演したレオナルド・ディカプリオよりも輝いていた――そう主張した『Movieline（ムービーライン）』誌の編集者S・T・ヴァナスデールは、『アーティスト』の出演者と撮影スタッフの支持を得て、フェイスブック上でこのキャンペーンへの支援を呼びかけた。しかし、こうした声は映画芸術科学アカデミー〔AMPAS、通称「アカデミー協会」〕に受け入れられず、結局『アーティスト』は作品賞、主演男優賞、監督賞など5部門で賞を獲得したが、アギーは受賞者リストからも外されてしまった。『デイリー・テレグラフ』紙は、アギーの功績を取り上げ、「彼が受賞すれば、大作映画で過去に称賛を受けてきたイヌたちすべての受賞に値する」との見解を示した。それでも、アギーの受賞は実現しなかった。

一方、イギリスでは、英国映画テレビ芸術アカデミー（BAFTA）の会員から「『2012年の主演男優賞部門』にアギーをノミネートできるのか」という問い合わせが多く寄せられた。しかしBAFTAの回答は、「残念ながらアギーは人間ではなく、また、ソーセージをもらうことが演技の動機づけになっています。したがって、アギーにはBAFTAの主演男優賞部門にノミネートされる資格がありません」というものだった。人間の場合はお金が演技の動機づけとして認められるのに、なぜイヌの場合は、ソーセージが演技の動機づけとして認められないのか、私には理解できない。

それでも、アギーは2011年のカンヌ国際映画祭で「パルムドッグ賞（Palm Dog Award）」〔2001年創設、見事な演技を披露した俳優犬に贈られる賞。同映画祭の最高賞「パルム・ドール」に掛けている〕を受賞した。受賞の理由は、「本賞が創設されて以来の名演技を披露したこと」だった。翌2012年にはアメリカの愛犬家向け情報サイトが創設した「金の首輪賞（Golden Collar Awards）」に輝いた。

また、ウーピー・ゴールドバーグのドレッドヘアやグルーチョ・マルクスの葉巻、ベティ・グレイブルの右脚、マリリン・モンローの両手など、偉大な俳優たちの手形・足形の敷石がずらりと並んでいることで有名なロサンゼルスのグローマンズ・チャイニーズシアター前に、アギーもイヌとして初めてセメントに足形を残す栄誉を授かった（一般によく知られている「ウォーク・オブ・フェーム」と呼ばれる舗道には有名人の名前の入った星形のプレートが埋め込まれているが、それよりもグローマンズ・チャイニーズシアター前の敷石に名前を残すのはさらに難しく、名誉とされている）。式典ではアギーに消火栓の形をしたケーキが贈られ（映画『アーティスト』には、アギー演じる「ジャック」が、ジャン・デュジャルダン演じる飼い主を火事のなかから救出する印象的なシーンがある）、この日をもってアギーは正式に映画界を引退した。

この頃、アギーはどこへ行っても人気の的だったが、年齢はすでに10歳（人間で言えば56歳）に近づいていた。フォン・ミュラーは、アギーをそろそろ1日15時間の撮影の仕事から解放してやりたいと思い始めていた。そこで、今後は大役を引き受けず、代わりに任天堂のゲームソフト「nintendogs + cats（ニンテンドッグス＋キャッツ）」と「動物の倫理的扱いを求める人々の会（PETA）」の広報担当犬に就任した。特にPETAの仕事では、保護施設から1匹でも多くのイヌを新しい家族として迎え入れてもらえるよう貢献した。

自伝を書く時間もできた。共著者のウェンディ・ホールデンは、「私が本当に書きたかったのはこのハリウッドスターのことだったのだと思いました」と話す。ホールデンは、アギーは「オマール（・フォン・ミュラー）にチャネリング（霊的・精神的な世界と交流する特別な能力を使って、そのメッセージを伝えること）で自分の考えを伝えていた」としつつ、「アギーには自分から話す用意ができていました」と明かした。

アギーのファンもまた、彼に会って彼の話に耳を傾ける準備ができていた。そんなファンたちのために、アギーはホールデンとともに、自伝の宣伝ツアーに出かけた。

ふわふわした毛で覆われたこの小さなスターをひと目見ようと、大勢のみなさんが、文字通り書店の前に行列をつくって待っていました。アギーには人を変える何かがあるのです。特に女性たちは彼に夢中でした。そしてみなさんが、人間のスターよりも気軽にアギーに声をかけていたのです。

アギーの自伝は「大好きな、私の光、リースに捧げる」という献辞とともに『恋人たちのパレード』で共演したリース・ウィザースプーンに捧げられている。

アギーは2015年に亡くなった。リース・ウィザースプーンは、ツイッターで（アギーは）「特別でやさしい心の持ち主」と哀悼の意を表した。一方、訓練士のフォン・ミュラーは、アギーのことをこう評している。「完璧な小型のテリア犬だった。私は永遠に心のなかにアギーのことを大切にしまっておくつもりだ。そして、彼の鶏肉とホットドッグに対するあくなき愛を決して忘れることはないだろう」。PETAも次のような追悼文を発表した。

（決して恵まれた生い立ちとは言えないけれど）輝かしいアギーの一生は、誰かが自分を「見つけてくれる」のを待っているイヌやネコが動物保護施設にたくさんいることを思い出させてくれます。アギーのように、どの子もスターです。つまり、愛情をかけてくれる家族がいてはじめて、この子たちは輝きを見せてくれるのです。

残念なことに、アギーが亡くなった年のアカデミー賞授賞式の追悼コーナー〔「イン・メモリアル」と呼ばれる過去1年間に他界した映画人の功績を称えるコーナー〕でも、アギーは紹介されなかった。映画芸術科学アカデミーはまたしても、アギーが生前、映画界に与えた功績を称える機会を逸してしまった。

アギー以外にも、ぜひとも触れておかなければならないイヌの映画スターたちがいる。オッターハウンド犬のビンゴ（Bingo）は、1982年の映画『アニー』オリジナル版〔2014年にリメイク版製作〕のサンディ役を務めた。バッカス・スタローン（Butkus Stallone）は、シルベスター・スタローンの実生活上のペットであり、映画『ロッキー』の脚本のヒントになったイヌである。彼は、この作品で主人公ロッキーのトレーニングパートナー役で登場した。セント・バーナード犬のベートーベン（Beethoven）は同名の映画『ベートーベン』で私たちのハートをわしづかみにした。一方、1974年の映画『ベンジー』は家を求めてさまよう野良犬の物語だが、主人公ベンジー（Benji）の演技はいつ見ても涙が出る。アクションコメディ映画『ターナー&フーチ』ではトム・ハンクスと共演したフーチ（Hooch）がボルドー・マスティフ（Dogue de Bordeaux）犬として新たな名声を築いた。

私にとってもっと身近なところでは、イギリスの連続テレビドラマ『イーストエンダーズ』で「ウェラード」役を演じたベルジアン・シェパード・ドッグ・タービュレン〔ベルギー原産の牧羊犬種〕が有名だ。また、シェップ（Shep）、ペトラ（Petra）、ゴールディ（Goldie）は、子ども番組『ブルー・ピーター』のマスコットとして長年活躍した。最近では、ボクサー犬のバスター（Buster）が2016年のイギリスの百貨店「ジョン・ルイス（John Lewis）」のクリスマスCMでトランポリンで跳ねる姿を披露したところ、インターネットのサーバーをダウンさせるほどの注目を集めた。

Heroic Animals

94

第二次大戦で3度も「撃沈された艦船」から生還したネコ

アンシンカブル・サム（不沈のサム）

「ネコに九生あり」ということわざがあるが、おそらく、「アンシンカブル・サム（Unsinkable Sam）」（不沈のサム）ほどこのことわざの実地検証をさせられたネコはいなかっただろう。第二次世界大戦中、サムは1度や2度どころか、3度も撃沈された戦艦から脱出し生還した。

ブタの「ティルピッツ（Tirpitz）」（p.４６９参照）と同じく、サムは運命に翻弄され、ドイツ海軍から連合国側に寝返ることになった船乗りネコである。

サムはライン演習作戦〔第二次大戦中の１９４１年5月、アメリカからイギリスへの支援を断つためにドイツ海軍が大西洋上で行った通商破壊作戦〕に参加するドイツ海軍の戦艦「ビスマルク（Bismarck）」に乗り込んだ。

しかし、作戦はうまくいかなかった。出航から9日後の１９４１年5月27日、イギリス海軍の激しい攻撃を受けて戦艦ビスマルクは沈没した。約２２００人の乗組員のうち生存者はわずか１１５人だった。白黒のネコ、サムは板切れに乗って浮かんでいるところを発見され、イギリス海軍の駆逐艦「ＨＭＳコサック（HMS Cossack）」に救出された。この船が救出した唯一の生存者だった。

国際信号書（International Code of Signals）による旗信号では、アルファベットの「O」は「落水者あり（man overboard）」を意味する。そして、無線通信ではアルファベットを正確に伝えるため、「OscarのO《オー》（O for Oscar）」という言い方をする。

そんなわけで、救出されたネコは「オスカー（Oscar）」と名付けられた。ドイツ生まれのオスカーはよく、「Oskar」の語尾を長く伸ばしてドイツ語風に呼ばれていた〔英語のOscarの発音は「オスカ（oska）」に近く、ドイツ語のOskarは語尾の「-r」を母音（長音）に置き換えるため「オスカー」となる〕。オスカーはそれから数カ月、地中海と北大西洋で護衛任務に就いていたコサックのマスコットとして平穏な日々を過ごした。

しかし、1941年10月24日、突如その平穏が破られる。コサックはジブラルタルからイギリスに戻る船団を護衛する途中、ドイツの潜水艦「U－563」〔通称「Uボート」。Uの後ろに各艦の識別番号がつく〕が発射した魚雷が命中し、深刻な損傷を受けた。船体の前方3分の1が吹き飛ばされ、乗組員159人が死亡した。船体が大きく傾斜したコサックをジブラルタルまで曳航《えいこう》する試みがなされたが、悪天候のために中止され、乗組員はただちにイギリス海軍駆逐艦「HMSリージョン」に乗り換えた。10月27日、コサックはそのまま沈没した。オスカーはこの2度目の沈没でも生き残り、「不沈のサム」（以下「サム」とする）というニックネームで呼ばれるようになった。

サムの次のすみかは空母「HMSアーク・ロイヤル（HMS Ark Royal）」だったが、そこでの滞在もつかの間だった。１９４１年11月14日、今度はそのアーク・ロイヤルが、別のUボートの魚雷にやられてしまった。このときも船体の救出が試みられたが無駄に終わり、アーク・ロイヤルはジブラルタルの沖合30マイル（約48キロ）で沈没した。もはやサムにとっては、木の板に乗って漂流しているところを救出してもらうのが習慣のようになっていた。ほかの生存者とともに、イギリス海軍の小型軍用船に引き上げてもらったサムは「不機嫌だったがまったくの無傷」だったという。

わずか半年で乗っていた軍艦が３隻とも沈没するなんて、サムはついていないと言うべきか、生還できて幸運だったと言うべきか。それとも「サムが乗る船はことごとく沈没する」というジンクスを生んだと言うべきか。いずれにせよ、彼のサバイバル精神には誰もが驚嘆した。

その後、サムはめでたく外洋での冒険から引退し、ジブラルタル政府庁舎のネズミ捕獲長を務めた。その後イギリス本土に移され、北アイルランドの首都ベルファストにあった海員宿泊所で余生を送った。

沈没する船から脱出して有名になったネコはほかにもいる。私のお気に入りは、仲間の乗組員たちを落ち着かせ、脱出を助けた船乗りネコ「メイジー（Maizie）」だ。
１９４３年３月、メイジーたちの乗った大型商船は北大西洋を航行中に沈没した。メイジーと

6人の乗組員たちは、救命ボートに乗って56日間にわたって漂流していたところを発見され、救出された。そのうち何人かは低体温症や船酔いに苦しんだが、メイジーは6人全員を1人ずつ励ました。その様子は「まるで母親のよう」だったという。

生き残った乗組員とともに、メイジーは麦芽ミルク入りビスケットなど、わずかな配給品を食べて生き延びた。生存者の1人は次のように回想している。「メイジーがいなかったら、僕らは気がおかしくなっていたかもしれません。みんな、自分が置かれているつらい状況も忘れて、『次は誰が彼女を撫でるか』で争っていました」

95

流麗な演技で数々の世界記録を樹立した天才馬術馬

ヴァレグロ

2012年のロンドンオリンピックを1年後に控えたある日、私は「ロンドン大会の『ダークホース』〔ここでは「予想外に注目を集めそうな」の意〕になる競技は何か」と聞かれ、即座に、そして何のひねりもなく「馬場馬術」と答えた。なぜなら、私はヴァレグロ（Valegro）という馬術馬の演技を見て、その優雅さやリズム感、流れるような動き、そして騎手のシャーロット・デュジャルダンとの息の合った演技が、馬術に関心のない人たちをもとりこにするだろうと確信していたからだ。

馬場馬術の歩法〔ウマの歩行に用いられる四肢の協調運動のパターン。走る速さによって区分され、常歩《なみあし》、速歩《はやあし》、駈《かけ》歩《あし》、襲歩《しゅうほ》の4種がある〕と規定の起源は、古代ギリシャ時代にさかのぼる。紀元前400年、アテネのクセノフォン〔ソクラテスの弟子で軍人・文筆家〕は馬術論を著した。彼は、騎兵隊の戦いでは、脇にそれる、急旋回する、方向転換する、飛びのくといった能力があるウマが非常に有利になることに気づいた。そして、馬場馬術はウマを使った戦いの基礎になると考えられるようになった。

ルネサンス期にこの考え方が再び注目されると、ヨーロッパの君主たちの肖像画はウマにまたがり、いかにも馬術競技をするかのような姿勢で描かれるようになった。神聖ローマ帝国皇帝カール5世〔ハプスブルク家第3代神聖ローマ帝国皇帝。在位1519〜56年〕やスペイン王フェリペ2世〔在位1556〜98年。「太陽の沈まぬ帝国」と称されたスペインの絶頂期に君臨〕、ロシアのエカチェリーナ2世〔ロマノフ朝の女帝。在位1762〜96年〕、イングランドとスコットランドに君臨したチャールズ1世〔ステュアート朝の王として王権神授説に基づく専制政治を行った。在位1625〜49年〕などの時代にも、乗馬は君主の必須条件とされ、馬上の肖像画は君主の権威を高めるのに一役買った。

フランスでは貴族のコンデ公ルイ4世アンリ・ド・ブルボン＝コンデ〔在位1710〜40年。一般に「ブルボン公」［Duc de Bourbon］の称号で知られる。ルイ15世の治世に宰相［1723〜26年］を務めた〕は来世で自分がウマに生まれ変わると信じ、シャンティイ城の敷地内に「大厩舎（Grandes Écuries）」と呼ばれる優雅で壮大な厩舎を建造した。この大厩舎は1740年に完成し、現在は「馬の博物館（Musée du Cheval）」として公開されている。シャンティイ城（現コンデ美術館）と大厩舎は、「フランスダービー」や「フランスオークス」などの名高いレースの舞台である「シャンティイ競馬場」の背後に広がる景観の一部として、往時の栄華を今に伝えている。

ほぼ同じ頃、オーストリア大公国のウィーンでは神聖ローマ帝国皇帝カール6世〔ハプスブルク家第12代神聖ローマ帝国皇帝。在位1711〜40年〕は、王宮内の広い屋内ホールを乗馬学校に改修するよう命じた。1735年に完成したこの施設は、「スペイン式宮廷馬術学校」〔スペイン原産のウマから作出された「リピッツァナー」種のウマの調教を専門とする組織で、16世紀に設立〕の新しい本拠地になった。スペイン式宮廷馬術学校では現在も「Airs Above the Ground《エア・アバヴ・ザ・グラウンド》」〔両前脚または四脚すべてが地面から離れる「カブリオレ」などの跳躍を指す〕を中心とする難易度の高い演技を見ることができる。

20世紀になると、馬場馬術はスポーツとして発展し、1912年のストックホルムオリンピックから正式種目に採用されるようになった。ただし、競技に出場できるのは軍人だけ、という時代が長く続いた。軍人以外の参加が認められるようになったのは、1952年のヘルシンキオリンピックからである。

馬場馬術は、ウマのバレエ、ダンス、体操などにたとえられ、ウマも騎手も高度な技術を要する競技である。また、人馬ともに「決められた一連の運動課目を記憶して正確に演技すること」が求められる。こうした運動課目には、蹄《ひづめ》を高く上げ、その場で収縮速歩〔収縮とは後ろ肢を前肢に近づけ、歩幅を狭める歩法〕を行う「ピアッフェ（piaffe）」、後ろ足を軸にして駈歩で一回転する「ピルーエット（pirouette）」、そして駈歩をしながら空中で手前肢（lead leg）〔馬術用語で、両肢のどちらか遅れて着地する方の肢を指す〕を変える踏歩《とうほ》変換（flying changes）という独特の運動がある。

トップクラスのウマによる規定演技〔オリンピックやワールドカップでは、団体戦は規定演技〔グランプリ〕のみ、個人戦は規定演技〔グランプリとグランプリ・スペシャル〕と自由演技〔グランプリ・フリースタイル〕で競われる〕は、じっと見入ってしまうほどの優美さがある。さらに音楽や独自の振り付けが加わった自由演技になると、まるでウェスト・エンド〔ロンドンのウェスト・エンド周辺の劇場地区〕でミュージカルを見ているような気分になる。

2012年のロンドンオリンピックの会場、そしてメディアで話題をさらったのはヴァレグロだった。2002年にオランダで生まれたヴァレグロは、イギリス乗馬チームの常連選手、カール・ヘスターが所有する厩舎にやってきた数頭のうちの1頭だった。馬場馬術用のウマはトップクラスだと最高で10万ポンド（約1600万円）の値が付く。しかし、ヴァレグロはわずか400ポンド（約64万円）で買い取られ、「ブルーベリー」というニックネームがつけられた。食べ物のニックネームは食いしん坊のこのウマにぴったりだった。

ヴァレグロは2度も他の厩舎に売られそうになった。ヘスターが自分で乗るにはヴァレグロの体高が足りないと考えたからだが（ヴァレグロは4歳になっても163センチ程度だった）幸い、グロスターシャー州にあるヘスターの厩舎で、新しい厩務員として働き始めたのがシャーロット・デュジャルダンだった。彼女の体格はヴァレグロの大きさにぴったり。こうして、ヴァレグロのキャリアを通じてシャーロットが騎手を務めることになった。

ヴァレグロとシャーロットの関係はたゆまぬ努力とお互いの信頼に支えられていた。ペアを組んでまもない時期から2人の相性のよさは誰の目にも明らかだった。そして、国内大会で着々と成果を出していった。実はグランプリレベルの大会に出場するようになったら、ヘスターがヴァレグロの騎手を引き継ぐ予定になっていた。しかし、ヴァレグロとシャーロットのコンビがあまりに相性がよいため、ヘスターは2人を引き離すべきではないと判断したのだった。

ロンドンでオリンピックデビューを果たした2012年、ヴァレグロは10歳、シャーロットは27歳だった。ヴァレグロとシャーロットは、グランプリで83・74パーセントの新記録を達成し、ヘスターを含むイギリス馬場馬術チームを初の団体金メダルに導いた。

その2日後、グランプリ・フリースタイルに臨んだヴァレグロとシャーロットは、イギリスの愛国歌「希望と栄光の国」とビッグベンの鐘の音などを編集してつくられた曲に合わせて、愛国心あふれる演技を披露し、観衆を沸かせた。グリニッジの会場でこの演技を目にした人は感動し、涙した。私は、あのときのヴァレグロとシャーロットの演技を見ると今でも鳥肌が立つ。力と正確さ、それに情熱が完璧に融合した流れるような美しい演技は審判たちをも魅了し、ヴァレグロとシャーロットは90・089パーセントという高得点で個人戦の金メダルを獲得したのだった。

2012年から2016年の間、ヴァレグロは幾度となく記録を更新し、世界大会とヨーロッパ大会で勝利を重ね、しかもグランプリ、グランプリ・スペシャル、そしてグランプリ・フリースタイルと次々に世界記録を塗り替えた。

前回の金メダリストとして臨んだ2016年のリオデジャネイロオリンピックでは、連覇のプレッシャーがかかっていた。ヴァレグロにとってブラジルの暑さと長旅は有利とは言えなかったが、それでもヴァレグロとシャーロットは個人戦で金メダルを獲得し、団体戦ではイギリスチームの銀メダル獲得に貢献した。

ヴァレグロは2016年12月、ロンドン・インターナショナル・ホースショー（ロンドンの見本市会場オリンピアで開催される、イギリス最大級の馬術競技会）のグランプリ・フリースタイルでミスのない完璧な演技を披露した。そしてこの演技を最後に引退した。現役時代を通じ、オリンピックで3個の金メダル、世界馬術選手権大会（WEG）で2個の金メダル、ヨーロッパ馬術選手権大会で7個の金メダル、そしてワールドカップファイナルで2個の金メダルを獲得した。シャーロットはヴァレグロの引退に涙し、次の賛辞を贈っている。

私は信じられないような時間を過ごしました。ヴァレグロは私に最高の旅をさせてくれただけでなく、一緒にできると想像していた以上の成果を成し遂げることができました。彼にはいくら感謝してもしきれません。彼は誰もが手に入れたいと思う完璧なウマでした。その存在はまさに魔法のようで、こんなにも多くの人々をとりこにしたのです。

それこそがヴァレグロのすごいところだ。彼は馬術のことを知らない、あるいは見たことがない人たちに関心を持たせ、楽しませ、そのよさを認めさせたのだ。ヘスターもまた、そんなヴァレグロの並外れた競技生活をこう振り返った。

ヴァレグロがイギリス馬術界だけでなく、世界の馬術界のために何を成し遂げたのか、私にはうまく説明できません。彼はスターのような存在ですし、彼のようなウマが身近にいるというのは本当に特別なことです。でも家に帰れば私たち家族の大切なペットであり、ヴァレグロ自身、世間で言われているような何百万ポンドもの価値があるウマだとは思っていないでしょう。彼はただ、親切でやさしく、草をはむのが何よりも好きで、食事の時間を楽しみにしているようなウマなのです。

ヴァレグロは引退した現在も、毎日馬場に出て健康で幸せな生活を送っている。

96

モーツァルトが愛した、楽曲を ほぼ完璧にさえずるムクドリ

フォーゲルシュタール

10万羽ものムクドリの群れが編隊を組み、伸びたり縮んだり、常に形を変えながら空を飛ぶ様子は鳥の世界の驚異の1つに数えられるだろう。これは、猛禽類などの捕食者から身を守るための行動と考えられている（巻頭口絵p.12下参照）。

私も一度、「RSPBミンズミア（Minsmere）」〔イギリス・サフォーク州の北海に面した海岸線に位置し、イギリス王立鳥類保護協会「RSPB」が所有・管理する自然保護区の1つ〕で観察したことがあるが、あそこまでものすごい数のムクドリの編隊飛行を見たのは初めてだった。ムクドリたちの波のような動きは壮大なパフォーマンスのように見え、一羽一羽がまるで音楽に合わせて踊っているかのように、近くの鳥の動きに瞬時に反応するのだ。

デンマークの一部地域では、「ソート・ソル」（デンマーク語で「黒い太陽」の意）と呼ばれる、100万羽以上のムクドリの大群が空を飛んでいく光景を目にすることができる。私はこの自然界の不思議に魅了され、ムクドリについて考えるようになった。

ムクドリは農家の人や飛行機のパイロットには人気がない。この大きな群れで飛ぶ鳥は飛行機のエンジンに飛び込んで、いわゆる「バードストライク（鳥衝突）」を引き起こすことがある。まかり間違えば大事故の原因にもなりかねない。また、農地に飛来し、農作物や家畜の飼料を食い漁る。アメリカでは、ムクドリが農業に及ぼす被害が年間で推計8億ドル（約1080億円）にもなるという。

だが悪い面ばかりではない。ムクドリ〔ここでいうムクドリは日本では「ホシムクドリ」と呼ばれるヨーロッパを主な原産地とする種で、日本に渡来することは少ない〕はとても賢く、ものまねがうまいのだ。曲のメロディーやほかの鳥の鳴き声、カエルの鳴き声、車のクラクションや電話の着信音まで真似できる。ムクドリが世界的な作曲家の目にとまったのも、そんなスキルがあったからだ。

1784年4月、オーストリアのウィーンで暮らしていたモーツァルトは、6月の演奏会で初演する「ピアノ協奏曲第17番ト長調K.453」の仕上げに入ったところだった。そんなとき、街へ買い物に出かけたモーツァルトは、かごのなかに入ったムクドリが、（まだ発表していない）「ピアノ協奏曲第17番」の「第3楽章：アレグレット」の主題をほぼ完璧にさえずっているのを聞いて驚愕した。彼はその場でこのムクドリを買い取り、ドイツ語でムクドリを意味する「フォーゲルシュタール（Vogelstar）」という名前をつけた。

モーツァルトは、自分の作品がほかの作曲家に模倣されるのではないかと、病的なまでに神経質だったと言われている。このムクドリについて、モーツァルトはまだ発表していない曲の一部をどうやって覚えたのだろうかと気に病んだという説がある。一方で、本当はモーツァルト自身が店にいる間にこのムクドリに曲のモチーフを教え込んだのではないかという説、あるいはこの曲が実際に初演されたのは記録よりもっと早い時期だったのではないか〔つまり、ムクドリを買い取った日よりも前に演奏されていた〕という説もある。

モーツァルトは1784年5月27日の支出簿に、このムクドリを購入したときの価格34クロイツァー〔現在の価値で約3000円〕と2種類のモチーフ〔モーツァルトによるオリジナルの旋律と、実際のムクドリのさえずりを採譜した旋律〕を書き込み、そこに*das war schön*〔ドイツ語で「それは美しかった!」の意〕と付け加えていた。

モーツァルトとペットのムクドリは3年間、一緒に幸せに暮らした。ムクドリは本来騒がしいうえに、音楽に合わせてさえずることで知られているため、おそらくモーツァルトは気が散ることもあったかもしれない。だが、モーツァルトとこのムクドリは間違いなく強いきずなで結ばれていた。

1787年、モーツァルトにとって威圧的な存在だった父レオポルトが亡くなった。しかし、モーツァルトがウィーンから250マイル〔約402キロ〕離れた故郷ザルツブルクでの葬儀に出向くことはなかった。その理由として、父親との複雑な関係を挙げる人もいる。モーツァルトは当時、「私がどんな状態にあるか、察しがつくだろう」と友人に宛てた手紙に記している〔父レオポルトが亡くなった当時、モーツァルト夫妻は多額の借金を抱えており、ザルツブルクまでの旅費の捻出や、葬式代の支払いに応じることもできなかったと言われている」。

それからわずか数週間後には、ムクドリのフォーゲルシュタールが死んだ。このとき、モーツァルトは、フォーゲルシュタールのために自宅アパートメントの庭で正式な葬儀を執り行っている。参列者にはベルベットのマントを着用することまで指示した。

モーツァルトの友人ゲオルク・フォン・ニッセンはそのときの様子をこう書き記している。「モーツァルトが葬儀の段取りを決め、歌える人は全員、ベールをかぶって参列しなければならなかった」。モーツァルトはアパートメントの庭に自ら墓碑銘を書いた石を置いた。さらに、ムクドリのために、次のような哀悼の詩も書き残した。

ここに眠るいとしの道化、
一羽のムクドリ。
いまだ盛りの歳ながら
味わうは
死のつらい苦しみ。
その死を思うと
この胸は痛む。

おお読者よ！　きみもまた
流したまえ一筋の涙を。
憎めないやつだった。
ちょいと陽気なおしゃべり屋。
ときにはふざけるいたずら者。
でも阿呆鳥じゃなかったね。

父親の死、ペットのムクドリの死と二度の死別を経て、モーツァルトが次に作曲したのは「音楽の冗談K.522」という曲だった。この曲はモーツァルトのライバルだった作曲家の作品に対するパロディとみられているが、私の見方は少し違う。この曲は、フォーゲルシュタールの死後、悲嘆に暮れていたモーツァルトが、自分自身を元気づけるために書いたものではないだろうか。
ちなみに、この作品の最終楽章は私にはとてもなじみがある。なぜなら、BBCの馬術中継のテーマ音楽だからだ。これからは、モーツァルトが愛したムクドリに思いを馳せながら聞こうと思う。

Heroic Animals

97

第一次大戦でドイツ軍に最後まで屈しなかったウマ

ウォリアー

これは、第一次世界大戦で「ドイツ軍が殺せなかったウマ」の物語である。「ウォリアー（Warrior）」というそのウマは、名前のとおり性格も戦士（warrior）そのものだった。彼は飛び交う砲弾や銃弾のなかを走り抜け、炎上する建物の下敷きになりながらも生還した。ウォリアーは、彼の生産者であり馬主であったジャック・シーリー（イギリスの貴族で軍人、政治家。本名はジョン・エドワード・バーナード・シーリー。「ジャック」は通称）とともに戦闘の最前線で4年間を過ごし、第一次大戦を生き抜いた。

ウォリアーは鹿毛のサラブレッドのセン馬（去勢された牡馬）で、1908年にワイト島（イギリス海峡に面するイギリス南部の島。島全体が1つの州をなす）で生まれた。丈夫で力があり、俊足で均整の取れた美しい顔立ちをしていた。体高は15・2ハンド（約154センチ）と大きくはないものの、動きが敏捷《びんしょう》で風格が備わっていた。シーリーが初めて騎乗したとき、2歳のウォリアーは3回続けてシーリーを振り落としたが、それ以来、この人馬は切っても切れない強いきずなで結ばれるようになった。

ウォリアーとシーリーは、1回目のイギリス海外派遣軍（British Expeditionary Force　BEF）〔BEFは第一次大戦時と第二次大戦時の2回編制された〕の一員として、1914年8月11日にフランスに到着した。シーリーはボーア戦争〔19世紀末から20世紀初頭にかけて、南アフリカの植民地化をめぐり、イギリスとオランダ系アフリカーナー［ボーア人］の間で2回にわたり行われた戦争〕に従軍した経験があり、南アフリカ滞在中の1900年に保守党から、その後自由党から下院議員に当選した。ウィンストン・チャーチル〔イギリス第61代・第63代首相、在任1940～45年、51～55年。第一次大戦の開戦当時は海軍大臣〕とは親友だった。1912年6月、シーリーはイギリス陸軍大臣に任命され、第一次大戦が勃発する直前の1914年3月まで務めた。

第一次大戦は、戦場でウマが重要な役割を果たした最後の戦争である。戦争が進むにつれてウマの役割は変化し、兵器の近代化とともに、戦場のウマはますます危険な状況にさらされるようになった。

ドイツ軍が西部戦線でウマを使ったのはアメリカ軍同様、第一次大戦の開戦当初だけだった。しかし、イギリス軍は大戦が終結するまで騎兵隊を配備し続けた。イギリス軍が当初所有していたウマは2万5000頭だったが、その数を増やすために馬動員計画が導入されると、10万頭以上のウマが供出された。そして大戦が終了するまでに1日500～1000頭のウマがヨーロッパに送り込まれた。イギリスでは、兵士2人につき1頭のウマが亡くなった計算になり、その数は48万4000頭にのぼった。

当時、登場してまもない初歩的な戦車に対してウマには多くの利点があった。ウマは、起伏の多い地形や沼地など、足場の悪い場所で救急車両や大砲を引くために使われた。また、兵士たちの士気を高める役目も果たした。騎兵隊の補充要員としてはもちろんのこと、補給物資の輸送、偵察、伝令、負傷兵の搬送など多彩な用途があった。

ただし、その代償も大きかった。一緒に戦う兵士たちと同様、ウマは病気や疲労の影響を受けやすく、また毒ガスや砲撃の危険にもさらされやすかったため、何十万頭というウマが命を落としたのだった。

戦場で多くのウマたちが地獄を経験したが、ウォリアーも例外ではなかった。1917年のパッシェンデールの戦い〔パッシェンデールはベルギー西部イーペル近郊の町〕では、沼地にはまり死にかけた。あたりは泥から抜け出せなかったウマの死骸があちこちに放置されていた。ウォリアーも腹まで沈み、兵士が4人がかりで沼から引き上げた。シーリーいわく、ウォリアーは「九死に一生を得た」。シーリーとウォリアーは幾度となく敵の急襲に遭い、がれきの下敷きになり、砲撃にさらされた。シーリーは次のように述べている。

……（ウォリアーには）驚いて突進するといった、もともと臆病だと言われているウマにありがちな行動は一切なかった。肝がすわっていたウォリアーは、自らの恐怖心をコントロールできただけでなく、騎兵や仲間のウマたちにとって最高の手本となった。

厩舎が爆撃を受け炎上したとき、ウォリアーは燃え盛る梁《はり》の下敷きになったものの、命からがら逃げ出した。身を隠していた廃屋に砲弾が落ちたときも、ウォリアーはがれきの下敷きになったが、なんとか脱出した。ソンム（フランス）そしてイーペル（ベルギー）の激戦ではイギリス軍は何十万人もの犠牲者を出した。それでもウォリアーはなんとか生き延びた。またあるときは、ウォリアーがつながれていた場所の目と鼻の先で敵の砲弾が2つに炸裂し、片方の破片が近くにいたほかのウマに命中した。そのウマは体が真っ二つになったが、ウォリアーにけがはなかった。

シーリーは一度だけ、ウォリアー以外の馬に乗ったことがある（そのときウォリアーは足を引きずっていたため、たまたま乗れなかった）。ところが、そのウマは砲弾の直撃を受けて即死してしまった。肋骨を3本折るけがを負ったシーリーは、その日、愛馬ウォリアーに騎乗していなかったのは不幸中の幸いだったと心のなかで感謝した。ウォリアーがドイツ軍の狙撃兵に狙われたこともあったが、弾はわずかに外れ、向かい合わせに立っていたほかのウマが犠牲になった。ウォリアーはまるで「九生あり」と言われるネコのようにしぶとく生き残った。

将校としてイギリス陸軍の部隊を率いていたシーリーは、ウォリアーにまたがって隊列の先頭に立つことが多く、銃弾が飛び交う最前線に真っ先に飛び込んでいった。一緒に戦う兵士たちは終始、シーリーとウォリアーの勇敢さに励まされた。特にウォリアーはお守りのような存在として慕われ、兵士たちはウォリアーの横を通りしなにその脇腹を撫でていくのが習慣になった。

1918年3月、フランス北部ソンム県にあるモレイユの森（Moreuil Wood）でこの大戦末期の大規模な戦闘の火ぶたが切られた。陸軍少将の地位に昇格したシーリーはウォリアーに騎乗し、後退するイギリス軍を援護するためにカナダ騎兵旅団を率いてドイツ軍に対して突撃をかけた。

この戦闘で兵士の4人に1人が死亡。軍馬も半数が死亡した。シーリーとウォリアーはドイツ軍の先頭にいた戦車を追ったが、そのとき、爆発が起きて目の前の橋が崩落。ちょうど橋を渡って逃げようとしていた敵の戦車は運河に落ちた。シーリーとウォリアーはもちろん無事だった。もはや、戦闘の真っただ中に突入するウォリアーを阻止できるものは何もなかった。シーリーは、ウォリアーのことをこう振り返っている。

……（ウォリアーは）覚悟を決めて勢いよく飛び出した。競走馬のような速さで疾走するうちに、彼のなかから戦いに対する恐怖心が消えていた。中立地帯を抜けて丘を駆けあがる間、敵の銃弾が降り注いでいた。それなのに、恐れを知らないウォリアーはまったく意に介さなかった。

戦闘は激しさを増し、犠牲者の数は増え続け、大隊という大隊がことごとくやられた。ジャンテル〔フランス北部ソンム県のコミューン〕の戦いでは、シーリーが毒ガスを浴び、代わりに投入したウマは2頭とも死んでしまった。だが、シーリーとウォリアーは比較的軽症で済んだ。

シーリーとウォリアーは1918年のクリスマスにイギリスに帰国した。ウォリアーは、ワイト島のシーリーの自宅で長く幸せな日々を過ごした。帰国から4年後には、地元のクロスカントリーの大会で優勝もした。32歳でウォリアーが亡くなったとき、イギリスの『ザ・タイムズ』紙や『イブニング・スタンダード』紙がその死を伝えた。ウォリアーの肖像画は数多く描かれた。なかでもアルフレッド・マニングス卿の作品が有名だ〔p.34参照〕。また、自宅近くにはウォリアーとシーリーの小さなブロンズ像が建てられている。戦地に赴いてから100年後にあたる2014年、第一次大戦に従軍したすべての動物を代表してウォリアーにディッキン・メダルが〔死後〕授与された。

98

虐待され重い障害を抱えながらも希望を捨てなかったイヌ

ウィーリィ・ウィリー（車いすのウィリー）

動物を虐待する人間の残忍さにはぞっとする。これから紹介する勇敢な動物の物語は、人間の残忍さを映し出す物語でもある。どうしたら、小さなチワワののどを切り裂き、声帯を切断するなどということができるのか？ しかも、腰からしっぽの先までマヒさせるほど痛めつけるとは！ 小さくか弱い生き物にこんなむごたらしいことをする人間がいるなんて、彼らはいったい何を考えているのだろう？

「ウィーリィ・ウィリー（Wheely Willy）」（車いすのウィリー）（日本では「ウィリー」と呼ばれているため、以下、ウィリーと表記）という名で知られるようになったこのイヌは、その物語が多くの人々によって語られるまで生き続けた。ウィリーは勇気とやさしさの象徴であり、自分専用の車いすでどこへでも出かける姿は全米、そして世界中の子どもたちの心を動かした。彼は、「人生は自分で切り開くもの」というメッセージを体現していた（巻頭口絵p.15下参照）。

ウィリーは段ボール箱に入れられて、ロサンゼルスの路上に放置されていた。たまたま通りかかった人がウィリーを見つけ、地元の動物病院に運ばれたが、元気がなく、具合が悪そうだった。無残にも声帯が切り取られていたため、吠えることも鳴くこともできなかったのだ。結局、手術と治療で一命をとりとめたが、歩けるようになる見込みはなかった。毛は剃られ、ひどく痩せていたため、いつも寒そうに震えていた。それで、病院のスタッフから「寒がりのウィリー（Chilly Willy）」というニックネームで呼ばれるようになった〔子ども向けアニメーション作品に登場する寒がりのペンギン「チリー・ウィリー〔Chilly Willy〕」に重ねている〕。

残酷な目に遭い、心に傷を負いながらも、このイヌは不屈の精神をもっていた。動物病院で暮らしながら傷が完治するまでに1年かかったが、そこには新たな試練が待っていた。重い障害を抱えたイヌをペットとして引き取ってくれる人は現れず、残された道は保健所での安楽死かと思われた。

そんなとき、イヌのトリミングサロンを経営しているデボラ・ターナーという女性がウィリーの苦境を知る。彼女はボランティアで行き場のないイヌの引き取り手を探す活動をしていた。ウィリーに会いに動物病院を訪ねたターナーは、小さな体で後ろ足を引きずりながらも一生懸命遊ぼうとするウィリーの姿に、なんとかしてあげたいという思いを強くした。彼女はウィリーを家に連れて帰り、自分が飼い主になろうと決意した。そして、ウィリーが毎日元気で幸せに過ごせるように、できる限りのことをしようと心に誓ったのだった。

つらい経験をしたにもかかわらず、小さなウィリーには前向きに生きる力があった。ウィリーは、ターナーが飼っているイヌやネコたち、それに1匹のカメともすぐに仲良くなったのだが、彼らの動きについていけない。ターナーはウィリーが自由に動ける方法を見つけなければと考えた。さっそく2本の後脚を浮かせるために腰に風船のひもを結びつけてみたのだが、ウィリーは軽すぎて体ごと浮いてしまった。前足が床につくようにしてウィリーをスケートボードに乗せてみたが、これもうまくいかなかった。

ウィリーのためにはもう少し高度な装具が必要だった。アメリカでは1960年代に「K9カート」〔K9は、「イヌ科［の動物］」を意味する英語「Canine［ケーナイン］」の当て字〕という、けがをして歩けなくなった動物たち（ラット用からミニチュアホース用まで）のための特殊な車いすが開発されていた。ターナーはウィリーのためにK9カートを注文した。それは、後脚の部分を支え、前脚を使って自由に移動できるようにする二輪の装具だった。ウィリーにK9カートをつけてやると、ウィリーはとても気に入って、すぐに動き回れるようになった。「小さな車いすはそれまでモノクロだったウィリーの世界を色鮮やかなものにしてくれたのです」とターナーは話す。

ウィリーの物語が地元の新聞に載ると、車いすのウィリーに注目が集まるようになった。ターナーはウィリーを連れ、アルツハイマー型認知症の高齢者や精神科病棟に入院中の患者を訪ねるようになった。ターナーは、ウィリーを「障がい犬」ではなく「個性をもった健常犬」だと表現した。車いすをつけた小さなウィリーの姿を見た人、新聞や本でウィリーのことを知った人は誰もがみな勇気づけられた。そのなかには、脊髄を損傷し車いす生活を送る退役軍人たちもいた。

声帯を失っていたウィリーは、普通のイヌのように吠えることも鳴くこともできず、その声はカエルの鳴き声のようだった。それでも、アニマルプラネット〔動物・自然番組を提供するケーブルテレビ局、衛星放送向けチャンネル。日本でも視聴可能〕は番組で「車いすのウィリー」と呼び、人々にやる気を起こさせる話し手（モチベーショナル・スピーカー）として紹介した。ウィリーはさまざまなテレビ番組に出演し、世界各地を旅し、学校や病院を訪れた。ターナーは、けがを負ったり、障害を抱えたりしている子どもたちがウィリーに勇気づけられ、驚くほど変化する様子を目の当たりにした。「子どもたちはウィリーを見て、障害があっても幸せな人生を送れることに気づいたのです」とターナーは言う。

ウィリーは特に日本で大きな人気を呼んだ。彼のファンには、皇室の常陸宮殿下と華子妃殿下もいらっしゃった。お二人が床に膝をついてウィリーにごあいさつなさる姿は話題を呼んだ。

ウィリーは2009年に亡くなったが、多くの人々に希望を与えたことでこれからも私たちの記憶に残るだろう。絶望的な大けがや病気を経験しても、充実した人生を送ることは可能だということを、ウィリーは証明してみせたのだ。

Heroic Animals

99

第二次大戦に「ほぼ人間扱い」で参戦し、連合国軍勝利に貢献したヒグマ

ヴォイテク

幼かった頃、私はお人形には興味がなかった。でも、その代わりにクマのぬいぐるみは大好きだった。ぬいぐるみは触ると温かくてふわふわで、抱き心地もいい。だから、長いブロンドの髪をした硬いプラスチックのお人形よりも、ぬいぐるみで遊ぶ方がずっと楽しかった。

パンダ、ホッキョクグマ、クロクマ、それにぽっちゃりした「くまのプーさん」など、とにかくいろいろな種類のクマを集めていた。特に「くまのプーさん」は大好きで、文房具にTシャツにポスター、もちろん絵本はほぼそろえていた。私の弟はどちらかというと、「くまのパディントン」派で、ぬいぐるみをたくさんもっていた。しかも、弟はパディントンが着ているようなダッフルコートを着て、小さな革のブリーフケースを持ち歩くほどの入れ込みようだった。きっと、想像の世界でパディントンになりきっていたのだろう。

「クマになりきっていた人間（つまり弟）」の話はこの辺で終わりにして、ここからは「人間になりきっていたクマ」の話をしよう。そのクマの名前は「ヴォイテク(Wojtek)」といった〔Wojtek は

ポーランドの一般的な男性名 Wojciech の愛称。ポーランド語で「ほほえむ戦士」の意味もある〕。ヴォイテクは第二次世界大戦で連合国軍の勝利に貢献した「ヒグマ（シリアヒグマ）」だ。

ヴォイテクの物語は1942年、イランとイラクの国境にある小さな駅から始まった。駅前に1台のトラックが停車して、ポーランド人の兵士たちが休憩のために降りてきた。シベリアから南に向かう長旅の途中だった。

彼らは1939年にソ連がポーランド東部を侵攻した際に、戦争捕虜としてシベリアの強制労働収容所に送り込まれていた兵士たちだった。しかし、1941年6月にソ連とドイツが戦争状態になり〔大戦当初、ドイツとソ連間で不可侵条約が締結されていたが、1941年6月22日にナチスドイツがソ連に侵攻したため、ソ連は連合国とともに対独戦争に転じた〕、収容所から解放されると、今度は対独戦争に加わるため、エジプトに駐在するイギリス陸軍と合流することになったのだ。

ポーランド兵たちは厳しい収容所生活から解放されてお祝い気分だった。そこに、親をなくした幼いクマを袋に入れて歩く、羊飼いの少年が現れた。何かよいことがありそうな予感がした兵士たちは、現金とチョコレート、スイス・アーミーナイフと引き換えに、少年から子グマを手に入れて新しいマスコット兼ペットとした。子グマは痩せていて食べ物もろくに口にしていないようだった。それを見た兵士たちは、この子グマに自分たちの配給を分けてやった。子グマはコンデンスミルクが特にお気に入りで、兵士たちは古いウォッカのびんに入れて飲ませた。

テヘラン近郊のポーランド軍キャンプで3カ月を過ごしたあと、この育ち盛りの子グマはポーランド第2輸送中隊（のちの第22弾薬補給中隊）に寄贈された。ポーランド軍の主要な戦術作戦部隊がクマを迎え入れるというだけでも前代未聞だったが、兵士たちは新しい仲間を「ヴォイテク」と名付けてかわいがったのである。

ヴォイテクは軍隊での生活にうまく適応した。ポーランド語の命令に従い、上官に敬礼することを覚えた。とはいえ、いつもお行儀よくしていたわけではなく、物干し用のロープにかけてあった軍服を盗み出して遊んだり、自分の頭の上で振り回したりする悪い癖があった。また、食料貯蔵庫に侵入し、1942年のクリスマスイブのためのごちそうを食い荒らしたこともある。

幼獣のときに拾われたヒグマのヴォイテクは6フィート（約180センチ）に成長し、兵士たちによく懐いた

ところがあるとき、そのいたずらが称賛される出来事が起きた。中東の焼けつくような暑さのなか、ヴォイテクはシャワーを浴びるのが何よりの楽しみだった。彼はシャワー小屋に入ると、親切な仲間が蛇口をひねってくれるまで甘えた声で鳴き続けた。それを何度か繰り返すうち、自分で蛇口をひねる方法を覚えてしまった。それで仕方

なく、シャワー小屋の扉には、カギがかけられるようになった。

1943年6月のある晩のこと、ヴォイテクはシャワー小屋のドアが少しだけ開いているのを見つけた。ドアをそっと開けてみると、シャワーの下になんとスパイが隠れていた！　このスパイは弾薬を盗もうとキャンプに忍び込んだのだが、まさか400ポンド（約180キログラム）もあるクマが体を洗いにやってくるとは思ってもみなかった。

スパイは恐怖のあまり立ち尽くし、ものすごい叫び声をあげたので、ヴォイテクの仲間の兵士たちがすぐにかけつけあっけなく捕まった。お手柄のヴォイテクには、ほうびとしてたばこ（たばこはだいたい「吸わず」に「食べていた」）とビール（のちに大のビール好きになった）が与えられた。ヴォイテクは、果物やシロップ、そしてパディントンのようにマーマレードもたっぷりごちそうになった。もちろん、その日の夜は、好きなだけシャワーを浴びることを許された。

ヴォイテクがいたポーランド第2輸送中隊はエジプトで最終訓練を行ったあと、1944年にイギリス第8軍を援護するため、イタリアに派遣された。ヴォイテクも一緒に行くことになったが、戦場の近くにペットを連れていくのは軍規で禁じられていた。そこで兵士たちは、「ヴォイテクを軍に入隊させれば自分たちと同じ権利がもらえるはずだ」と考えた。こうして、ヴォイテクは正式にポーランド第2輸送中隊（第22弾薬補給中隊）の従軍兵として採用された。彼は仲間の兵士たちと同じ扱いを受け、伍長の階級と軍籍番号も与えられた。給与も支給され、配給も人間の兵士の2倍もらい、テントで寝た。違ったのは、次の戦地に移る前に、仲間と一緒にトラックの後ろに積み込まれる代わりに、大きな木の檻に入れられたことくらいだった。エジプトからイタリアに到着したときには、イギリスの役人がポーランド兵部隊の名簿を見ながらヴォイテクの名前を呼んだが返事がなく、その場を少々混乱させたが、事なきを得た。

ポーランド軍はイタリア戦線で連合国軍の重要な戦力として貢献し、その闘志は大いに称賛された。イギリス軍第78師団所属アイルランド近衛連隊の将校は、ポーランド軍兵士たちの戦いぶりをこう評した。「彼らの決意に疑いの余地はない。われわれは、ポーランド軍兵士たちの勇敢さに感嘆と畏敬の念をもたずにはいられなかった。命をかなぐり捨ててでも戦おうとする姿は、まるで恐れというものを知らないかのようだった」。もちろん、この言葉はポーランド軍のクマ伍長にも当てはまったことだろう。ヴォイテクは、身長6フィート（約180センチ）、体重は35ストーン（約222キログラム）もの巨体になっていたからだ。

何年も経ってから、当時ナポリ港に駐在していたイギリスの役人アーチボールド・ブラウンは、ポーランド軍がエジプトから到着したときのことを振り返り、こう答えている。「名簿には確かに名前があるのに、どういうわけかヴォイテク伍長だけは名乗り出なかったのです」。ブラウンはほかの兵士たちに、ヴォイテク伍長がなぜ名乗り出ないのかと尋ねた。すると、1人が「ええと、彼はポーランド語とペルシャ語しか理解できないので」と答え、クマが入れられている檻の前までブラウンを案内したという。

ヴォイテクは人間の兵士が4人がかりでやる仕事を1頭でこなした。凄惨を極めたモンテ・カッシーノの戦い〔1944年1～5月、イタリアのローマ解放を目指し、連合国軍がドイツ軍守備隊と激突〕では、重さ100ポンド（約45キログラム）の砲弾を前線基地まで運ぶのを手伝った。ヴォイテクは、とてつもない危険とおびただしい死者を前にしてもまったく動じる様子はなかった。

この戦いでは、ドイツ軍が敗北するまでに、連合国軍の兵士5万5000人が犠牲になった。ポーランド軍は、爆撃で廃墟と化していたモンテ・カッシーノの古い修道院を占拠し、そこに軍の旗を立てた。ヴォイテクの力と勇敢さがこの戦いの勝利に大いに貢献したことが認められ、第22弾薬補給中隊の新しい紋章に「砲弾を抱えるクマ」の図柄が採用された。

1945年のヤルタ協定のあと、ソビエトはポーランドの共産主義化を推し進めた。そのため、国外にいた多くのポーランド人が祖国に帰国できなくなった〔ポーランドはナチスドイツの占領から解放されたものの、国外にいたポーランド人が帰国すれば共産主義政権樹立を目論む赤軍によってソ連の強制収容所に送られる可能性があった〕。連合国軍側で戦い続けたポーランド人兵士たちも、多くがイギリスに定住する道を選んだ。そのなかに、ヴォイテクがいた第22弾薬補給中隊の兵士たちもいた。彼らはスコットランドのバーウィックシャーへと向かった。

ヴォイテクはエディンバラのプリンセス・ストリートで勝利のパレードの先頭に立って行進した。そのあと、スコティッシュ・ボーダーズ〔スコットランドのカウンシル・エリアと呼ばれる地方行政区画の1つ〕のハットンという村に近い、ウィンフィールド飛行場（Winfield Airfield）で暮らすようになった。ヴォイテクはときおり、重い箱や丸太を運んで生活費を稼ぎ、休憩時間にツイード川で泳ぐのを楽しみにしていた。

1947年、ポーランド軍が解散すると、ヴォイテクはエディンバラ動物園に引き取られた。動物園の飼育員は、ヴォイテクが好きなミルクティーをたくさん与えた。ときどき、昔の仲間たちが訪ねてきて、たばこやチョコレートを投げてくれた。ヴォイテクはポーランド語で声をかけられると、いつもうれしそうにしていた。

ヴォイテクは1963年に23歳で息を引き取った。彼の連合国軍に対する並外れた貢献の証は、帝国戦争博物館に飾られている記念のプレートとして、また、エディンバラのウェスト・プリンセス・ストリート・ガーデンに建てられた銅像の碑文として残されている。ヴォイテクの銅像は、ほかにスコティッシュ・ボーダーズにあるダンスという町と、ポーランド南部の都市クラクフにも建てられている。

これらの4つの記念碑は、第二次大戦でイギリスがポーランドの人々にどれほど助けられたかを、そして1頭の心優しいクマがどれほど戦場の兵士たちの心の支えになっていたかを、生き生きと語りかけている。

最後に、ヴォイテクのかつての仲間の1人、ルドウィク・ヤシュトルの言葉を引用しておこう。

「はっきり言わせてください。僕らがあの大戦で勝てたのはヴォイテクのおかげなんです」

100

19世紀、スーダンからフランスまで船で渡り人気者になったキリン

ザラファ

何でももっている王様に貢ぎ物をするとしたら何がいいだろう？　「キリン」と答えた人はなかなかいいところをついている。1827年、オスマン帝国エジプト総督（エジプトは1517年にオスマン帝国に征服され、属州となった）のムハンマド・アリーが、ヨーロッパの3人の君主に贈る貢ぎ物として選んだのがまさに、キリンだった。そしてこれは、ちょっとしたセンセーションを巻き起こした。1486年以来、ヨーロッパでキリンが目撃されたことはなかったし、フランスでは過去に一度もなかったのだから、なおさらだった。

それはそうと、キリンの睡眠時間は驚くほど短いことをご存じだろうか。草食動物のキリンは常に捕食者を警戒しなければならないため、横になってゆっくり眠るわけにはいかないのだ。何を隠そう、この私も移動中の車の後部座席だろうと電車や飛行機のなかだろうと、座ったままであっという間に深い眠りにつくことができる。気力と元気を取り戻すためにも、こういった細切れの睡眠が有効なのだ。とはいえ、毎日規則正しく8時間から9時間の睡眠もとっている。それがなかったらとても体がもたない。つまり、私がもしキリンだったら、簡単に捕食者の餌食になっているだろう。

キリンは背が高いのはもちろん、体全体に特徴的なまだら模様があることでも知られている。学名の*Giraffa camelopardalis*〔ジラッファ・カメロパルダリス〕は、キリンがラクダとヒョウの交配種だと長らく信じられてきたことに由来する。キリンの毛並みはどれも同じように見えるが、まったく同じ模様をした個体はない。

フランス王シャルル10世〔ルイ16世の弟で、復古王政期のフランス王〕に献上されたキリンの「ザラファ（Zarafa）」は幼い頃、エチオピア高地でアラブの狩人たちに捕らえられ、ラクダの背にくくりつけられてスーダンのセンナール〔スーダン東部、ナイル川の支流で、エチオピアのタナ湖を水源とする青ナイル川に面した都市〕へと運ばれた。そこから青ナイル川を船でハルツーム〔スーダンの首都〕まで下り、別の荷船〔内陸の水路で貨物運搬に用いられる平底船〕に乗り換えてアレキサンドリアに行き、地中海を渡ってフランスのマルセイユまでの壮大な旅をした。

19世紀の船は、キリンのような背の高い荷物を載せられる造りにはなっていなかった。そのため、船倉に入れられたザラファがまっすぐ立っていられるように、甲板に穴が開けられ、雨よけや日よけのために、その穴はキャンバス地の天蓋で覆われた。

船員や大事な荷物（ザラファ）が新鮮な乳をたっぷり飲めるように、3頭の雌牛も乗せられていた。1カ月後の1826年10月31日、ザラファはフランスの土を踏んだ初めてのキリンとなった。彼女がマルセイユで冬を過ごしている間、周囲の人間たちは、ザラファをパリまで容易かつ安全に連れていく方法はないものかと思案した。幼いザラファは、性格がよくて人懐っこく、扱いやすかった。その反面、とても活発でエネルギーに満ちていた。そのため、つい小走りや駆け足になることもしばしばだった。キリンの脚には、時速38マイル（約61キロ）の速さで走る力がある。ザラファが走り出すと飼育係は彼女に引きずられたりして、少々てこずることになった。とはいえ、結局、パリまで550マイル（約885キロ）の道のりをザラファに歩いてもらうのがいちばんいい、という結論に達した。

そして、博物学者でパリ植物園《ジャルダン・デ・プラント》内にある動物園の園長を務めていたエティエンヌ・ジョフロワ・サンティレールが、ザラファの旅に同行することになった。サンティレールは、ザラファがパリにたどり着くまでに蹄《ひづめ》を傷めないよう、特注のブーツを履かせることにし、またザラファを雨から守るために、王の紋章であるフルール・ド・リス〔フランス王家の紋章として知られる百合の花をかたどった紋章〕をあしらった黒いレインコートも特注した。

サンティレールは55歳で、痛風とリウマチの持病を抱えており、ザラファを連れて徒歩の旅をするなど普通なら考えられないことだった。それでも1827年5月、うららかな陽気のなかを、一行はパリを目指して壮大な遠征に出発した。キリンのザラファのほかに、ウシ、レイヨウ〔アンテロープとも呼ばれ、偶蹄《ぐうてい》目ウシ科のうち四肢が細い動物の総称〕などの動物、それに騎馬警察の護衛を引き連れて行進する様子は壮観だった。

キリンはたいていの四つ足動物と違って、左の前肢と後肢、右の前肢と後肢がそれぞれ対となり、左右の前後の脚を同時に前に出して進む〔側対歩《そくたいほ》と呼ばれる〕。そのため、体全体が揺れ、足取りがヨロヨロとしているように見える。しかし若いザラファには勢いがあった。彼女は終始、時速2マイル（約3・2キロ）のペースで歩き続け、しかも元気いっぱいだった。サンティレールは公式の報告書に「（ザラファは）体重が増えたうえに、運動をしたことによって力強さが増しました。（中略）筋肉がつき、体の張りや毛並みのつやもよくなっています」と書き記している。

一行はフランス中の町や村を回り、行く先々でキリンをひと目見ようと人だかりができた。6月6日にリヨンに到着したときは、人口の3分の1にあたる3万人強の群衆が沿道に押し寄せたため、騎馬警察の助っ人として陸軍騎兵隊が投入された。

彼女はマスコミから「アフリカの美女（la belle Africaine）」と称されるようになり、サンティレールは彼女を「王様の美しい動物（le bel animal du roi）」と呼んだ。今日知られているザラファ（Zarafa）という名前は、アラビア語でキリンを表す*zerafa*の発音が変化したもので、「魅力的」あるいは「美しいもの」を意味する。

41日間の旅を終えてパリに到着したキリンのザラファは、1827年7月9日、サンクルー宮で国王シャルル10世に献上され、国王が手にしていたバラの花びらをおいしそうにかじり、パリ植物園内の新しいすみかに落ち着いた（巻頭口絵p.16上参照）。

はるばるスーダンから来た、高さ13フィート（約4メートル）、長い首に斑点模様の珍しい動物を、物見高いパリっ子たちが見逃すわけはなかった。7月の残りの3週間だけで、彼女を見に動物園にやってきた人たちは6万人にのぼり、そのなかには作家のオノレ・ド・バルザック（ザラファについて書いた作品を残している）や若きギュスターヴ・フローベール〔フランスの小説家。代表作『ボヴァリー夫人』〕もいた。当時の雑誌『La Pandore（ラ・パンドール）』は、「キリンは世間の注目を一身に集め、首都パリは彼女の話題でもちきりだった」と伝えた。

ザラファの独特の毛皮は、おしゃれのお手本とされ、「キリン風モード（la mode à la girafe）」というファッション・ブームを生み出し、フランス中に広まった。女性たちはザラファの2本の角に見立てて髪を高々と結い上げた（巻頭口絵p.16下参照）。ただし、馬車に乗るときは、頭がつかえないように床に座らなければならず、いささか滑稽だった。キリン風の帽子、くし、タイなどのアクセサリーも豊富につくられ、「キリンの腹（belly of giraffe）」と呼ばれる黄色系の色合いがその年の流行色になった。キリン独特のまだら模様の生地は上流階級の人々に好まれ、キリンの姿をモチーフにした壁紙が多くの（上流階級の人々の）邸宅の大広間の壁を飾った。キリンのデザインは、植木の刈り込みからジンジャーブレッドのパッケージまで、ありとあらゆるところに使われた。

しかし、一世を風靡《ふうび》したこのファッション・ブームも、シャルル10世の治世（1830年の7月革命で王権を放棄し、イギリスに亡命）とほぼ同時期に終わりを迎えた。しかし、ザラファはパリにとどまった。彼女は群衆に囲まれ、大勢の注目を浴びていた若い頃のような生活から離れ、穏やかな余生を送った。

それでも、ザラファは神話的で忘れがたい存在であり続けた。ある評論家は「彼女を見ると驚嘆を禁じ得ない」と書いている。フランスの人々にとって、ザラファは、動物界の驚異に、新たな畏敬の念を抱かせた存在として記憶に残っている。

謝辞

この本を執筆するのは本当に楽しく、その過程で多くのことを学んだ。ジョン・マレー社〔イギリスの出版社〕のようなプロフェッショナルで献身的な編集チームと一緒に仕事ができたことを嬉しく思う。無為に過ごすところだったこの1年間を、忙しく充実した毎日にしてくれたみなさんに感謝する。

これだけの情報を盛り込んだ本を形にするにはチーム全員の協力が必要なのは言うまでもない。細部にわたる入念な調査を担当したキャリ・ローゼン、本の構想と編集に見事な手腕を発揮したジョージナ・レイコック、入念な校閲を行ったキャンディーダ・ブレージル、どんな小さな誤りも見逃さず校正してくれたハワード・デイヴィーズ、素晴らしい写真の出典を調べ、明記してくれたジュリエット・ブライトモア、そして、細やかな気配りを欠かさなかったキャロライン・ウェストモアに心から感謝の意を表したい。

「本の価値は表紙で判断すべきではない」とよく言われるが、表紙のデザインが気に入ってこの本を手にした人がいても私はまったく構わない。むしろ、そんな素晴らしい表紙デザインを完成させたサラ・マラフィニ、写真撮影のコーディネートを担当したケイト・ブラント、常に最高のシャッターチャンスを逃さない写真家のポール・スチュアートを称えたい——本書のために、立派なモデルを務めてくれた放火探知犬のシャーロックの撮影はポール・スチュアートが担当した。そして、シャーロックのハンドラーで消防隊長のポール・オズボーン氏には、午後の時間を使ってシャーロックの撮影を許可してくださった。深くお礼申し上げる。

次の方々にも感謝する。デザインに創造性を発揮してくれたジャネット・レヴィル、本を美しく仕上げてくれたダイアナ・ターリヤニーナ、情報整理に工夫を凝らしてくれたルース・エリス。本書に必要なあらゆる宣伝とマーケティングを担当したロージー・ゲイラーとジェス・キム、そして、オーディオ版を担当したエリー・ウィールドン。

私の著作権代理人であるユージェニー・ファーニスには確かな判断力があり、彼女が背中を押してくれたおかげで、私は迷わずこの仕事を引き受けることができた。彼女とそのアシスタントのエミリー・マクドナルドから多大なるご支援をいただいたことを申し添えたい。

本を執筆するには集中力とひたむきな努力の2つが欠かせない。私は生まれつき、そのどちらも持ち合わせていない。ありがたいことに、我がパートナーのアリスは必要とあらば私を叱咤し、ときにはコーヒーを片手に作業部屋に現れ、私が執筆をさぼってネットショッピングでネコのおもちゃを物色していないか、様子を見にきてくれた。彼女には本当に頭が上がらない。

最後に、この本を読んでくださったみなさんにもお礼を申し上げる。動物たちがいかに私たちの世界を彩り豊かなものにし、いかに私たちの文化から切り離せない重要な存在かを、再認識していただければ幸いに思う。動物たちの勇気や貢献に対して、私たち人間はきちんと報いているかというと、必ずしもそうとはいえないのではないだろうか。私たちみんなが彼らの命を守り、保護し、敬意を表せるようになることを望んでいる。

訳者あとがき

100の動物たちの驚きと感動と心温まるエピソードを集めた本書『英雄になった動物たち（Heroic Animals: 100 Amazing Creatures Great and Small）』を手に取り、最初のページから順に読み進めた方もいれば、目次を見て、あるいはページをめくって興味のある動物の物語を拾って読んだ方もいることでしょう。本書は単なるエピソードの寄せ集めではありません。さまざまな時代背景から生まれた物語を通して動物たちの驚くべき能力について知り、スポーツや文化、風俗、歴史を新たな視点でとらえ直すよい機会になればと思います。

著者のクレア・ボールディングはイギリスの有名なスポーツキャスターであり、オリンピックやパラリンピック中継番組のメインキャスターを務めるなどイギリスではよく知られています。イングランド南部キングズクリアにある名門厩舎を営む両親のもとに生まれ、赤ん坊の頃からポニーや犬たちに囲まれて育ち、乗馬に親しんだことは本書の「はじめに」でも触れられているとおりです。彼女の父親であるイアン・ボールディング氏は1970年代初頭に活躍したイギリスを代表する競走馬「ミルリーフ」を育てた元調教師であり、2003年に父親から厩舎を引き継いだ弟のアンドリュー・ボールディング氏も現役の調教師です。クレア自身もメディアでキャリアをスタートする以前はアマチュア騎手として活躍していました。

本書の第1話の主人公は、障害競走馬の「アルダニティ」ですし（動物の名前をアルファベット順に並べたら偶然そうなったのでしょうが）、本書にウマの物語が多く収録されているのも著者の生い立ちを知れば納得がいきます。

とはいえ日本ではイヌやネコを飼っている人は多くても、日常生活でウマと触れ合う機会のある人はごくわずかでしょう。あるいは、競馬について関心は高くても、障害競走や馬術競技についてはあまり関心が高くないように思います。したがって、こうした競技の内容だけでなく、物語の舞台となる時代背景や地理、登場人物を具体的にイメージしていただけるように、一般の読者にあまり馴染みのない用語にはできるだけ訳注をつけるようにしました。また、原著では読み進めないと、どの時代の話なのかはっきりしないエピソードには、冒頭部分に年号を加える、歴史について簡単に補足するなどの工夫をしました。

著者がなぜ本書を書こうとしたか、本書を通して何を伝えたかったかについては、「はじめに」に書かれているので、ここでは割愛しますが、個人的に印象が強いのは次の言葉です。「動物は私たち人間の良い面を引き出してくれる。動物たちを見れば、人間らしさとは何なのか、文明人らしいふるまいとは何なのかがよくわかる」。これは、人と動物の関係とはどうあるべきかを問う動物倫理（Animal Ethics）にも通じる考え方であり、動物虐待やペットの殺処分などの問題への取り組みにもつながっていくように思います。

最後になりましたが、本書を翻訳する機会を与えてくださった草思社の皆様、訳文をチェックし貴重な助言をくださったトランネットの青山様に、深く感謝申し上げます。

そしてこの数カ月間、協力し支えてくれた家族と16歳になった我が家のミックス犬に。どうもありがとう。

訳者

2023年2月

写真クレジット

[口絵]

p.01上　Alex: Gerald Davis/Shutterstock.／p.01下　Aramis and Brothers: Koen Van Weel/EPA/Shutterstock.／p.02上　Barrie: @sean_lilo and @barriespaws.／p.02下　Bob: ©Clint Images/Hodder & Stougton Publishers.／p.03上　Charisma: NZ Horse & Pony Magazine, Manaia Media Ltd, New Zealand.／p.03下　Daisy: Medical Detection Dogs.／p.04上　Diesel: AP/Shutterstock.／p.04下　Dolly: Jeremy Sutton Hibbert/Shutterstock.／p.05上　Finn: Shutterstock.／p.05下　Geese: The Picture Art Collection/Alamy Stock Photo.／p.06上　Jake: Alan Diaz/AP/Shutterstock.／p.06下　Jovi: Courtesy of Graham Sage.／p.07上　Laika: Detlev Van Ravenswaay/Science Photo Library.／p.07下　Lonesome George: Mark Green/Alamy Stock Photo.／p.08上　Magic: Gentle Carousel Miniature Therapy Horses, www.gentlecarouseltherapyhorses.com.／p.08下　Milton: Split Seconds/Alamy Stock Photo.／p.09上　Moko: Gisborne Herald/AP/Shutterstock.／p.09下　Molly: Colin Butcher U.K.P.D, United Kingdom Pet Detectives.／p.10上　Pudsey: Shutterstock.／p.10下　Rats: Chamussy/Shutterstock.／p.11上　Salty and Roselle: Richard Drew/AP/Shutterstock.／p.11下　Sherlock: ©Paul Stuart.／p.12上　Shrek: Shutterstock.／p.12下　Vogelstar, Starlings: Tom Langlands Photography/Alamy Stock Photo.／p.13上　Stoffel: Moholoholo Wildlife Rehabilitation Centre, Limpopo Province, South Africa, www.moholoholo.co.za.／p.13下　Tamworth Two: Mike Forster/Daily Mail/Shutterstock.／p.14上　Thandi: Kariega Game Reserve, Eastern Cape, South Africa, www.kariega.co.za.／p.14下　Thula: www.irisgracepainting.com.／p.15上　Trim: Frank Augstein/AP/Shutterstock.／p.15下　Wheely Willy: Koichi Kamoshida/Getty Images.／p.16上　Zarafa: Chronicle/Alamy Stock Photo.／p.16下　'la mode à la girafe': The Repository of Arts, Literature, Fashions, &c., Vol. XII, July 1828. R. Ackermann, London.

[本文]

p.3 ©www.paulstuart.co.uk／はじめに: 著者のコレクション／p.41　Aldaniti: Mirrorpix/Alamy Stock Photo.／p.58　Antis: Courtesy of Nina Buckley and Magdalena Låuscombe.／p.67　Arkle: Alamy Stock Photo.／p.81　Barry, St Bernard: Chronicle/Alamy Stock Photo.／p.91　Bobbie The Wonder Dog: newspaper cutting of 1924.／p.105　Canary: Steve Bent/Associated Newspapers/Shutterstock.／p.117　Cher Ami: Imago History Collection/Alamy Stock Photo.／p.122　Chips: Bettmann/Getty Images.／p.137　Clara: The Picture Art Collection/Alamy Stock Photo.／p.140　Congo: World History Archive/Alamy Stock Photo.／p.175　Gallipoli Murphy: Chronicle/Alamy Stock Photo.／p.181　Gander: Library and Archives Canada/Department of National Defence fonds/a116791. Photo: Item Number 1180.／p.192　Greyfriars Bobby: Chronicle/Alamy Stock Photo.／p.202　Gustav: AP/Shutterstock.／p.204　Hachiko: CPA Media Pte Ltd/Alamy Stock Photo.／p.208　Ham: Science History Images/Alamy Stock Photo.／p.214　Hoover: Boston Globe/Getty Images.／p.221　Huberta: Front cover of The Saga of Huberta by G. W. R. Le Mare, 1931.／p.224　Jack: Pictorial Press Ltd/Alamy Stock Photo.／p.228　Jack, baboon: Wikimedia Commons/Public Domain.／p.258　Koko: Keystone Pictures USA/Shutterstock.／p.276　Lin Wang: Historic Collection/Alamy Stock Photo.／p.291　Mick the Miller: Topical Press Agency/Getty Images.／p.304　Minnie: Courtesy of Major Maurice Taylor XXth LF.／p.328　Paddy the Wanderer: Alexander Turnbull Library, Wellington, NZ (Ref ½-122301-F).／p.338　Pickles: picture alliance/Getty Images.／p.353　Reckless: PDSA.／p.365　Red Rum: Keystone Press/Alamy Stock Photo.／p.369　Rifleman Khan: PDSA.／p.373　Rip: Albatross/Alamy Stock Photo.／p.377　Rocky: Invicta Kent Media/Shutterstock.／p.389　Secretariat: Bettmann/Getty Images.／p.396　Sefton: United News/Popperfoto/Getty Images.／p.402　Sergeant Bill: Public Domain.／p.419　Simon: PDSA.／p.430　Smoky: Albatross/Alamy Stock Photo.／p.444　Stubby: Science History Images/Alamy Stock Photo.／p.449　Tacoma: Training dolphins in the Persian Gulf/US Navy/Public Domain.／p.471　Tirpitz: Chronicle/Alamy Stock Photo.／p.477　Togo: George Rinhart/Getty Images.／p.483　Tommy: Len Cassingham/Associated Newspapers/Shutterstock.／p.493　Uggie: AA Film Archive/Alamy Stock Photo.／p.527　Wojtek: パブリックドメイン（Imperial War Museum蔵）

著者略歴

クレア・ボールディング

Clare Balding

多数の受賞歴をもつイギリスのブロードキャスター、作家。全英No.1ベストセラーとなったデビュー作『My Animals and Other Family(我が家の動物と家族たち)』は、2012年のナショナル・ブックアワード(現ブリティッシュ・ブックアワード)のバイオグラフィー・オブ・ザ・イヤーを受賞。2015年刊の第2作『Walking Home(歩いて帰ろう)』も高評価を得る。その後もベストセラーとなった児童小説3部作のほか、2018年には「世界本の日」のために『The Girl Who Thought She Was a Dog(自分のことをイヌだと思っていた女の子)』を書き下ろすなど、積極的に執筆活動を行っている。

テレビ、ラジオのスポーツ番組やドキュメンタリーで25年にわたりプレゼンターとして活躍。BBCのオリンピック、パラリンピック中継で2000年アテネ大会から2020年東京大会まで6大会にわたりメインキャスターを務める。スポーツ分野における女性の活躍推進の提唱者でもあり、2022年6月、スポーツと慈善活動への貢献により大英帝国勲章コマンダー(CBE)を受章。同性のパートナーでBBCキャスターのアリス・アーノルドと2匹のネコとともにロンドン在住。

訳者略歴

白川部君江

しらかわべ・きみえ

大学卒業後、コンピューターメーカー勤務を経てフリーの翻訳者に。訳書にゴーピ・カライル『リセット——Google流最高の自分を引き出す5つの方法』(あさ出版)、ポール・J・ザック『トラスト・ファクター——最強の組織をつくる新しいマネジメント』(キノブックス)、共訳書にマーク・スティックドーンほか『THIS IS SERVICE DESIGN DOING.——サービスデザインの実践』(ビー・エヌ・エヌ新社)などがある。

Heroic Animals

100 AMAZING CREATURES
GREAT AND SMALL

英雄になった動物たち
胸をゆさぶる100の物語

2023年 3月6日　　第1刷発行

著者　クレア・ボールディング
訳者　白川部君江
デザイン　大野リサ
発行者　藤田　博
発行所　株式会社草思社
〒160-0022　東京都新宿区新宿1-10-1
電話　営業03(4580)7676　編集03(4580)7680
組版　鈴木知哉
印刷所　中央精版印刷株式会社
製本所　中央精版印刷株式会社
翻訳協力　株式会社トランネット(www.trannet.co.jp)

ISBN978-4-7942-2644-0
Printed in Japan　検印省略